# Wolfgang Stegmüller

## Probleme und Resultate der Wissenschaftstheorie und Analytischen Philosophie, Band II
### Theorie und Erfahrung

---

## Studienausgabe, Teil D

---

## Logische Analyse der Struktur ausgereifter physikalischer Theorien

## 'Non-statement view' von Theorien

Zweite, korrigierte Auflage

Springer-Verlag
Berlin Heidelberg New York Tokyo

Professor Dr. Dr. Wolfgang Stegmüller
Seminar für Philosophie, Logik und Wissenschaftstheorie
Universität München
Ludwigstraße 31, D-8000 München 22

Dieser Band enthält die Einleitung und Kapitel VIII der unter dem Titel „Probleme und Resultate der Wissenschaftstheorie und Analytischen Philosophie, Band II, Theorie und Erfahrung, Zweiter Teilband: Theorienstrukturen und Theoriendynamik" erschienenen gebundenen Gesamtausgabe

ISBN 3-540-15706-9 broschierte Studienausgabe Teil D
Springer-Verlag Berlin Heidelberg New York Tokyo
ISBN 0-387-15706-9 soft cover (Student edition) Part D
Springer-Verlag New York Heidelberg Berlin Tokyo
ISBN 3-540-15705-0 gebundene Gesamtausgabe
Springer-Verlag Berlin Heidelberg New York Tokyo
ISBN 0-387-15705-0 hard cover
Springer-Verlag New York Heidelberg Berlin Tokyo

CIP-Kurztitelaufnahme der Deutschen Bibliothek
**Stegmüller, Wolfgang:** Probleme und Resultate der Wissenschaftstheorie und analytischen Philosophie /
Wolfgang Stegmüller. – Studienausg. – Berlin; Heidelberg; New York; Tokyo: Springer
Teilw. verf. von Wolfgang Stegmüller; Matthias Varga von Kibéd. – Teilw. mit d. Erscheinungsorten Berlin,
Heidelberg, New York
NE: Varga von Kibéd, Matthias
Bd. 2 Theorie und Erfahrung. Teil D. Logische Analyse der Struktur ausgereifter physikalischer Theorien,
'Non-statement view' von Theorien. – 2., korrig. Aufl. – 1985
ISBN 3-540-15706-9 (Berlin...)
ISBN 0-387-15706-9 (New York...)

Herstellung: Brühlsche Universitätsdruckerei, Gießen
2142/3140-543210

# Vorwort zur zweiten Auflage des zweiten Teilbandes

In der Neuauflage des Bandes II dieser Reihe, *Theorie und Erfahrung,* ist ein dritter Teilband II/3 hinzugekommen. Obwohl darin die Entwicklung des strukturalistischen Ansatzes seit 1973 geschildert wird, ist dieser Band, der überdies mit einem umfangreichen einleitenden Kapitel versehen ist, für sich allein lesbar.

Unter diesen Umständen erschien es als zweckmäßig, den vorliegenden Teilband II/2 im wesentlichen unverändert nachzudrucken. Doch sind daraus alle in der Zwischenzeit bekannt gewordenen Druckfehler beseitigt worden.

Als allgemeine, das Verständnis betreffende Bemerkung sei hier folgender Hinweis vorausgeschickt: Wo immer im Buch der Ausdruck „modelltheoretisch" verwendet wird, so z.B. auf S. 13, 125, 127 et passim, ist dies nicht im Sinn der logischen Modelltheorie zu verstehen, sondern im Sinn einer informellen Theorie, die auf die drei Begriffe *Modell, potentielles Modell* und *partielles potentielles Modell* Bezug nimmt.

Gräfelfing, im Juli 1985                    Wolfgang Stegmüller

# Vorwort zum zweiten Halbband

Der erste Teil dieses Halbbandes: Kap. VIII, kann unter zwei ganz verschiedenen Aspekten gelesen werden. Einmal als Versuch, einen *ganz neuen Ansatz zur Analyse der Struktur naturwissenschaftlicher Theorien* sowohl zu rechtfertigen als auch in den wichtigsten Hinsichten durchzuführen. Zum anderen stellt dieser Teil die begrifflichen Hilfsmittel bereit zur Analyse der Theoriendynamik und zur *wissenschaftstheoretischen Rekonstruktion der Begriffe ,normale Wissenschaft' und ,wissenschaftliche Revolutionen'* von T. S. Kuhn.

Über den Kuhnschen ,Irrationalismus' und ,Relativismus' ist in den letzten Jahren viel geschrieben worden. Die meisten glaubten, ihn bekämpfen zu müssen; einige wenige meinten, ihn weiterzuführen und propagandistisch gegen die Möglichkeit einer ,Logik der Wissenschaften' ausschlachten zu müssen. Nach der in Kap. IX vertretenen Auffassung befinden sich *beide* Parteien auf dem Holzwege.

Was den sog. Irrationalismus betrifft, so ist dazu folgendes zu sagen: Nicht Kuhn selbst vertrat eine in irgendeinem vernünftigen Sinn als ,irrational' zu charakterisierende Position. Dazu ist seine Sprache viel zu klar und sind seine Beispiele historisch zu gut fundiert. (Daß er häufig zu bildhaften Metaphern greift, ist ihm selbst durchaus bewußt und ist, wie ebenfalls gezeigt werden kann, sein gutes Recht.) Das Beispiellose in Kuhns Ausführungen liegt vielmehr darin, *daß er den Vertretern der exakten Naturwissenschaften (und ausgerechnet diesen!) ein irrationales Verhalten zu unterstellen scheint.* Und zwar scheint er eine solche Unterstellung hinsichtlich *beider* von ihm unterschiedener Formen des Wissenschaftsbetriebes zu machen: Der Mann, welcher *normale Wissenschaft* betreibt, ist ein bornierter Dogmatiker, welcher an seiner Theorie kritiklos festhält. Und derjenige, welcher *außerordentliche Forschung* betreibt, die zu *wissenschaftlichen Revolutionen* führt, ist ein religiöser Fanatiker, der ein Bekehrungserlebnis hatte und der nun versucht, mit allen Mitteln der Überredung und der Propaganda auch andere zu dem ,neuen Paradigma', dessen er teilhaftig wurde, zu bekehren.

Beides ist falsch. Auf der Grundlage des in Kap. VIII und Kap. IX, 6 entwickelten *non-statement view* von Theorien wird eine Deutung beider Tätigkeiten als Varianten *rationalen* Verhaltens gegeben werden. Da eine Theorie im Sinne von Kuhn kein System von Sätzen, sondern *ein relativ kompliziertes begriffliches Instrument* darstellt, ist das für den ,normalen'

Wissenschaftler charakteristische Verfügen über eine Theorie kein dogmatisches Festhalten an bestimmten Annahmen oder Überzeugungen, sondern die Benützung dieses ‚begrifflichen Instrumentes' zur Lösung bestimmter Probleme. (KUHNs metaphorischer Vergleich mit dem Handwerker, der als ein Versager gilt, wenn er mit seinem Hilfsmittel nicht zurechtkommt und statt sich selbst seinem Werkzeug die Schuld gibt, ist eine durchaus zutreffende Analogie.) *Das Verfügen über ein und dieselbe Theorie ist vereinbar mit von Person zu Person und von Zeit zu Zeit wechselnden Überzeugungen bzw. wechselnden hypothetischen Annahmen.*

Auch die Theoriendynamik im Sinn von KUHN: die Tatsache, daß eine Theorie niemals *auf Grund von ‚falsifizierenden Erfahrungen' preisgegeben*, sondern stets nur *durch eine neue Theorie verdrängt* wird, verliert auf dem Boden des non-statement view den Anschein des Irrationalen. Allerdings bestehen hier zwei Rationalitätslücken. Die eine ist mit der Frage angedeutet: „Warum wird in Zeiten der Krise, in denen eine Theorie immer mehr Anomalien ausgesetzt ist, diese Theorie nicht selbst dann preisgegeben, wenn keine neue Theorie gefunden worden ist?" Diese ‚Rationalitätslücke' kann *nicht* geschlossen werden. Man kann aber zur Einsicht bringen, warum dies unmöglich ist. Und man benötigt dafür nicht mehr als eine *psychologische Binsenweisheit:* ein durchlöchertes Dach über dem Kopf ist besser als gar kein Dach; ein gebrochenes Ruder ist für den Schiffsbrüchigen besser als gar kein Ruder.

Auf eine zweite Rationalitätslücke weist die Frage hin: „In welchem Sinn bedeutet Theorienverdrängung *wissenschaftlichen Fortschritt?"* Diese Rationalitätslücke bleibt bei KUHN tatsächlich offen. Sie kann jedoch mit Hilfe eines makrologischen Reduktionsbegriffs geschlossen werden. Daß KUHN, und in ähnlicher Weise auch P. FEYERABEND, diese Lücke nicht für schließbar halten, hat den paradoxen Grund, daß sie in dem Augenblick, wo sie *logische Argumente* vorbringen, ganz in die Denkweise ihrer Gegner, nämlich in den statement view, zurückfallen. Statt zu schließen, daß die bei ‚wissenschaftlichen Revolutionen' verdrängte Theorie mit der sie ablösenden Theorie inkommensurabel sei, *,weil die Sätze der ersteren nicht aus den Sätzen der letzteren abgeleitet werden können',* muß man umgekehrt schließen, *daß das ‚Denken in Ableitbarkeitsbeziehungen zwischen Sätzen' eine vollkommen inadäquate Methode ist, um verdrängende und verdrängte Theorie miteinander zu vergleichen.*

Mit der Schließung dieser Rationalitätslücke ist eine Antwort auf den Vorwurf des angeblichen Relativismus von KUHN gefunden. Dabei ist auch hier wieder zu differenzieren: Ob KUHN selbst so etwas wie einen ‚erkenntnistheoretischen Relativismus' vertritt oder nicht, ist eine *belanglose* Frage, solange diese seine Position in seine historischen Analysen keinen Eingang findet. Was *wirklich bedenklich* wäre, ist allein der Umstand, daß seine Aussagen über wissenschaftliche Revolutionen *einen erkenntnistheore-*

*tischen Relativismus im Gefolge zu haben scheinen.* Von dieser Annahme gingen viele Kritiker aus, so daß die Auseinandersetzung mit KUHN ganz unter der Alternative stand: „Entweder erkenntnistheoretischer Relativismus oder Rechtfertigung des ‚kumulativen Erkenntnisfortschrittes' ". Mit dieser Alternative aber manövrierten sich die Gegner KUHNs in eine aussichtslose Position hinein: Sie mußten, um dem Relativismus zu entgehen, entweder die historische Kompetenz KUHNs bestreiten, was man nur mit sehr schlechtem Gewissen tun kann. Oder aber sie mußten zugeben, daß sich die meisten Naturwissenschaftler in ihrer Forschung irrational verhalten: Die normalen Wissenschaftler sind, um ein Wort POPPERs zu gebrauchen, Leute, ‚die einem Leid tun müssen'. Und das Verhalten der Wissenschaftler in Zeiten der wissenschaftlichen Revolutionen scheint dem Verhalten von Volksmassen bei politischen Umstürzen oder in Religionskriegen zu ähneln: Die Kuhnsche Analyse wissenschaftlicher Revolutionen ist, um eine Wendung von LAKATOS zu benützen, ‚angewandte Massenpsychologie', nämlich Massenpsychologie, angewendet auf die irrationalen und unvernünftigen Massen, die unter den Begriff ‚Naturwissenschaft betreibender Mensch' fallen.

Doch mit der Schließung der zweiten Rationalitätslücke wird die obige Alternative hinfällig: Das Phänomen der Theorienverdrängung durch Ersatztheorien braucht nicht geleugnet zu werden, sondern läßt sich auf solche Weise rekonstruieren, daß dabei ein ‚vernünftiger' Begriff des wissenschaftlichen Fortschrittes herauskommt. *Die Preisgabe der von KUHN bekämpften These von der Wissensakkumulation ist mit einer nichtrelativistischen Position durchaus verträglich.*

Die inneren Schwierigkeiten der Arbeiten von KUHN und FEYER-ABEND, auf die Kritiker hingewiesen haben, bei gleichzeitiger historischer Plausibilität vieler Behauptungen dieser beiden Autoren schreien förmlich nach einer andersartigen Klärung als den herkömmlichen logischen Analysen. Danach schreit auch noch etwas anderes: die im Band "Criticism and the Growth of Knowledge", hrsg. von I. LAKATOS und A. MUSGRAVE, geschilderten Auseinandersetzungen, welche nicht zu einer Überbrückung, sondern eher zu einer Vergrößerung der Kluft zwischen ‚Kuhnianern' und ‚Anti-Kuhnianern' beigetragen haben dürften. Auch als Nichtfuturologe glaube ich sagen zu können, daß die Auseinandersetzungen *auf dieser intuitiven Ebene* bis in alle Ewigkeit fortgesetzt werden können, ohne die geringste Chance zu haben, jemals zu einer Übereinstimmung zu führen. Dazu muß man sich schon die Mühe machen, ‚die Anstrengung des Begriffs auf sich zu nehmen'.

Die Rekonstruktionen in IX werden den Nebeneffekt haben zu zeigen, daß Wege und Ansätze, die *prima facie* ganz verschieden sind, im Endeffekt ‚auf dasselbe hinauslaufen'. Dies gilt z. B. für den ‚geläuterten Falsifikations-

begriff' von LAKATOS einerseits, den letztlich auf E. W. ADAMS zurück-
gehenden und von J. D. SNEED weitergeführten und verbesserten Reduktionsbegriff auf der anderen Seite.

Obwohl die folgenden Ausführungen nach Form und Inhalt häufig als
sehr herausfordernd und polemisch empfunden werden dürften, sollte
doch nicht übersehen werden, *daß sie ganz auf eine Versöhnung abzielen*, nämlich zwischen den Wissenschaftslogikern auf der einen Seite, den ‚Rebellen
gegen die Wissenschaftsphilosophie' auf der anderen Seite. Ob die Versöhnung glücken wird, hängt u. a. davon ab, ob beide Seiten auch zu
Zugeständnissen bereit sein werden. Denn vorzügliche Darstellungen,
berechtigte Kritiken und maßlose Übertreibungen verteilen sich vorläufig
ziemlich gleichmäßig auf beide Parteien. Die eine Seite müßte einsehen
lernen, daß man es sich zu leicht macht, eine (unter der falschen Präsupposition des statement view ziemlich einfache) Kritik ‚am Irrationalismus
und Relativismus von KUHN und FEYERABEND' zu üben. Auf der anderen
Seite müßte vor allem FEYERABEND erkennen, daß die Ablehnung und
Verwerfung einer ‚Logik der Wissenschaften' auf Grund der Tatsache,
daß die Wissenschaftstheorie bislang wegen zu starker Imitation der
Beweistheorie einen falschen Gebrauch von ihrem Instrument: der Logik,
gemacht hat, auf einem *Non sequitur* beruht.

Wie aus diesen Andeutungen hervorgeht, wird in diesem Band die
Auffassung vertreten, daß T. S. KUHN in seinen Schriften auch *ein neues
wissenschaftstheoretisches Konzept* entworfen hat. Statt unter Zugrundelegung
einer vorgefaßten Schablone von rationalem wissenschaftlichen Verhalten
gegen seine Position zu polemisieren, werden wir versuchen, *dieses Konzept
begrifflich zu durchdringen* und dabei bereit sein, mehr oder weniger grundsätzliche Revisionen in der Vorstellung vom ‚*rationalen wissenschaftlichen
Verhalten*' vorzunehmen. Bei KUHN selbst fehlt nämlich diese begriffliche
Klärung. Er ist in erster Linie Wissenschaftshistoriker und nicht Logiker
und hat sich daher darauf beschränkt, das neue Bild in psychologischen und
soziologischen Ausdrücken zu schildern und historisch vielfältig zu illustrieren. Gegen die psychologische Beschreibung ist an sich nichts einzuwenden.
Auch ich selbst hätte keinerlei Bedenken, die Änderung meiner Einstellung
zu KUHN in Worten wiederzugeben wie: „In den letzten beiden Jahren
fand in meinem Geist eine kleine Revolution statt. Zu einer Zeit, da ich
während meiner Beschäftigung mit seinen Arbeiten tief in eine geistige
Krise verstrickt war, fielen mir, mitten in der Nacht, plötzlich die Schuppen
von den Augen und mein ‚Paradigma' von *Theorie* änderte sich." Eine
solche Schilderung schließt natürlich nicht aus, daß ich *außerdem* auch eine
*Begründung* für die neue Auffassung zu geben vermag. Dies soll im folgenden
geschehen. Nebenbei bemerkt wird sich darin auch eine Begründung dafür
finden, warum ich dem Kuhnschen Ausdruck „Paradigma" keine allzu
große Liebe entgegenbringe.

*Die Rekonstruktion des Kuhnschen Wissenschaftskonzeptes wäre nicht möglich geworden ohne die bahnbrechende Arbeit von* SNEED, *der erst den begrifflichen Rahmen für eine solche Rekonstruktion geschaffen hat.* Bedauerlicherweise ist SNEEDs Werk "The Logical Structure of Mathematical Physics" mit einem solchen Schwierigkeitsgrad behaftet, daß befürchtet werden muß, die Zahl derer, die sich seine Ideen wirklich aneignen, wird nicht sehr groß sein.

Deshalb wurde versucht, in Kap. VIII eine *möglichst durchsichtige Darstellung der Ideen von* SNEED *zu geben.* Dieser Versuch mußte einhergehen mit einer Reihe von Vereinfachungen, Modifikationen und Ergänzungen der Sneedschen Gedankengänge, ferner mit einer von seinem Aufbau abweichenden Gliederung, einschließlich viel stärkeren Unterteilungen, sowie mit einem Bemühen um eine Einbettung seines Ansatzpunktes in die Problematik des Gesamtbandes.

Die im Abschn. 6 von Kap. VIII behandelte klassische Partikelmechanik kommt dabei leider etwas zu kurz. *Über dieses Thema ist eine eigene, zusammen mit Mitarbeitern und Schülern vorbereitete Veröffentlichung geplant,* in der versucht werden soll, weitere Verbesserungen zu erzielen und die noch offenen Probleme zu diskutieren.

Die Änderungen und Vereinfachungen gegenüber dem Text von SNEED betreffen vor allem die folgenden Punkte: (1) die Definition und Diskussion des *Kriteriums für T-theoretisch*; (2) die Formulierung des *zentralen empirischen Satzes* (**V**) sowie (**VI**) in Kap. VIII, 5; (3) die Einführung eines zusätzlichen Begriffs der (starken) *Theorienproposition* in Kap. VIII, 7.b, der es gestattet, einem zentralen empirischen Satz einer Theorie einen propositionalen Gehalt zuzuordnen; (4) die Definition des Begriffs des *erweiterten Strukturkernes* (vor allem im bezug auf die *Anwendungsrelation α*); (5) die Definition der *Reduktionsbegriffe*; (6) eine Diskussion des Verhältnisses der Begriffe *Paradigma* bei WITTGENSTEIN und bei KUHN; (7) die Formulierung einer eigenen *Regel der Autodetermination;* (8) die Art der Einführung des *Begriffs des Verfügens über eine Theorie im Sinn von* KUHN. Völlig neu ist ferner die *Diskussion des Begriffs der Rationalität bei* KUHNs *Kritikern und bei* KUHN *selbst,* insbesondere die Erörterung in Abschn. 2 von Kap. IX sowie die Einbeziehung der neuesten Arbeiten von LAKATOS und FEYERABEND.

Ich danke den Herren Dr. A. KAMLAH, R. KLEINKNECHT, C. U. MOULINES, W. WOLZE, E. WÜST für viele wertvolle Hinweise, die ich im Verlauf zahlreicher Diskussionen mit ihnen gewonnen habe. Die Herren KLEINKNECHT und WÜST haben vor allem die vereinfachte Darstellung der Sätze (**V**) und (**VI**) vorgeschlagen. Über verschiedene Probleme, welche den Begriff der theorienabhängigen Meßbarkeit von SNEED, die klassische Partikelmechanik und das modelltheoretische Gerüst betreffen, haben die Gespräche mit den Herren Dr. KAMLAH, WOLZE und MOULINES Klarheit gebracht. Herrn CARLOS-ULISSES MOULINES verdanke ich drei besonders wichtige Anregungen: einen Vorschlag zur Vereinfachung der Reduktionsbegriffe; eine Verbesserung im Begriff des Verfügens über eine Theorie im Sinn von KUHN, durch welche dieser Begriff von dem bei SNEED verbleibenden ‚platonistischen Rest‘ befreit wurde, sowie den Hinweis darauf, daß der Begriff der ‚geläuterten Falsifikation‘ von LAKATOS als wesentlichen Bestandteil die Theorienreduktion enthält.

Frau G. ULLRICH, Frau K. LÜDDEKE und Frl. E. WEINBERG danke ich bestens für die mühevolle Arbeit der Niederschrift des Manuskriptes. Ebenso bedanke ich mich bei allen Mitarbeitern und Schülern, die mir bei der Korrektur geholfen haben. Herzlichen Dank spreche ich den beiden Herren Dr. U. BLAU und Dr. A. KAMLAH für die Anfertigung der Register aus.

Dem Springer-Verlag gebührt mein Dank dafür, daß er wieder allen meinen Wünschen Rechnung getragen hat.

Lochham, im Juni 1973                    WOLFGANG STEGMÜLLER

# Inhaltsverzeichnis

# Einleitung

## 1. Falsche Orientierung am großen Bruder?

Auf die Frage nach dem Gegenstand der Wissenschaftstheorie könnte man die Antwort geben: „Kein Mensch weiß, wovon die Wissenschaftstheorie handelt; denn sie ist eine Disziplin ohne Objekt." Dies würde an die Art und Weise erinnern, in der einst B. Russell die Mathematik charakterisierte. Aber während er in der für ihn typischen humorvollen Weise auf das Problem der mathematischen Erkenntnis hinweisen wollte, könnte die vorliegende Antwort *durchaus ernst* gemeint sein und das heißt hier: *durchaus boshaft.*

Die Behauptung ließe sich durch einen Vergleich mit der Situation in der Philosophie der Mathematik stützen. Die Entwicklung der Philosophie der Mathematik zu einer exakten Wissenschaft, genannt *Metamathematik,* ist durch die mathematische Grundlagenkrise hervorgerufen worden. Da diese Krise durch die Entdeckung der mengentheoretischen Antinomien ausgelöst wurde, wird sie oft so dargestellt, als habe es sich dabei um ein *tragisches Ereignis in der modernen Mathematik* gehandelt.

Betrachtet man diesen Vorgang unter dem Aspekt der Wirkung, so gelangt man eher zu der gegenteiligen Beurteilung: Die Entdeckung von Antinomien war ein höchst *glückliches Ereignis*; denn sie bewirkte den Zwang zur Formalisierung und Präzisierung des Erkenntnisgegenstandes der Philosophie der Mathematik. Intuitive Vorstellungen vom mathematischen Denken wurden durch genau beschreibbare Objekte ersetzt und die Philosophie der Mathematik entwickelte sich zur mathematischen Grundlagenforschung, die in allen ihren Verzweigungen zu Disziplinen führte, die der Mathematik an Präzision nicht nachstanden und die heute selbst als Teile der Mathematik angesehen werden.

In den empirischen Wissenschaften ist es *leider* zu keiner Grundlagenkrise dieser Art gekommen. Und daher ergab sich auch kein Zwang, die Begriffs- und Theorienbildungen in diesen Disziplinen in Objekte zu verwandeln, die sich für exakte metatheoretische Studien eignen. Man tat nur so, *als ob* solche Objekte vorlägen. Sobald man auf Details stieß, begnügte man sich entweder mit primitiven Hilfsmodellen, die sich in einem Fragment der Symbolsprachen erster Stufe formalisieren ließen, oder mit Hinweisen auf das, ‚was die Fachwissenschaftler wirklich tun‘. Gegen die erste Methode läßt sich einwenden, daß ihre Ergebnisse für die moderne Naturwissenschaft ebensowenig repräsentativ sein können wie die positive Aussagenlogik ein adäquates Bild von den Argumentationsweisen der modernen Mathematik zu liefern vermag. Der zweiten Methode könnte man entgegenhalten, daß sie kaum zu genaueren Ergebnissen führen werde als die vorsintflutliche Philosophie der Mathematik, wenn wir hier einmal das erwähnte glückliche Ereignis, der herkömmlichen Vorstellung entsprechend, in einem Bild als die mathematische Sintflut bezeichnen.

Somit blieb als Ausweg nur eine *Philosophie des Als-Ob,* die sich am großen Bruder *Metamathematik* orientierte: Was sich dort als so außerordentlich fruchtbar erwiesen habe, das *müsse* sich auch hier als fruchtbar erweisen.

Zu den grundlegendsten Ideen der modernen Logik und Metamathematik gehört die Vorstellung, *daß Theorien bestimmte Systeme oder Klassen von Sätzen sind.* Die Untersuchungen konzentrieren sich auf ein *Studium der logischen Ableitungsbeziehungen, die zwischen den Elementen dieser Klassen bestehen.* Ich werde diese Art der Betrachtung als *mikrologische Betrachtungsweise* bezeichnen und die Auffassung von Theorien als Satzklassen als *statement view der Theorien* oder als *Aussagenkonzeption der Theorien.*

Es ist nicht zu leugnen, daß diese beiden Denkweisen in der mathematischen Grundlagenforschung großen Erfolg hatten. Aber das ist keine Apriori-Selbstverständlichkeit, sondern eine Konsequenz der dortigen Problemstellungen. Wenn es um Fragen von der Art geht, ob ein Axiomensystem konsistent sei, ob die einzelnen Axiome voneinander unabhängig seien, ob ein System vollständig sei oder ob es unentscheidbare Sätze enthalte, ob für ein System das Entscheidungsproblem lösbar sei: immer handelt es sich um Fragen, welche die Beweisbarkeit von Sätzen oder die Ableitbarkeit von Sätzen aus anderen betreffen.

Man kann es immerhin verstehen, daß angesichts des metamathematischen Fortschrittes bei Wissenschaftstheoretikern unbewußt die unwiderstehliche Neigung entstand, statement view und mikrologische Analyse nachzuahmen. Der philosophische *Lingualismus,* heute ähnlich in Mode wie der Psychologismus bei Ausgang des vorigen Jahrhunderts, fungierte dabei als Verstärker.

Trotzdem ist es nichts als ein Vorurteil zu meinen, daß Denkweisen und Methoden, die sich in einem Gebiet *A* als fruchtbar erwiesen haben, dies auch in einem Gebiet *B* tun *müssen.* Eine entsprechende Überzeugung kann sogar zu einem Mythos werden. Ist der Glaube an den statement view und an den Erfolg mikrologischer Analysen vielleicht ein solcher Mythos, den man, wenn es nicht zu falschen Assoziationen Anlaß gäbe, den Hilbert-Gödel-Tarski-Mythos nennen könnte?

Einige Philosophen scheinen so etwas gefühlt zu haben. Aber statt sich nach besseren Methoden umzusehen, haben sie kurzgeschlossen und gegen die Wissenschaftsphilosophie überhaupt rebelliert.

## 2. Rebellion gegen die Wissenschaftsphilosophie oder Revolution der Wissenschaftsphilosophie?

Der Aufruhr begann vor etwa 12 Jahren. Er richtete sich gegen alle Aspekte dessen, was man summarisch als die *logisch-empiristische Analyse* der modernen Wissenschaftstheorie bezeichnen könnte. Angegriffen wurden Werkzeug, Methode, Inhalt und Voraussetzungen der modernen Wissenschaftstheorie.

Das *Werkzeug* ist für die heutigen Wissenschaftstheoretiker ebenso wie für Logiker und Metamathematiker die moderne Logik. Die *Methode* ist die logische Analyse und Rekonstruktion von Wissenschaftssprachen, Begriffssystemen und Theorien. Selbst wenn die Wissenschaftstheorie erfolgreich wäre — was sie wegen ihrer falschen Voraussetzungen nach Ansicht der Rebellen nicht sein kann —, würden ihre Resultate dürr sein und niedrigen Informationswert haben. Da sich alle logischen Analysen immer nur mit der ,*Form*', nicht aber mit dem ,*Inhalt*' befassen, kann man mit logischen Methoden nur zu Aussagen darüber gelangen, was *für alle möglichen* Wissenschaften gilt: die logische Form *aller möglichen* wissenschaftlichen Erklärungen; die logische Beschaffenheit *aller möglichen* Gesetze; die logische Struktur *aller möglichen* Theorien; die logische Beziehung zwischen *irgendwelchen* Hypothesen und *irgendwelchen* sie stützenden Erfahrungsdaten. Von wirklichem Informationswert und daher auch von wirklichem philosophischem Interesse aber sei gerade das nicht Allgemeine: *spezielle* wissenschaftliche Erklärungen; *bestimmte* Gesetze und *bestimmte* Theorien; *bestimmte* fachwissenschaftliche Argumentationsweisen.

Die Analogie zwischen metatheoretischen, logischen und wissenschaftstheoretischen Begriffen scheint diese Behauptung, wenn auch nicht unbedingt den daraus hergeleiteten Vorwurf der Uninteressantheit, zu bestätigen: Der Logiker *als Metatheoretiker* bemüht sich um die Klärung von Begriffen wie „ist wahr", „ist logisch gültig", „ist beweisbar", „ist ableitbar aus", die sich auf Sätze, ferner mit Begriffen wie „ist eine Herleitung", „ist ein Beweis", die sich auf Satzfolgen, und schließlich mit Begriffen wie „ist konsistent", „ist vollständig", „ist rekursiv unentscheidbar", die sich auf Satzsysteme beziehen. Analog versucht der Wissenschaftstheoretiker qua Metatheoretiker Begriffe zu explizieren, wie „ist ein Beobachtungsbericht", „ist ein Gesetz", „ist sinnlos", „ist stützendes (bestätigendes, bewährendes) Datum für", die Satzprädikate darstellen, ferner Begriffe wie „ist eine kausale Erklärung", „ist eine statistische Erklärung", die sich auf Folgen oder Klassen von Sätzen beziehen, und „ist eine Theorie", die Satzsysteme zum Gegenstand haben.

Selbst wenn es der Wissenschaftstheorie gelänge, durch entsprechende Auffächerung und Spezialisierung zu detaillierteren Erkenntnissen zu gelangen (über *historische* Erklärungen, *germanistische* Argumentationen, *quan-*

*tenphysikalische* Gesetze, *biologische* Theorien), wäre sie nach Auffassung der Rebellen *inhaltlich* noch immer zur Sterilität verdammt: Sie müßte sich mit dem *statischen* Aspekt der Wissenschaften und daher mit ‚Momentfotografien' gewisser Augenblickszustände wissenschaftlicher Systeme begnügen. Was an den Einzelwissenschaften wirklich interessant oder wichtig sei, betreffe ihre Änderung und Entwicklung, also den *dynamischen Aspekt*, welcher sich der logischen Analyse völlig entziehe. Um diesen Aspekt überhaupt zum Gegenstand der Forschung machen zu können, müsse die logische durch die *historische* Methode ersetzt werden. So kommt es, daß die vier herausragenden Vertreter, die sich in Polemik gegen die herkömmliche Wissenschaftsphilosophie befinden: N. R. HANSON, ST. TOULMIN, T. S. KUHN und P. FEYERABEND, über ausgedehnte wissenschaftsgeschichtliche Kenntnisse verfügen und ihre Kritik an herkömmlichen Vorstellungen mit *historischen Argumenten* zu untermauern versuchen.

Aber nicht nur gegen die Logik als Werkzeug und gegen die Analogie zu metalogischen Begriffen als Objekt wissenschaftstheoretischer Studien richtet sich die Kritik. Auch die verschiedenen Varianten *empiristischer Annahmen* gerieten unter heftigsten Beschuß. Die Auffassung, daß alle Einzelwissenschaften, die sich irgendwie mit der Realität beschäftigen, empirisch verankert seien, wurde nach Auffassung dieser Kritiker zur Schablone, welche die Wissenschaftstheorie irregeleitet hat. Zwei Beispiele seien angeführt: Die *Wissenschaftssprache* wird in die theoretische Sprache und die Beobachtungssprache unterteilt. Zum empiristischen Programm der Wissenschaftstheorie im weiteren Sinn gehört die Aufgabe zu zeigen, wie die theoretischen Terme mit Hilfe der allein vollverständlichen Ausdrücke der Beobachtungssprache gedeutet werden können. Seit HANSON die Wendung von der ‚Theorienbeladenheit aller Beobachtungen' aufgebracht hatte, wurde dieses Zweistufenkonzept der Wissenschaftssprache zunehmend kritisiert und schließlich die Auffassung vertreten, dieses ganze Konzept basiere auf einer unhaltbaren Fiktion; denn *den neutralen Beobachter*, der seine Beobachtungen nicht bereits im Lichte einer Theorie deutet, *gebe es nicht;* er sei ein philosophisches Hirngespinst. Ein anderes Beispiel bilden die miteinander rivalisierenden *induktiven Bestätigungs-* und *deduktiven Bewährungstheorien.* Darin werden nach den Kritikern nicht faktische Vorkommnisse in den Einzelwissenschaften unter einem idealisierenden Aspekt betrachtet. Vielmehr würden hier *den Wissenschaftlern Argumentationsweisen unterstellt, die es niemals auch nur in Ansätzen gegeben hat.* Wie wir noch sehen werden, existiert z. B. nach KUHN kein einziger bekannter Vorgang in der Geschichte der exakten Naturwissenschaften, welcher der ‚Schablone der Falsifikation' einer Theorie durch die Erfahrung ähnlich ist.

So kam es, daß sich in einigen Philosophen die Überzeugung festsetzte, *in der Philosophie der Wissenschaften müsse ein ganz neuer Start gemacht werden.* Das, was sich zunächst nur wie eine esoterische Rebellion *gegen die* Wissenschaftstheorie ausnahm, schien sich in eine Revolution *der* Wissenschaftsphilosophie zu verwandeln. Der bekannteste und vermutlich bedeutendste bisherige Beitrag zu dem 'new approach' ist enthalten im Werk von T. S. KUHN: "The Structure of Scientific Revolutions". An diese Arbeit werden wir in Kap. IX anknüpfen. Dafür lassen sich zusätzliche Gründe angeben. Erstens würde eine Auseinandersetzung mit allen Arbeiten der genannten Autoren viel zu weit führen. Es ist unerläßlich, eine Auswahl zu treffen. Das Buch von KUHN bietet sich hier deshalb an, weil die Abweichung von den herkömmlichen Denkweisen hier besonders gut faßbar ist und vom Verfasser selbst auch scharf hervorgehoben wird. Zweitens ist KUHN vermutlich einer der kompetentesten Wissenschaftshistoriker der Gegenwart, so daß einem der Ausweg versperrt ist, seine historisch fundierten Thesen einfach als ‚Spekulationen eines Obskurantisten' beiseite zu schieben. Drittens bedient sich dieser Autor einer zwar oft bildhaft-metaphorischen, aber trotzdem nicht nur anschaulichen, sondern auch klaren und prägnanten Sprache. Der Hauptgrund aber ist ein vierter: KUHNs Überlegungen erschöpfen sich nicht in negativer Kritik; sie bestehen, von gelegentlichen polemischen Bemerkungen abgesehen, in einer Reihe von positiven und konstruktiven Beiträgen.

Zwar wird vielfach die Auffassung vertreten, daß KUHNs Beiträge nur von wissenschaftshistorischer Bedeutung seien[1]. Doch soll im folgenden gezeigt werden, daß dahinter *ein neuartiges wissenschaftstheoretisches Konzept* steckt. KUHN selbst vermochte nur den psychologischen und soziologischen Aspekt dieses neuen Konzeptes zum Ausdruck zu bringen. Er hat dies auch nie geleugnet, da er sich als Historiker fühlt und nicht beansprucht, neue logische Analysen vorzunehmen. Erst in dem Buch von J.D. SNEED: "The Logical Structure of Mathematical Physics" wurde eine begriffliche Grundlage zur Verfügung gestellt, auf der man auch die *logischen* Aspekte einiger neuer Ideen von KUHN formulieren kann, ja auf der sich erst erkennen läßt, daß es solche logischen Aspekte gibt.

KUHNs ausdrücklich angekündigtes Ziel hört sich, wenn man von einer Rebellion verschiedener Denker gegen die herkömmliche Wissenschaftstheorie spricht, sehr bescheiden an: Er wolle, so betont er, nur die verbreitete Auffassung von der linearen Entwicklung der Wissenschaft durch allmähliche Wissensakkumulation bekämpfen und sie durch eine andere Theorie der wissenschaftlichen Entwicklung ersetzen. Daß hinter dieser Ankündigung weit mehr steckt als der Leser zunächst vermuten kann, wird erst bei weiterer Lektüre deutlich, z.B. dort, wo er die Vorwörter und Einleitungen naturwissenschaftlicher Lehrbücher für das Zerrbild von der Geschichte der exakten Wissenschaften verantwortlich macht und in diesen

---

[1] Auch ich war lange Zeit hindurch dieser Auffassung und habe daher, vom heutigen Standpunkt aus betrachtet, im Aufsatz [Induktion] einige ungerechte Bemerkungen über KUHN gemacht.

Vorwörtern und Einleitungen gleichzeitig die Wurzeln des modernen Positivismus und Empirismus erblickt. Am Ende scheint der an Radikalität nicht mehr überbietbare Schluß übrigzubleiben, *daß man keine Wissenschafts- theorie betreiben solle*, da die bestimmte, von den Wissenschaftsphilosophen den exakten Wissenschaften unterstellte Art von Rationalität gar nicht existiert.

KUHNs Werk hat, ebenso wie die Schriften der anderen genannten Autoren des 'new approach', heftige Kritik hervorgerufen, vor allem durch D. SHAPERE, I. SCHEFFLER und die ‚kritischen Rationalisten‘. Selbst wenn man alle diese Kritiken für berechtigt hält — was wir nicht tun werden —, so bleibt am Ende ein sehr unbefriedigender Zustand übrig. Man müßte sagen: „Hier die *Theorie* der Wissenschaften und da die *Geschichte* der Wis- senschaften. Beide haben *nichts* miteinander zu tun." Dies ist unbefriedi- gend; denn zur Analyse der Struktur von Wissenschaften gehört auch die Analyse der Entwicklungsstruktur. Und wenn sich die beiden Arten von Betrachtungen *überhaupt nicht* zu einem einheitlichen Bild von der Wissen- schaft zusammenfügen lassen, ja wenn insbesondere die Ergebnisse der Wissenschaftshistoriker nur mit einem philosophischen Relativismus ver- träglich zu sein scheinen, *so muß dies ein Symptom dafür sein, ‚daß irgendetwas nicht stimmt‘.*

Der unbefriedigende Zustand hat sich nach der Diskussion zwischen KUHN und seinen ‚Popperschen Gegnern‘ nicht geändert. Da man ein Streitgespräch von dieser Art — nämlich in dieser ungenauen und intuitiv- bildhaften Sprache — bis in alle Ewigkeit fortsetzen könnte, ohne die ge- ringste Chance auf eine Überwindung der Gegensätze, bietet sich doch wieder nur die logische Analyse als Mittel zur Klärung und vielleicht sogar der Versöhnung an. Ungeachtet partieller Richtigkeiten, die auf beiden Seiten vorgebracht worden sind, gleicht die ganze Debatte genau dem Kuhnschen Bild einer Diskussion zwischen Vertretern verschiedener Para- digmen: Man bemüht sich gar nicht um echte Verständigung.

Wir wollen nicht den Fehler begehen und *einen falschen Gebrauch der Logik zum Anlaß nehmen, die Logik als Werkzeug überhaupt abzulehnen* oder *eine berechtigte Kritik am statement view mit einer Kritik metalogischer Analysen zu verwechseln.* Wenn die in Kap. IX gegebene Rekonstruktion auch nur in Ansätzen richtig ist, so muß man zu der Erkenntnis gelangen, *daß es sich bei der Kuhn-Popper-Lakatos-Debatte um eine der schlimmsten Formen des Anein- andervorbeiredens zwischen Vertretern verschiedener Auffassungen handelt.* Und man kann hinzufügen: Es ist kaum ein besserer Beweis für die Leistungs- fähigkeit der *Methode der rationalen Rekonstruktion* denkbar als der, daß sich mit ihrer Hilfe die Wurzeln der Meinungsverschiedenheiten aufdecken lassen und eine Klärung herbeigeführt werden kann. Zunächst muß man allerdings einsehen lernen, daß und warum die ‚Paradigmen‘ von *Theorie* bei KUHN und seinen Gegnern nicht nur miteinander unverträglich, sondern ‚inkommensurabel' sind; denn für alle Gegner KUHNS ist eine Theorie etwas, das irgendwie als ein System von Aussagen gedeutet werden kann, während der Kuhnsche Theoriebegriff eine solche Deutung ausschließt. Die von SNEED zur Verfügung gestellten modelltheoretischen Mittel werden es gestatten, der Rede einen Sinn zu geben, daß eine Gruppe von Wissenschaftlern trotz wechselnder und von Person zu Person variierender Überzeugungen *über ein und dieselbe Theorie verfügt* sowie *daß eine Theorie gegen Falsifikation immun ist* und nicht ‚immunisiert' zu werden braucht (‚normale Wissenschaft'). Ebenso wird es *verständlich* werden, *warum eine Theorie nicht aufgrund von ‚widerlegenden Erfahrungen' preisgegeben, sondern nur durch eine andere Theorie verdrängt werden kann* (revolutionäre Theorienverdrängung statt Falsifikation in Zeiten außerordentlicher Forschung). Zugleich wird die rationale Rekonstruktion es ermöglichen, Abstriche an Kuhnschen Übertreibungen zu machen, die relative Berechtigung unterdrückter Aspekte zu verdeutlichen und vor allem: jene *Rationalitätslücken zu schließen*, die KUHNS Gegnern vermutlich das größte Unbehagen bereiteten.

## 3. Die zweite Rationalisierung

Das erste Auftreten wissenschaftlicher Erkenntnis, ein schon für sich sehr rätselhaftes Phänomen, bezeichnen wir als *erste Rationalisierung*. Alle Versuche, die Natur dieser Erkenntnis zu klären, sollen *zweite Rationalisierung* genannt werden. Die Trennung ist eine rein methodische. Weder soll behauptet werden, daß beide Prozesse voneinander immer getrennt waren, noch daß sie getrennt bleiben sollen. Vermutlich waren einzelwissenschaftliche Untersuchungen häufig von methodischen Überlegungen begleitet, wobei der Erfolg der ersten durchaus mit einem Mißerfolg der zweiten einhergehen kann. Alle wissenschaftstheoretischen Bemühungen gehören zur zweiten Rationalisierung; denn hier geht es darum herauszubekommen, ‚was es mit der wissenschaftlichen Erkenntnis auf sich hat'.

Die erste Rationalisierung geht vermutlich auf die Zeiten zurück, da Menschen zu argumentieren begannen, sei es, um zu einem Wissen zu gelangen, sei es aus spielerischen, sportlichen, magischen oder sonstigen Motiven. Eines der eindrucksvollsten Beispiele für die Möglichkeit einer zweiten Rationalisierung bildet die Aristotelische Logik. Daß Menschen, wenn sie „also ..." sagen, an Regeln appellieren, die man ans Tageslicht fördern und explizit formulieren kann, gehört zu den erstaunlichsten und bewunderungswürdigsten Entdeckungen in der abendländischen Geistesgeschichte, vergleichbar mit den bedeutendsten Entdeckerleistungen auf naturwissenschaftlichem Gebiet. Daß nach der Entdeckung eine mehr als zweitausendjährige Stagnation eintrat, sollte ein Mahnzeichen dafür sein, daß uns auch auf diesem Gebiet die Entdeckungen nicht in den Schoß fallen.

Daß logische Untersuchungen wichtig und schwierig sind, wird heute wohl allgemein anerkannt. Anders im Bereich der nichtmathematischen Erkenntnis. Hier gelten Bemühungen um die zweite Rationalisierung teils als überflüssig, teils als einfach.

Die erste These, implizit in den Arbeiten von FEYERABEND ausgesprochen, ist vieldeutig. Entweder ist damit gemeint, daß metatheoretische Untersuchungen für die Wissenschaften nicht notwendig seien. Selbst wenn dies stimmen sollte, würde es nichts weiter besagen; denn man könnte hinzufügen, daß auch die erste Rationalisierung nicht notwendig sei. Vielleicht ist gemeint, daß das eine das andere störe: Wer ständig über seine eigene Tätigkeit reflektiere, bringe nichts Vernünftiges mehr zustande. Doch diese psychologische Schwierigkeit hätte höchstens den praktischen Zwang zur Arbeitsteilung im Gefolge. Schließlich könnte noch gemeint sein, daß die Bemühung um Klarheit schädlich sei, da sie zu ‚geistiger Verkalkung‘ führe (FEYERABEND)[2]. Es ist nicht recht vorstellbar, wie so etwas begründbar sein soll. Ich nehme an, daß eine solche Sorge um das geistige Wohl gewisser Mitmenschen grundlos ist; denn sie entspringt vermutlich einer unrichtigen Vorstellung von Klarheit.

Daß die zweite Rationalisierung eine einfache Sache sei, ist offenbar die Auffassung von Vertretern des *kritischen Rationalismus;* denn die Abneigung gegen Präzisierungen und die damit notwendigerweise verbundenen Formalisierungen läßt sich kaum anders erklären. Die Andersartigkeit meiner eigenen Auffassung kann ich am besten an einem paradigmatischen Beispiel erläutern.

Die Forderung nach *strenger Nachprüfbarkeit* wird gemäß einer Grundregel dieser philosophischen Theorie von den ‚normalen‘ Wissenschaftlern im Sinne von KUHN ständig verletzt; denn diese stellen die ‚Paradigmentheorie‘, über die sie verfügen, niemals in Frage. Ein solches Verhalten erscheint als *irrational* und damit als etwas, *das nicht sein sollte*[3].

Woher aber wissen sie das? Verfügen sie über die einleuchtende Gewißheit der metaphysischen Rationalisten, die ihnen sagt, welche Art von wissenschaftlichem Verhalten allein sinnvoll und zulässig sei? Wenn vom Fachmann verlangt wird, er solle stets bereit sein, seine Überzeugungen zu ändern, warum gilt diese Forderung nicht auch für den darüber reflektierenden Philosophen?

Wie im zweiten Teil gezeigt werden soll, braucht im Verhalten des normalen Wissenschaftlers ‚nicht eine Spur von Irrationalität‘ vorzukommen. Seine Theorien *sind* immun gegen aufsässige Erfahrung und brauchen nicht durch konventionalistische Tricks dagegen ‚immunisiert‘ zu werden. Hier kann man nichts anderes tun als dazu auffordern, *einzusehen, daß und warum dies so ist*. Zu solchen Einsichten aber kann es nur kommen, wenn

---

[2] [Empirist], S. 322.
[3] Vgl. dazu auch die Schilderung der Kritiken an KUHN in IX,2.

man für die Tätigkeiten auf der Metaebene dieselbe geistige Beweglichkeit zuläßt, die man auf der Objektebene glaubt fordern zu müssen.

Unsere Vorstellungen von rationalem wissenschaftlichen Verhalten sind vielfach noch sehr verschwommen und auf jeden Fall noch sehr unvollständig. Ich lese daher diejenigen Ausführungen KUHNS, die eine Rebellion gegen die Wissenschaftstheorie zu enthalten *scheinen*, anders: KUHN hat für mich *verschiedene und neue Dimensionen der Rationalität aufgezeigt*, die tatsächlich zu einer ‚kleinen Revolution‘ des Denkens über Rationalität führen könnten. Es gilt nicht, diese Dimensionen zu leugnen, sondern *zu ihrer Klärung beizutragen*. Dazu aber muß man bereit sein, auch auf der Metaebene ‚Paradigmenwechsel‘ für möglich zu halten und gegebenenfalls mitzumachen. Nicht nur der Physiker, auch der Wissenschaftstheoretiker hat die Wahrheit nicht mit dem Löffel gegessen.

Daneben gibt es die wissenschaftstheoretische Detailarbeit, die unsäglich mühevoll sein kann, ebenso wie das ‚Rätsellösen‘ des normalen Wissenschaftlers. Selbst ein kleiner Beitrag zur Klärung dessen, worin *wissenschaftliche Rationalität* besteht, kann äußerst schwierige und zeitraubende Einzelanalysen enthalten. Auch hier hat der Wissenschaftstheoretiker einem Mann wie KEPLER, der nach eigenen Aussagen zwölf Jahre bis an die Grenzen des Wahnsinns rechnete, um die Marsbahn herauszubekommen, nichts voraus, und auch nichts einem Mann wie HILBERT, der mehrere Jahrzehnte hindurch angestrengt und vergeblich nach einem konstruktiven Widerspruchsfreiheitsbeweis für die Zahlentheorie suchte.

Aber wozu sich denn diese Mühe überhaupt machen? FEYERABEND fordert uns auf, etwas anderes zu tun. Doch der Gegensatz ist nur ein scheinbarer; denn die Ziele sind verschieden. FEYERABEND geht es nicht um *Klarheit über die Wissenschaft*, sondern um *Spaß an der Wissenschaft*. Es liegt mir fern, den Sittenrichter spielen zu wollen, der sich eine Entscheidung darüber anmaßt, welcher dieser beiden ‚Werte‘ im Konfliktfall höher einzustufen ist. Auch will ich kein Spaßverderber sein. Aber *wenn* es uns um Klarheit geht, dann können wir — leider — nicht FEYERABENDS Imperativ nach möglichster ‚Schlamperei in Fragen der Semantik‘[4] folgen, sondern müssen uns Logiker wie ARISTOTELES, FREGE oder GÖDEL zum Vorbild nehmen.

Doch dies war eine Abschweifung vom ursprünglichen Thema. Hätte ich eine Neigung zu boshaften Übertreibungen, so würde ich sagen, der kritische Rationalismus sei gar kein solcher. Auf der Metaebene sei er ein *naiver metaphysischer* und auf der Objektebene ein *überspannter Rationalismus*. (Die Übertreibung läge vor allem im letzten, denn KUHNS Darstellung enthält eine ‚Rationalitätslücke‘, die geschlossen werden sollte. Aber diese Lücke betrifft nur die wissenschaftlichen Revolutionen, nicht jedoch die normale Wissenschaft.)

---

⁴ [Empirist], S. 322.

Warum aber sollte sich der Wissenschaftstheoretiker *überhaupt* von einem
Wissenschafts*historiker* wie T. S. KUHN so stark beeinflussen — ‚Empiristen‘
und ‚kritische Rationalisten‘ würden wohl sagen: infizieren — lassen?
Dies hat seine besonderen Gründe.

## 4. Eine fünffache Rückkoppelung

Von der Aufgabe des Wissenschaftstheoretikers, Begriffsexplikationen
zu liefern, macht man sich häufig ein ganz falsches Bild, nämlich das Bild
des *geradlinigen Fortschreitens von der vorgegebenen intuitiven Ausgangsbasis zum
Explikat,* in dessen Verlauf sukzessive die vagen intuitiven Vorstellungen
durch präzise Bestimmungen ersetzt werden. Wie bereits anderweitig hervorgehoben worden ist[5], tut man besser daran, sich eine Begriffsexplikation
durch das kybernetische Modell eines *Rückkoppelungsverfahrens* zu veranschaulichen, in welchem ein oftmals wiederkehrender Rückgriff auf die
intuitive Ausgangsbasis erforderlich ist, da sich oft erst im Verlauf des
Explikationsvorganges erweist, daß gewisse intuitive Vorstellungen miteinander unverträglich oder mehrdeutig sind, so daß ursprünglich über-
sehene Differenzierungen notwendig werden usw.

*Eine* der verschiedenen möglichen Interpretationen des sog. *hermeneutischen
Zirkels* besteht darin, diese Wendung als eine etwas unbeholfene Bezeichnung
eines anschaulichen Bildes vom feedback-Verfahren zwischen dem Explikandum,
für das ein ‚Vorverständnis‘ vorliegt, und dem eigentlichen Explikat zu sehen[6].

Dies ist jedoch nicht die einzige Art der Rückkoppelung, der wissenschaftstheoretische Analysen verpflichtet sind. Eine zweite Art von Rückkoppelung besteht zwischen Wissenschaftstheorie und *Logik.* Obzwar der
Wissenschaftstheoretiker i. e. S. keine produktiven Leistungen auf dem Ge-
biete der mathematischen Logik zu erzielen braucht, können doch dort ge-
wonnene Ergebnisse von großer wissenschaftstheoretischer Relevanz werden. Die beiden Teile dieses Buches werden dafür eine Illustration liefern:
Ohne den Rückgriff auf die Methode der Axiomatisierung durch Einführung mengentheoretischer Prädikate sowie vor allem auf ein durch die
moderne Modelltheorie zur Verfügung gestelltes Instrumentarium wäre die
Präzisierung des non-statement view von physikalischen Theorien nicht
möglich geworden.

Etwas Ähnliches gilt vom Verhältnis zwischen Wissenschaftstheorie und
*Sprachphilosophie* (dieser letztere Ausdruck im weitesten Sinn des Wortes
verstanden, so daß er nicht nur Sprachphilosophie im engeren Sinn, son-

---

[5] W. STEGMÜLLER, *Personelle und statistische Wahrscheinlichkeit,* Zweiter Halbband, S. 25f.

[6] Für weitere Deutungen des sog. hermeneutischen Zirkels vgl. W. STEG-
MÜLLER, „Walther von der Vogelweides Lied von der Traumliebe (74, 20) und
QUASAR 3 C 273. Einige Gedanken über den ‚Zirkel des Verstehens‘“ (im Er-
scheinen).

dern auch linguistische Philosophie umfaßt[7]). Obwohl aus den in diesem
Buch dargelegten Gründen modelltheoretische Analysen in Zukunft vermutlich eine größere wissenschaftstheoretische Relevanz erhalten dürften
als sprachlogische Untersuchungen, werden die letzteren doch weiterhin für
viele Fragen eine große Bedeutung besitzen. Ein Beispiel bilden die bis
heute kontroversen Stellungnahmen zum Problem der Abgrenzung empirischer von nichtempirischen Wissenschaften. Ein anderes Beispiel ist das
Problem der Abhängigkeit des Sinnes wissenschaftlicher, insbesondere
theoretischer Ausdrücke vom Kontext der Gesamttheorie. Einige Aspekte
dieses Problems werden in Kap. IX zur Sprache kommen.

Ein *ganz wesentlicher Unterschied* zwischen Sprachphilosophie und Wissenschaftstheorie besteht darin, daß sich der Sprachphilosoph für Rechtfertigungszwecke
stets darauf berufen kann, ein *kompetenter Sprecher* zu sein. Der Wissenschaftstheoretiker ist demgegenüber immer dem potentiellen Vorwurf ausgesetzt, ein
*inkompetenter Wissenschaftler* zu sein.

Eine vierte Art von Rückkoppelung besteht zwischen Wissenschaftstheorie und *Einzelwissenschaften*. Diese kann man selbst wieder unter zwei
verschiedenen Aspekten sehen. Einmal können sich einzelwissenschaftliche
Resultate als relevant erweisen für wissenschaftstheoretische Grundannah-
men. So etwa kann, wie u. a. FEYERABEND angedeutet hat, eine physiologi-
sche Theorie der Wahrnehmung Voraussetzungen erschüttern, auf die sich
gewisse Varianten einer Theorie der Beobachtungssprache stützen. Wichtiger aber ist der zweite Aspekt: Die Einzelwissenschaften bilden das Objekt
wissenschaftstheoretischer Untersuchungen. Bessere Kenntnisse von ihnen
werden die Wissenschaftstheorie beeinflussen, wobei hier ebenfalls eine
‚Wechselwirkung‘ besteht. Die sog. ‚Kenntnisse über die Einzelwissenschaften‘ werden immer *auch* durch die wissenschaftstheoretischen Kon-
zepte des Verfassers bestimmt sein.

Mit der Erkenntnis, daß die heutige Form des Wissenschaftsbetriebes
nicht die einzige Art und Weise wissenschaftlicher Betätigung darstellt,
sind wir beim letzten Punkt angelangt, der Rückkoppelung von Wissenschaftstheorie und *Wissenschaftsgeschichte*. Die historischen Analysen von
T. S. KUHN über diejenigen Epochen, in denen die Wissenschaftler an ein
und derselben Theorie festhalten, sowie über die Perioden, in denen eine
grundlegende Theorie durch eine andere verdrängt wird, sind für die Theorie der Bestätigung und der Theorienbildung nicht etwa ohne Relevanz,
*sie sind vielmehr mit den meisten bisherigen wissenschaftstheoretischen Resultaten auf
diesen Gebieten unverträglich.* Jeder Wissenschaftstheoretiker, der die Ausführungen KUHNs auch nur als *historische* Darstellungen ernst nimmt — wie
dies der Verfasser dieses Buches tut —, muß entweder das Gefühl bekommen, daß in gewissen Bereichen der herkömmlichen Wissenschaftstheorie
etwas fundamental fehlgelaufen ist, oder er muß behaupten, daß KUHN für

---

[7] Für diese Unterscheidung vgl. z.B. J.R. SEARLE, *Speech Acts*, S. 3f.

gewisse Aspekte historischer Wissenschaftsdynamik völlig blind ist. Das mindeste, was ein Beschluß zugunsten dieser zweiten Alternative im Gefolge haben sollte, ist ein Gefühl der Unsicherheit und des schlechten Gewissens auf seiten desjenigen, der diesen Beschluß getroffen hat.

So wie nach KUHN die normale Wissenschaft zu Beginn einer neuen Epoche noch nicht von wirklichem Erfolg getragen ist, sondern nur von einer *Verheißung von* Erfolg, die auf isolierten und unvollkommenen Beispielen beruht, so basiert auch die Wissenschaftstheorie als Metatheorie der Einzelwissenschaften zu Beginn ihrer Tätigkeit *mehr auf Hoffnung als auf sicheren Ergebnissen.* Doch reicht die Hoffnung insofern weiter, als auf der Metaebene Vergleiche von Theorien möglich sind, die sich auf der Objektebene nicht durchführen lassen. Daß außerdem die Umschaltung von einem ‚Paradigma' auf ein neues hier nicht so schwierig sein dürfte wie in den Einzelwissenschaften, das zu demonstrieren ist *auch* ein Ziel der folgenden Ausführungen.

## 5. Einige Gründe für Abweichungen vom Standardmodell. Non-statement view. Makrologik. Holismus

Es seien hier einige grundlegende Begriffe und Gesichtspunkte angeführt, die für die folgende Darstellung von besonderer Relevanz sein und am Ende eine Abweichung von den herkömmlichen Vorstellungen erzwingen werden. Vom Leser wird nicht erwartet, daß er bereits hier mehr als ein nur sehr vages Verständnis dessen gewinnen wird, was eher Ankündigung als Erläuterung ist. Doch empfiehlt es sich, im Verlauf der späteren Lektüre gelegentlich hierher zurückzukehren und zu testen, ob der Zusammenhang zwischen den in der folgenden Liste angeführten Punkten richtig gesehen wird:

(1) Wir werden an diejenige Variante der modernen Axiomatik anknüpfen, wonach die Axiomatisierung einer Theorie in der *Einführung eines mengentheoretischen Prädikates* besteht. Die empirischen Behauptungen einer Theorie sind dann Sätze von der Gestalt „*c* ist ein *S*", wobei das Prädikat „*S*" die mathematische Fundamentalstruktur der fraglichen Theorie zum Inhalt hat.

(2) Als Grundlage für viele spätere Betrachtungen wird sich ein *starker Begriff der Theoretizität* erweisen. Die Dichotomie theoretisch — nicht-theoretisch ist nicht auf eine Sprache, sondern *auf eine Theorie* zu relativieren. Da die Definition von *T-theoretisch* auf eine vorhandene Theorie *T* Bezug nimmt, kann dieser Begriff nur zu empirischen Hypothesen Anlaß geben. Falls die entsprechende empirische Hypothese für die klassische Partikelmechanik stimmt, so ist die Ortsfunktion trotz der in ihr enthaltenen starken mathematischen Idealisierungen *KPM*-nicht-theoretisch, während *Kraft*

und *Masse KPM*-theoretisch *sind.* Die Dichotomie ist also in einem bestimmten Sinn *absolut.*

(3) Das Kriterium für *T-theoretisch* führt zu einer Paradoxie, die innerhalb des statement view vermutlich nicht oder nur über große Komplikationen behebbar ist. Der Übergang zur Ramsey-Darstellung einer Theorie erweist sich von da aus als zwingend motiviert.

Eine sehr gute Illustration für diese Paradoxie bildet das zweite Gesetz von NEWTON. Nach der herkömmlichen Denkschablone wird von der Alternative ausgegangen: „Entweder ist dieses Gesetz keine Definition, sondern eine empirische Behauptung. Dann muß es von diesem Gesetz unabhängige Methoden der Kraftbestimmung geben. Oder es gibt keine solchen Methoden; dann ist dieses sog. Gesetz in Wahrheit eine Definition."

Die Überlegung muß jedoch ganz anders verlaufen, nämlich: „(1) Selbstverständlich ist das zweite Newtonsche Gesetz *keine* Definition. (2) Selbstverständlich gibt es *keine* von diesem Gesetz unabhängige Methode der Kraftmessung. Also ...". Also was dann? Der Logiker wird geneigt sein zu sagen: „Also dann bleibt mir der Verstand stehen." Dies ist hier *durchaus erwünscht;* denn je früher einem ,der Verstand stehen bleibt', desto früher wird man das, ,was es mit den theoretischen Größen auf sich hat', insbesondere welche logischen Probleme sie erzeugen, begreifen lernen.

(4) Die ursprüngliche Variante der Ramsey-Darstellung erweist sich in drei Hinsichten, die gewöhnlich vernachlässigte Aspekte von Theorienstrukturen und -anwendungen betreffen, als modifikationsbedürftig: Die Fiktion eines ,universellen Anwendungsbereiches', wonach eine physikalische Theorie ,über das ganze Universum spricht', muß preisgegeben werden zugunsten *mehrerer intendierter Anwendungen.* Außer dem Fundamentalgesetz der Theorie gelten in bestimmten Anwendungen *spezielle Gesetze.* Und *zwischen* den verschiedenen Anwendungen gelten *spezielle Nebenbedingungen.* (Der Ausdruck „Gesetz", der meist auch Nebenbedingungen deckt, erweist sich von da aus als mißverständlich und doppeldeutig.)

(5) Die Berücksichtigung aller dieser Gesichtspunkte läßt an die Stelle des Ramsey-Satzes den *zentralen empirischen Satz* einer Theorie treten, der unzerlegbar ist und den gesamten empirischen Gehalt einer Theorie zu einer bestimmten Zeit ausdrückt. Damit ist der erste Schritt in Richtung auf eine Klärung des *non-statement view* getan.

(6) Der Versuch, die in einem zentralen empirischen Satz benützten begrifflichen Elemente zu isolieren, führt zu *modelltheoretischen Bestimmungen* der für Theorien charakteristischen mathematischen Struktur, insbesondere des für eine Theorie typischen *Strukturrahmens* und *Strukturkernes* und der *erweiterten Strukturkerne,* die bei gleichzeitiger Stabilität der Theorien zeitlich variieren. Dies ist der zweite Schritt in Richtung auf eine Präzisierung des non-statement view.

(7) Die *mikrologische Betrachtungsweise* ist dadurch gekennzeichnet, daß für sie Sätze die (mikrologischen) Atome sind und die Ableitungsbeziehung zwischen Sätzen die (mikrologische) Grundrelation ist. Die *Makrologik* benützt dagegen Bezeichnungen für modelltheoretische Entitäten als ‚Buchstaben‘, z. B. für die Klasse der *partiellen* potentiellen Modelle (d. h. für die physikalischen Systeme, ‚über welche die Theorie redet‘), für die Klasse der *potentiellen* Modelle (d. h. für die durch *T*-theoretische Funktionen *ergänzten* physikalischen Systeme), für die Klasse der *Modelle* (d. h. für die Klasse der Entitäten, welche die mathematische Grundstruktur der Theorie erfüllen), für die Klasse der *speziellen Gesetze*, für die Klasse der *Nebenbedingungen* etc.

(8) Der propositionale Gehalt eines zentralen empirischen Satzes kann im sprachunabhängigen Symbolismus der Makrologik wiedergegeben werden durch: $I_t \in A_e(E)$. Eine solche *starke Theorienproposition* enthält alles, was die fragliche Theorie zu einer bestimmten Zeit $t$ zu sagen hat. Der erste Buchstabe „$I_t$" bezeichnet die Gesamtheit der zu $t$ bekannten intendierten Anwendungen der Theorie. „$E$" bezeichnet einen erweiterten Strukturkern der Theorie (d. h. ein bestimmtes 8-Tupel, dessen Glieder Entitäten von der in (7) erwähnten Art sind). Und die Anwendungsoperation $\lambda_x A_e(x)$ ist so beschaffen, daß sie aus einem erweiterten Strukturkern eine bestimmte *Klasse möglicher intendierter Anwendungsmengen* erzeugt.

(9) Ein weiterer wichtiger makrologischer Begriff ist der *Reduktionsbegriff*. Er gestattet es, von der Reduzierbarkeit von Theorien auf andere auch dann zu sprechen, wenn die Theorien ‚in verschiedenen begrifflichen Sprachen abgefaßt‘ sind. Damit wird es möglich, die *Rationalitätslücken zu schließen*, welche durch die Inkommensurabilitätsthese von Kuhn und durch die ähnliche These von der Nichtkonsistenz von Feyerabend aufgerissen worden sind. (Auch diese beiden Autoren fallen an den entscheidenden Stellen ihrer Kritik ganz in die mikrologische Betrachtungsweise ihrer Gegner zurück, nämlich in das ‚Denken in Sätzen, Satzklassen und Ableitungsbeziehungen zwischen Sätzen und Satzklassen‘.)

(10) Die Redeweise von der *Theorienbeladenheit aller Beobachtungen* (Hanson, Toulmin, Kuhn, Feyerabend) läßt sich präzisieren. Allerdings erweist sich diese Wendung als doppeldeutig, was meist übersehen worden zu sein scheint. Einerseits wird für die Beschreibung partieller potentieller Modelle einer Theorie *eine andere Theorie* benötigt. Andererseits bleibt die Beschreibung der durch theoretische Funktionen ergänzten potentiellen Modelle einer Theorie *auf diese Theorie selbst* zurückbezogen (und erzeugt dadurch das Problem der theoretischen Terme).

(11) Eine gewisse Klärung des Begriffs *Paradigma* bei Wittgenstein ist für eine korrekte Rekonstruktion der Theoriendynamik im Sinn von Kuhn unerläßlich. Die Klärung gestattet *präzise Aussagen* über die *Art von Vagheit*, die bei Festlegung einer Menge durch paradigmatische Beispiele vorliegt.

(12) Von der Kuhnschen Verwendung des Ausdruckes „Paradigma" wird nur ein ‚infinitesimales Stück' übernommen, das aber ausreicht, um viele herkömmliche Vorstellungen zum Einsturz zu bringen. Zum Unterschied von den in der mathematischen Logik behandelten Fällen, in denen die Individuenbereiche *extensional gegeben* sind, ist sowohl die Menge *I* der intendierten Anwendungen der Theorie als auch in jeder einzelnen Anwendung der Individuenbereich in der Regel nur *durch paradigmatische Beispiele intensional gegeben.*

(13) Die Präzisierung des non-statement view findet seinen vorläufigen Abschluß mit der Einführung eines Begriffs des *Verfügens über eine Theorie im Sinn von* KUHN. In diesen Begriff finden sowohl die zeitlich stabilen mathematischen Strukturen einer Theorie Eingang wie ihre zeitlich variierenden Erweiterungen. Der Begriff erhält einen realistischen Anstrich durch Bezugnahme auf den Schöpfer der Theorie sowie auf die von ihm festgelegte paradigmatische Beispielsmenge $I_0$ der intendierten Anwendungen. Präzisierte Begriffe von bewährten Erfolgen, geglückter Erfolgsverheißung und Fortschrittsglauben bilden weitere Komponenten dieses Begriffs.

(14) Der Begriff des Verfügens über eine Theorie ermöglicht eine weitgehende Klärung des Begriffs der *normalen Wissenschaft*. Personen können über ein und dieselbe Theorie verfügen und trotzdem in ihren empirischen Überzeugungen stark differieren. (Konstanz der Theorie bei variierenden und miteinander unverträglichen zentralen empirischen Sätzen oder Theorienpropositionen.)

(15) Die These von der *Immunität einer Theorie* oder der *Nichtfalsifizierbarkeit einer Theorie* ist eine triviale Folge des non-statement view. Eine Theorie ist nicht deshalb ‚durch Beobachtungen nicht zu widerlegen', weil sie gegen Widerlegung ‚immunisiert' worden ist, sondern weil sie eine Art von Entität darstellt, von der ‚falsifiziert' nicht sinnvoll prädiziert werden kann.

Die Feststellung von KUHN, daß im Verlauf der normalen Wissenschaft eine empirische Falsifikation nicht die Theorie, sondern nur den Wissenschaftler diskreditiert, der über diese Theorie verfügt, ist durchaus korrekt, ebenso wie die durch das Sprichwort beschworene Analogie: „Das ist ein schlechter Zimmermann, der seinem Werkzeug die Schuld gibt." Der vom ‚kritischen Rationalismus' vorgebrachte Einwand, der normale Wissenschaftler sei ein bornierter Dogmatiker, ist gänzlich unberechtigt.

Statt den Forschern, die über eine Theorie verfügen, daraus einen Vorwurf irrationaler Verhaltensweise zu machen, ist der Einklang zwischen Metatheorie und Erfahrung in der Weise wiederherzustellen, *daß die Schablone vom rationalen Verhalten des Wissenschaftlers durch einen adäquateren Rationalitätsbegriff ersetzt wird.*

(16) Eine Theorie ist nicht nur immun gegen das Scheitern gewisser ihrer speziellen Gesetze. Die *Regel der Autodetermination*, wonach eine Theorie ihre eigenen Anwendungen bestimmt, gewährt einer Theorie sogar *vollkommene Immunität* bei *vollkommenem Versagen* in einer ‚intendierten Anwendung‘.

(17) Eine weitere Leistung des non-statement view ist darin zu erblicken, daß nicht nur der Verlauf der normalen Wissenschaft ((14 bis 16)), sondern auch der *revolutionäre Wandel* verständlich wird: Eine physikalische Theorie wird nicht in der Weise eliminiert, daß man sie ‚durch widerlegende Erfahrungen zum Scheitern bringt‘, sondern nur dadurch, *daß sie durch eine Ersatztheorie verdrängt wird.* Entgegen den betörenden Versicherungen von KUHN und FEYERABEND liegt auch in einem solchen Vorgang nichts Irrationales.

Wer im Verfügen über eine Theorie im Sinn von KUHN (Verlauf der normalen Wissenschaft) oder im Vorgang der Theorienverdrängung durch Ersatztheorien (wissenschaftliche Revolution) ein irrationales Geschehen erblickt, der huldigt einer *Schablone*, jedenfalls nicht einem *kritischen*, sondern einem *überspannten (unmenschlichen) Rationalismus.*

(18) Der non-statement view, unterstützt durch gewisse makrologische Begriffe, gestattet somit einen solchen *Einblick in die Entwicklungsstrukturen* der Wissenschaften, daß der *Schein* der Irrationalität im Verhalten des ‚normalen Wissenschaftlers‘ sowie der Forscher bei ‚Paradigmenkämpfen‘ im Sinn von KUHN verschwindet. Sobald dieser Einblick gewonnen ist, kann der Wissenschaftstheoretiker den Historikern, Psychologen und Soziologen der Forschung das Heft weitergeben.

(19) Die *normative Methodologie*, mit der LAKATOS gegen die Konsequenzen des Kuhnschen Bildes von der Wissenschaft ankämpfen zu müssen glaubt, erweist sich von da aus als *überflüssig, da sie auf einer falschen Präsupposition beruht.* Der ‚Irrationalismus KUHNs‘ ist ein Pseudo-Irrationalismus.

(20) Der Holismus behauptet zwar nicht wie HEGEL: „Die Wahrheit ist das Ganze“, aber doch *ähnlich wie* HEGEL: „Nur das Ganze kann einer Prüfung unterzogen werden.“ Diese These läßt sich nicht nur in der schwachen Fassung (als ‚Duhem-Quine-These‘), sondern sogar in einer verstärkten Fassung rekonstruieren *und rechtfertigen*, die zusätzliche Behauptungen von KUHN und FEYERABEND enthält, nämlich erstens, daß man zwischen dem empirischen Gehalt einer Theorie und den empirischen Daten, die für diese Theorie sprechen, nicht scharf unterscheiden kann, und zweitens, daß die Bedeutung bestimmter Terme einer Theorie selbst theorienabhängig ist.

(21) Gegenüber den bisherigen Kritiken können wir eine differenziertere Stellungnahme zu der ‚Auflehnung gegen die bisherige Wissenschaftstheorie‘, vor allem durch KUHN und FEYERABEND, beziehen: Die Rebellion gegen die — zumindest zu weit gehende — *Imitation der Metamathematik*

innerhalb der Wissenschaftsphilosophie ist nicht nur verständlich, sondern darüber hinaus *berechtigt*. Voreilig war es nur, aus dieser Kritik den Schluß zu ziehen, eine ‚Logik der Wissenschaften' könne es überhaupt nicht geben.

(22) Sowohl die Alternative: „entweder *Bedeutungskonstanz und Wissensakkumulation* oder *Bedeutungsänderung und nicht-kumulative Ersetzung von Theorien*" als auch ihre Gleichsetzung mit: „entweder *objektive Erkenntnis* oder *Relativismus*" sind falsch. Hauptverantwortlich dafür ist das Versagen mikrologischer Vergleiche zwischen verdrängter Theorie und Ersatztheorie. Bei dieser Gegenüberstellung wird aus der mikrologischen Unvergleichbarkeit ein ‚relativistischer Schluß' auf völlige Unvergleichbarkeit und damit auf bloßen Wandel statt Fortschritt gezogen. Trotz mikrologischer Unvergleichbarkeit (wegen totaler Verschiedenheit des Begriffsgerüstes, die Nichtherleitbarkeit der Sätze der einen Theorie aus denen der anderen zur Folge hat), ist ein makrologischer Vergleich möglich, *der zwischen Theorienverdrängung ohne Fortschritt und Theorienverdrängung mit Fortschritt zu differenzieren gestattet.*

## 6. Inhaltsübersicht und Zusammenfassung

Im **achten Kapitel** wird in teils vereinfachter, teils modifizierter Form eine neue Methode zur Analyse der Struktur naturwissenschaftlicher Theorien von J.D. SNEED geschildert, die sich vor allem in bezug auf Theorien der mathematischen Physik als erfolgreich erwiesen hat. SNEED schlägt in *vier Richtungen* neue Wege ein: An die Stelle der Zweistufenkonzeption der Wissenschaftssprache tritt ein nichtlinguistisches, *auf Theorien relativiertes Kriterium für „theoretisch"*. Unter Benützung dieses Kriteriums wird in Weiterführung und Verbesserung des Ramsey-Ansatzes *der empirische Gehalt einer Theorie* in neuartiger Weise präzisiert. Eine *Theorie* selbst wird zum Unterschied von der Aussagenkonzeption (statement view) als eine in Teilstrukturen zerfallende mathematische Struktur, verbunden mit einer Klasse von intendierten Anwendungen, gedeutet. Gleichzeitig wird damit der begriffliche Rahmen für die Analyse eines Phänomens geschaffen, welches sich bisher wissenschaftstheoretischer Rekonstruktion zu entziehen schien, nämlich der *Theoriendynamik*. Innerhalb dieses Rahmens läßt sich insbesondere die Unterscheidung von T.S. KUHN zwischen den Vorgängen in Perioden der *normalen Wissenschaft* und den in Zeiten wissenschaftlicher Revolutionen stattfindenden *Theorienverdrängungen* präzisieren.

Als Vorbereitung für die Schilderung der Methode SNEEDs werden in einem einleitenden Abschnitt die *Kritiken am Zweistufenkonzept der Wissenschaftssprache* diskutiert, die unter dem Motto ‚Theorienbeladenheit aller Beobachtungen' stehen. Ferner wird eine den Begriff ‚theoretisch" betreffende Herausforderung von H. PUTNAM angeführt, die sich im Rahmen dieser linguistischen Theorie nicht adäquat beantworten läßt.

Da die späteren Teile an eine bestimmte Form des axiomatischen Aufbaus von wissenschaftlichen Theorien anknüpfen, werden in einem eigenen Abschnitt die *fünf verschiedenen Bedeutungen des Begriffs der Axiomatisierung einer Theorie* geschildert. Die später benützte Methode der Axiomatisierung ist die *informelle mengentheoretische Axiomatisierung* durch Einführung eines mengentheoretischen Prädikates. Diese Methode wird am Beispiel einer Miniaturtheorie erläutert, die auch in späteren Abschnitten dieses Kapitels für Illustrationszwecke herangezogen wird. Ferner wird gezeigt, daß bei Zugrundelegung dieser Axiomatisierungsmethode die empirischen Behauptungen einer physikalischen Theorie die Gestalt haben: „$c$ ist ein $S$". Dabei drückt das Prädikat „$S$" die für diese Theorie charakteristische mathematische Struktur aus, während sich „$c$" auf ein Modell der Theorie bezieht.

Mit dem *funktionalistischen Kriterium für „T-theoretisch"* gibt SNEED eine Antwort auf die Herausforderung von PUTNAM. Als *T-theoretisch* werden diejenigen Größen bezeichnet, deren Werte sich nur dadurch berechnen lassen, daß man ‚auf eine erfolgreiche Anwendung von $T$ zurückgreift'. Wenn man unter $T$ z.B. die klassische Partikelmechanik versteht, so sind *Masse* und *Kraft* $T$-theoretische Funktionen, während die *Ortsfunktion* eine $T$-nicht-theoretische Größe darstellt. Da das Kriterium von SNEED Anlaß für viele Mißverständnisse geben kann, werden verschiedene Alternativfassungen des Kriteriums formuliert; ferner werden hervorstechende Merkmale dieses Kriteriums angeführt und verschiedene mögliche Einwendungen dagegen diskutiert.

Die herkömmliche Vorstellung von den empirischen Behauptungen einer Theorie führt in allen Fällen, in denen solche Behauptungen theoretische Terme enthalten, zu einer Schwierigkeit: Jede Begründung einer Behauptung von der Gestalt „$c_i$ ist ein $S$" muß auf eine andere Aussage „$c_j$ ist ein $S$", also auf eine Aussage *von eben dieser Gestalt*, zurückgreifen. Diese Schwierigkeit wird *das Problem der theoretischen Terme* genannt. Die einzige bisher bekannte Lösung dieses Problems ist die *Ramsey-Lösung*, welche darin besteht, den empirischen Gehalt einer Theorie durch deren Ramsey-Satz wiederzugeben. Statt vom Ramsey-Satz (wie in Kap. VII) wird hier von der *Ramsey-Darstellung* einer Theorie gesprochen. Wenn es möglich ist, zu dem Prädikat der Ramsey-Darstellung einer Theorie ein extensionsgleiches Prädikat zu finden, das keine Bezugnahme auf theoretische Terme enthält, so wird gesagt, daß die fraglichen theoretischen Terme *Ramsey-eliminierbar* sind. Liegt keine Ramsey-Eliminierbarkeit vor, so erbringen die theoretischen Terme nachweislich eine unverzichtbare Leistung bei der Festlegung des empirischen Gehaltes: Mit ihrer Hilfe werden mögliche beobachtbare Sachverhalte ausgeschlossen, die sich nicht mit Bedingungen eliminieren lassen, welche in der Sprache $T$-nicht-theoretischer

Terme (in der ‚Sprache der Beobachtung‘) allein formulierbar sind (Analogie zum Gödelschen Theorem).

Die Ramsey-Methode wird in dreifacher Hinsicht modifiziert und verbessert. Zunächst wird die Fiktion einer ‚universellen (kosmischen) Anwendung‘ einer physikalischen Theorie preisgegeben. Es werden *verschiedene ‚intendierte Anwendungen einer Theorie‘* unterschieden. Die Individuenbereiche verschiedener Anwendungen sind verschieden, doch können sich diese Bereiche teilweise überschneiden. (Beispiel: Anwendungen der klassischen Partikelmechanik sind das Sonnensystem sowie verschiedene Teilsysteme davon.) Eine zweite Verallgemeinerung der Ramsey-Darstellung entsteht dadurch, daß den theoretischen Funktionen *Nebenbedingungen* auferlegt werden, welche in anschaulicher Sprechweise ‚Querverbindungen‘ zwischen den verschiedenen intendierten Anwendungen herstellen. Bereits die einfachste derartige Nebenbedingung, wonach gleiche Individuen stets gleiche Funktionswerte haben (symbolisch durch „$\langle \approx, = \rangle$“ abgekürzt), hat eine außerordentlich stark restringierende Wirkung, wie am Beispiel einer Miniaturtheorie gezeigt wird. Diese beiden Modifikationen der Ramsey-Methode *erhöhen die Leistungsfähigkeit theoretischer Funktionen in einer wesentlichen Hinsicht*: Mit ihrer Hilfe können Prognosen abgeleitet werden, die ohne sie unmöglich wären, da der fragliche Bereich überhaupt noch nicht empirisch untersucht worden ist (Verifikation der Braithwaite-Ramsey-Vermutung). Eine dritte Verallgemeinerung der Ramsey-Darstellung erfolgt in der Weise, daß mit Hilfe von Verschärfungen des Grundprädikates, welches die mathematische Struktur (das ‚Fundamentalgesetz‘) der Theorie kennzeichnet, *spezielle Gesetze* formuliert werden, die *nur in gewissen Anwendungen* der Theorie gelten.

Der empirische Gehalt einer Theorie wird schließlich durch eine einzige unzerlegbare Aussage wiedergegeben, den *zentralen empirischen Satz*, auch *Ramsey-Sneed-Satz* der Theorie genannt (Satz (V) bzw. (VI)).

In einem eigenen Abschnitt wird dieses Verfahren am Beispiel der klassischen Partikelmechanik erläutert. Wer die zum zentralen empirischen Satz einer Theorie führenden *abstrakten* Überlegungen am *konkreten* Beispiel einer ‚wirklichen physikalischen Theorie‘ illustriert haben möchte, dem wird empfohlen, kurz nach Beginn der Lektüre von Abschnitt 3 mit der Lektüre von Abschnitt 6 zu beginnen.

Mit der Angabe des Schemas für einen zentralen empirischen Satz ist *der erste Schritt zur Überwindung des ‚statement view‘*, wonach Theorien Satzklassen sind, getan. Es tritt jedoch keineswegs an die Stelle einer Satzklasse ein einziger Satz. Es gibt zwingende Gründe dafür, eine Theorie *nicht* mit dem zentralen empirischen Satz zu identifizieren.

In Abschnitt 7 werden alle wichtigen begrifflichen Komponenten, die in einem zentralen empirischen Satz zur Anwendung gelangen, rein *modelltheoretisch* charakterisiert. Die mathematische Struktur einer Theorie wird untergegliedert in *Strukturrahmen, Strukturkern* und *erweiterten Strukturkern*. Eine *Theorie* selbst wird als ein nichtsprachliches Gebilde charakterisiert, nämlich aufgefaßt als ein geordnetes Paar, bestehend aus einem Strukturkern *K* und der Klasse der intendierten Anwendungen *I*. Aus Zweckmäßigkeitsgründen werden die Untersuchungen darüber, wie die Klasse *I* ‚einem Physiker gegeben' ist, auf das folgende Kapitel verschoben.

Die in einem zentralen empirischen Satz zur Anwendung gelangende mathematische Struktur ist ein erweiterter Strukturkern. In Ergänzung zum Vorgehen von SNEED wird mit Hilfe dieser modelltheoretischen Apparatur einem vorgegebenen zentralen empirischen Satz ein propositionaler Gehalt zugeordnet, *starke Theorienproposition* genannt. Der Strukturkern einer Theorie (ein bestimmtes Quintupel) ist eine relativ stabile und für die Theorie charakteristische Komponente; die zusätzlichen Komponenten des erweiterten Strukturkernes (eines bestimmten 8-tupels) sind dagegen instabil: sie ändern sich mit dem hypothetischen Ausbau der Theorie zum Zwecke der Aufstellung empirischer Behauptungen (zentraler empirischer Sätze). Im Unterschied dieser beiden Strukturen liegt die begriffliche Grundlage dafür, daß im folgenden Kapitel der Begriff des Verfügens über eine Theorie im Sinne von KUHN eingeführt werden kann, wonach Physiker über eine und dieselbe Theorie verfügen, obwohl sie untereinander und im Zeitablauf mit der Theorie ganz verschiedene Überzeugungen und Vermutungen verbinden.

Im Rahmen des non-statement view, der mit der Identifizierung einer Theorie mit dem Paar ⟨*K, I*⟩ zum vorläufigen Abschluß gekommen ist, können zunächst verschiedene *Äquivalenzbegriffe für mathematische Teilstrukturen sowie für Theorien* eingeführt werden. Man kann vor allem die Äquivalenz von Theorien beweisen, welche in dem Sinn ‚ganz verschiedene Theorien' sind, daß sie mit ganz verschiedenen theoretischen Begriffen arbeiten. Noch wichtiger sind die modelltheoretischen *Reduktionsbegriffe*. Der Begriff der strengen Reduktion einer Theorie auf eine andere ist ebenfalls in solchen Fällen anwendbar, wo die begrifflichen Systeme der Theorien völlig verschieden sind. Auch dieser Begriff spielt im neunten Kapitel eine wichtige Rolle, da er der Schließung der durch die Kuhnsche Inkommensurabilitätsthese aufgerissenen Rationalitätslücke dient.

Außer der angegebenen Ergänzung enthält dieses achte Kapitel gegenüber der Darstellung von SNEED verschiedene technische Vereinfachungen und Verbesserungen. Dies gilt insbesondere für die symbolische Darstellung des zentralen empirischen Satzes sowie für die Definition der Reduktionsbegriffe.

Das vermutlich größte Verdienst des Ansatzes von SNEED besteht darin, ein neues und besseres Verständnis des Wissenschaftskonzeptes von T. S. KUHN zu ermöglichen. Um dies zu zeigen, wird im **neunten Kapitel** die Theorie von KUHN zweifach vorgetragen. Zunächst wird eine rein intuitive

Schilderung seiner Ideen gegeben, wobei diejenigen Teile seiner Ausführungen, die als besonders provozierend empfunden wurden und dementsprechend besonders heftige Kritik herausforderten, möglichst scharf akzentuiert werden. In einem darauffolgenden Abschnitt werden die wichtigsten Kritiken von KUHNs ‚rationalistischen' Gegnern geschildert, um allerdings am Ende zu zeigen, daß und warum diese Kritiken in entscheidenden Punkten unbefriedigend sind.

Das Beispiellose an der Kuhnschen Herausforderung *scheint* darin zu liegen, daß seine Grundthesen im Fall ihrer Richtigkeit *alle Arten von Wissenschaftsphilosophien sinnlos machen*, und zwar aus einem ganz elementaren Grund: Wissenschaftsphilosophien und -theorien beruhen ausnahmslos auf einer falschen Voraussetzung. So sehr sich die Auffassungen von Wissenschaftstheoretikern auch in bezug auf Einzelheiten unterscheiden, so stimmen sie doch darin überein, daß die exakten Naturwissenschaften ein *rationales* Unternehmen darstellen. Diese Voraussetzung aber scheint KUHN zu bestreiten. Die Rede vom ‚Kuhnschen Irrationalismus' ist allerdings irreführend. Nicht KUHN *selbst* vertritt einen Irrationalismus oder Obskurantismus, *sondern er scheint den Naturwissenschaftlern eine irrationale Haltung zu unterstellen* und zu behaupten, daß man nur auf diese Weise ein adäquates Verständnis für den Verlauf der Wissenschaften gewinnen könne. Insbesondere scheint der Streit zwischen ‚Induktivisten' und ‚Deduktivisten' darüber, in welcher Form naturwissenschaftliche Theorien ‚empirisch begründet' oder ‚empirisch überprüft' werden, *gegenstandslos* zu werden, da es solche Überprüfungen überhaupt nicht gibt.

Und zwar scheinen sie in keiner der beiden Formen des Wissenschaftsbetriebes, die KUHN unterscheidet, vorzukommen. In der *normalen Wissenschaft* werden Theorien überhaupt nicht zum Gegenstand der Kritik gemacht, sondern *als Instrumente benützt*, um wissenschaftliche Rätsel zu lösen. Und in Zeiten *außerordentlicher Forschung* kommt es zwar dazu, daß Theorien verworfen werden, aber nicht etwa deshalb, weil sie ‚an der Erfahrung gescheitert sind', sondern weil sie *durch andere Theorien verdrängt* werden. Wir werden dies die ‚Theorienverdrängung durch Ersatztheorien' statt ‚Theorienpreisgabe auf Grund von falsifizierender Erfahrung' nennen.

Während KUHN sich zu Beginn nur ein bescheidenes Ziel steckt, nämlich zu zeigen, daß die herkömmlichen Vorstellungen vom wissenschaftlichen Fortschritt als einem allmählichen Wachstumsprozeß, einer ‚Wissensakkumulation', falsch sind und durch eine andersartige Beschreibung der Wissenschaftsdynamik ersetzt werden müssen, scheint das Ergebnis seiner historischen, soziologischen und psychologischen Untersuchungen auf eine Konsequenz von unüberbietbarer Radikalität hinauszulaufen, so jedenfalls sehen dies seine Kritiker: Der *normale Wissenschaftler* ist ein borniert Dogmatiker, der kritiklos an seinen Theorien festhält. Und der *revolutionäre Wissenschaftler* ist ein junger religiöser Fanatiker, der nicht etwa durch

Argumente andere von der Richtigkeit seines neuen ‚Paradigmas' zu überzeugen versucht, sondern der seine Überredungskünste benützt und die
Propagandatrommel rührt, um andere für sein Paradigma zu gewinnen und
zu diesem *zu bekehren;* und der schließlich auch den Sieg davonträgt, wenn
er hinreichend viele gläubige Anhänger gefunden hat und solange wartet,
bis diejenigen, welche sich nicht bekehren lassen, ausgestorben sind.

Beginnend mit Abschnitt 3 wird versucht, dieses ‚Primärbild' der Auffassung Kuhns, welches bereits *ein Bild im Spiegel der Kritiker* Kuhns ist,
durch ein ganz anderes zu ersetzen. Es wird die Auffassung vertreten, daß
Kuhn tatsächlich nicht nur ein neues historisches, sondern auch *ein neues
wissenschaftstheoretisches Konzept* hat. Um dies zu verstehen, hat man jedoch
nicht, wie seine Kritiker meinen, den Wissenschaftlern eine irrationale Haltung zu unterstellen, vielmehr *muß man sich von verschiedenen ‚induktivistischen'
und ‚deduktivistischen' Rationalitätsklischees befreien.*

Die Rekonstruktion des Begriffs der normalen Wissenschaft wird gemäß dem Vorgehen von Sneed durch die Explikation des Begriffs des *Verfügens über eine Theorie* vorgenommen. Als Vorbereitung dafür wird zunächst
der abstrakt-logische Theorienbegriff von Kap. VIII durch Hinzunahme
dreier weiterer Merkmale zum Begriff der physikalischen Theorie erweitert
und ein schwacher Begriff des Verfügens über eine Theorie (Verfügen über
eine Theorie im Sinn von Sneed) eingeführt. Die spätere Einführung eines
starken Begriffs des Verfügens über eine Theorie (*Verfügen über eine Theorie
im Sinne von* Kuhn) besteht darin, den schwachen Begriff durch Hinzunahme
zusätzlicher pragmatischer Begriffe schärfer *und ‚wirklichkeitsnäher'* zu
machen.

Auf der Grundlage dieser Begriffe stellt sich heraus, daß die ganze
Kuhn-Popper-Lakatos-Kontroverse eine der schlimmsten Formen des völ-
ligen Aneinandervorbeiredens bildete, in etwa vergleichbar mit den ‚Para-
digmendebatten' im Sinne von Kuhn. Alle Gegner von Kuhn setzen nämlich mit Selbstverständlichkeit den statement view von Theorien voraus,
also die Auffassung, daß Theorien Klassen von Sätzen (Propositionen)
sind. Eine solche Auffassung ist mit Kuhns Konzept nicht vereinbar.
Dieser Punkt wird durch die Explikation des Begriffs des Verfügens über
eine Theorie klargestellt. Über eine Theorie Verfügen heißt danach, *ein
kompliziertes begriffliches Gerüst* (und *nicht*: Sätze oder Propositionen) *zur
Verfügung zu haben,* nämlich einen *Strukturkern,* von dem man *weiß,* daß er
einige Male erfolgreich für Kernerweiterungen benützt wurde, und von dem
man *hofft,* daß er in Zukunft für noch bessere Erweiterungen wird verwendet werden können (‚normalwissenschaftlicher Fortschrittsglaube'). *In dieser
Einstellung liegt ‚nicht eine Spur von Irrationalität'.* Auch die von vielen als besonders anstößig empfundene ‚Immunität von Theorien gegen falsifizie-
rende Erfahrung' findet hier eine ganz natürliche und zwanglose Erklärung:
Kein noch so oftmaliges Scheitern von Versuchen, einen Strukturkern er-

folgreich für Kernerweiterungen (und damit für die Aufstellung von Theorienpropositionen bzw. von zentralen empirischen Sätzen) zu verwenden, kann als Nachweis dafür angesehen werden, daß der Strukturkern unbrauchbar ist. *Eine Theorie ist nicht jene Art von Entität, von der man überhaupt sinnvollerweise sagen kann, sie sei falsifiziert (oder verifiziert) worden.* Auch die richtige (!) Kuhnsche Feststellung, daß im Verlauf der normalen Wissenschaft eine ‚widerstreitende und aufsässige Erfahrung' nicht die Theorie, sondern *nur den Wissenschaftler* diskreditiert, findet hier eine ganz natürliche und einfache Deutung.

Was beim Begriff des Verfügens über eine Theorie im Sinne von KUHN hinzukommt, ist vor allem eine Aussage über die Art und Weise, wie die Menge *I* der intendierten Anwendungen einer Theorie gegeben ist. Diese Menge ist fast nie extensional: als fester vorgegebener Bereich, sondern in der Regel nur intensional und zwar nur über *paradigmatische Beispiele* gegeben. (Hier ist die einzige, aber doch sehr wichtige Stelle, an der ein Zusammenhang zwischen dem Paradigmenbegriff von KUHN und dem von WITTGENSTEIN hergestellt wird.) Das Analoge wiederholt sich auf niedrigerer Stufe für die Individuenbereiche der einzelnen Anwendungen: Auch diese sind meist nur intensional gegeben. Die Theorie erhält in allen solchen Fällen eine zusätzliche ‚Immunität gegen widerstreitende Erfahrung': Wenn die Theorie für ein Element von *I* vollkommen versagt, so wird dieses Element einfach aus der Menge *I* entfernt. Wer darin eine ‚Immunisierungsstrategie' erblickt, der huldigt nicht einem *kritischen*, sondern einem *überspannten* Rationalismus. (Kann man z.B. im Ernst behaupten, daß die mit dem Aufkommen der Wellentheorie des Lichtes verbundene Feststellung: „Das Licht besteht gar nicht aus Partikeln" eine ‚Immunisierung der Newtonschen Theorie' darstellt?)

Mittels des Begriffs des Verfügens über eine Theorie kann man *eine präzise Unterscheidung zwischen zwei Arten von normalwissenschaftlichem Fortschritt* treffen; außerdem kann man genau sagen, was „*normalwissenschaftlicher Fortschritt*" und was „*normalwissenschaftlicher Rückschlag*" heißt.

Auch über die *Theorienverdrängung durch Ersatztheorien* (zweite Form von Theoriendynamik) können einige präzise Aussagen gemacht werden. Hier kommt es vor allem darauf an, genau den Ort zu lokalisieren, an dem eine Rationalitätslücke zu finden ist. *Nicht berechtigt* sind alle diejenigen Vorwürfe gegen KUHN, daß er eine ‚kritische Stufe' anzugeben hätte, an der eine Theorie preiszugeben ist. Hier kann man tatsächlich nichts anderes tun als *zur Einsicht bringen, warum dieses Ansinnen unerfüllbar ist.* Diese Einsicht stützt sich auf den non-statement view einerseits, auf eine elementare psychologische Wahrheit andererseits (nämlich die Wahrheit, daß ein schlechtes Werkzeug immer noch besser ist als gar keins). *Berechtigt* sind dagegen diejenigen Kritiken, in denen darauf hingewiesen wird, daß KUHN dem Begriff des wissenschaftlichen Fortschrittes keinen Sinn geben könne (jedenfalls keinen nicht machtpolitischen Sinn, nach welchem einfach die jeweils Siegenden *per definitionem* auch diejenigen sind, welche einen Fortschritt herbeigeführt haben). Er dürfte nur von *Umwälzungen* sprechen. Dies ist eine Folge seiner These, daß verdrängende und verdrängte Theorie mit einander *unvergleichbar (inkommensurabel)* sind. Hier liegt eine *echte Rationalitätslücke* vor.

Paradoxerweise fallen KUHN sowie FEYERABEND bei ihren Versuchen, die Inkommensurabilitätsthese zu begründen, ganz in die Denkweise ihrer Gegner: den statement view, zurück. Statt zu schließen, daß verdrängende und verdrängte Theorie miteinander unvergleichbar sind, ‚weil die Begriffe der einen nicht mittels der Begriffe der anderen definiert und die Sätze der einen nicht aus den Sätzen der anderen abgeleitet werden können‘, sollte man vielmehr so argumentieren: „Wenn eine Theorie durch eine andere verdrängt wird, die einen *anderen Strukturkern* hat, so ist das ‚Denken in Ableitungsbeziehungen zwischen Sätzen‘ ein gänzlich untaugliches Mittel, um einen Theorienvergleich herbeizuführen".

Ein untaugliches Mittel zur Schließung *dieser* Rationalitätslücke ist allerdings auch POPPERS Begriff der *Wahrheitsähnlichkeit*, weil Wahrheit höchstens das Ziel einer wissenschaftlichen Theorie, aber *für uns Menschen* nicht *Maßstab für eine komparative Theorienbeurteilung* sein kann.

Dagegen sind die makrologischen Begriffe des achten Kapitels geeignete Mittel für einen Theorienvergleich auch in solchen Fällen ‚völliger Verschiedenartigkeit' von Theorien: Gleichheit oder Ähnlichkeit des Begriffs- und Satzgerüstes ist dort *weder* für die Äquivalenz- *noch* für die Reduktionsbegriffe vorausgesetzt. Ob und wie diese Begriffe modifiziert werden müssen, um den Begriff des ‚revolutionären *Fortschritts*‘ zu explizieren, ist jedenfalls eine *logische* Aufgabe. Der Wissenschaftshistoriker überschreitet seine Kompetenz, wenn er behauptet, eine solche Explikation sei unmöglich. (Eine ähnliche Kompetenzüberschreitung läge von seiten eines Historikers der Mathematik vor, der behauptete, daß ein konstruktiver Widerspruchsfreiheitsbeweis für ein System der klassischen Mathematik unmöglich sei. Diese Behauptung *kann* richtig sein; aber ihre Begründung kann nur durch *beweistheoretische*, nicht jedoch durch *historische* Methoden erfolgen.)

Zu den theoretischen Ansätzen von LAKATOS wird eine doppelte Stellung bezogen. Sein Begriff des *Forschungsprogramms* steht nicht im Widerspruch zu den Ideen von KUHN. Vielmehr fällt dieser Begriff je nach Deutung entweder mit dem Begriff der normalen Wissenschaft im Sinn von KUHN oder mit einem speziellen Fall davon (normalwissenschaftlicher Fortschritt ohne Rückschläge) zusammen. Der *Falsifikationsbegriff* des ‚geläuterten Falsifikationismus*‘ von LAKATOS dagegen bildet in präzisierter Gestalt eine Methode zur Schließung der Rationalitätslücke, aber nur deshalb, *weil er* trotz seines irreführenden Rahmens ‚im wesentlichen‘ *auf den Begriff der Theorienreduktion hinausläuft.*

Zur *normativen Methodologie* von LAKATOS wird dagegen eine Stellung bezogen, die auf dasselbe hinauszulaufen scheint wie die ‚epistemologische Anarchie‘ von FEYERABEND. Aber während FEYERABEND dazu auf Grund von (vermutlich zutreffenden) Überlegungen über die *nachteiligen Folgen* einer solchen Methodologie gelangt, wird hier die *Voraussetzung* der Methodologie von LAKATOS bestritten: die angebliche Irrationalität des ‚Kuhnschen Wissenschaftlers‘. Sobald man erkannt hat, daß weder in den Epochen der ‚normalen Forschung‘ noch in Zeiten ‚außerordentlicher Forschung‘ und ‚wissenschaftlicher Revolutionen‘ das Verhalten der Wissenschaftler irrational ist, fällt auch die Notwendigkeit fort, die wissenschaftliche Welt durch eine normative Methodologie ‚wieder in Ordnung zu bringen‘.

# Kapitel VIII

# Die Struktur ausgereifter physikalischer Theorien nach Sneed

## 1. Einwendungen gegen die Zweistufenkonzeption der Wissenschaftssprache und gegen die linguistische Theorie Carnaps

**1.a Die Kritiken am Begriff der Beobachtungssprache durch Kuhn, Feyerabend und Hempel.** In diesem Kapitel soll der ganz neue Weg von J. D. Sneed behandelt werden. Das Verständnis der späteren Abschnitte dieses Kapitels dürfte dadurch erleichtert werden, daß wir zunächst *eine kritische Betrachtung des Zweistufenkonzeptes der Wissenschaftssprache* voranstellen. Eine solche Kritik muß scharf unterschieden werden von den Diskussionen in Kap. V. Gegenstand der Untersuchungen und z. T. auch Gegenstand starker Polemik war dort etwas viel Spezielleres, nämlich allein *das Carnapsche Signifikanzkriterium für theoretische Terme.* Das Zweistufenkonzept wurde dagegen nicht angetastet; vielmehr bildete es den stillschweigend akzeptierten Rahmen für alle damaligen Analysen.

Es ist dieser in den letzten drei Kapiteln stets vorausgesetzte Rahmen, der seit einiger Zeit in zunehmendem Maße und von immer mehr Philosophen in Frage gestellt wird. Die Polemiken laufen unter verschiedenen Namen. Zum größten Teil richten sie sich gegen den Begriff der *Beobachtungssprache;* zum Teil stellen sie die *Dichotomie* oder zumindest die *Eindeutigkeit* der Dichotomie ‚beobachtbar — theoretisch‘ in Frage; einige Philosophen nehmen den problematischen Begriff der ‚*theoretischen Terme*‘ aufs Korn oder versuchen, auf Unklarheiten im Begriff der ‚*partiellen Deutung*‘ theoretischer Terme aufmerksam zu machen.

Einer Reihe von Kritiken, vor allem gegen die Beobachtungssprache gerichteten Kritiken, haben wir bereits in Kap. III,2 das Wasser abgegraben. Gemeint sind diejenigen Kritiken, welche der Zweistufentheorie einen Begriff der Beobachtbarkeit unterstellen, der darin gar nicht vertreten wird. Hierher gehören alle Einwendungen von der Art, daß die Beobachtungssprache als eine ‚Sinnesdatensprache‘ intendiert sei; daß Beobachtungssätze als ‚absolut sichere Sätze‘ gemeint seien; daß das zur Beobachtungssprache Gehörende als das ‚beobachtungsmäßig Entscheidbare‘ zu verstehen sei etc. Zum Schutz gegen Polemiken *dieser* Art müßte das dort Gesagte ausreichen. Es verbleiben aber noch weitere Einwendungen, von denen wir hier die vermutlich wichtigste herausgreifen wollen.

Eine systematische Darstellung aller Kritiken des Zweistufenkonzeptes könnte den Gegenstand einer eigenen Monographie bilden. Die Abfassung einer solchen wäre nicht ohne Reiz, zumal man dabei gelegentlich auf Kuriositäten stoßen dürfte. So beobachtet man z.B. bisweilen sogar bei namhaften Autoren, wie jemand im ‚Kampf gegen den Begriff der Beobachtbarkeit' zunächst mühevoll einen Strohmann errichtet, um dann noch größere Mühe darauf verwenden zu müssen, zu verhindern, vom eigenen Strohmann erschlagen zu werden.

Mit der Infragestellung der Zweistufentheorie der Wissenschaftssprache scheinen wir in einen unvermeidlichen Konflikt mit den Ausführungen in Kap. IV zu geraten. Denn selbst wenn man *nicht alle* dort vorgebrachten Argumente für überzeugend hält, so scheinen sie doch *in ihrer Gesamtheit* das Zweistufenkonzept zwingend nahezulegen.

Aber tun sie dies denn wirklich? Wieder einmal müssen wir eine wichtige Differenzierung vornehmen, nämlich wir müssen unterscheiden zwischen Gründen, die dafür sprechen, *theoretische Begriffe* in die Wissenschaft *einzuführen*, und Gründen, die dafür sprechen, diese Einführung *in der speziellen Weise* zu bewerkstelligen, in der CARNAP und diejenigen, welche ihm nachfolgten, dies taten. Daß beides *nicht* zusammenfallen muß, wird uns erst dann ganz klargeworden sein, wenn wir ein andersartiges Verfahren der Charakterisierung theoretischer Begriffe kennengelernt haben. Da wir aber vorläufig noch nicht bei solchen ‚konstruktiven Alternativvorschlägen' angelangt sind, wenden wir uns zunächst der angekündigten Kritik zu.

In einem Bild könnte man von der ‚*These der Theorienbeladenheit aller Beobachtungsaussagen*' oder auch von der ‚*These der Nichtexistenz einer neutralen, theorienunabhängigen Beobachtungssprache*' reden. Verschiedene Autoren haben diese These in verschiedener Form vorgetragen, wobei die besondere Fassung, die sie ihr gaben, meist durch ihre anderen theoretischen Überzeugungen mitbestimmt war. Nach T.S. KUHN z.B. ist die Art und Weise, wie Wissenschaftler die Welt betrachten und über ihre Beobachtungen referieren, davon abhängig, welche Theorien, welches ‚Paradigma', sie dabei als gültig voraussetzen. Ändert sich diese Voraussetzung aufgrund einer ‚wissenschaftlichen Revolution', so bedeutet dies zugleich „eine Verschiebung des begrifflichen Netzwerkes, durch welches die Wissenschaftler die Welt betrachten"[1]. Dann aber können ihre Tatsachenberichte offenbar nicht ‚theorienunabhängig' sein, wie dies von den Sätzen der ‚Beobachtungssprache' vorausgesetzt wird. In ähnlicher Weise betont FEYERABEND: „Wir deuten ... unsere ‚Erfahrungen' im Lichte der Theorien um, die wir besitzen — es gibt keine ‚neutrale' Erfahrung"[2]. Ähnlich kritisch hat sich auch PUTNAM in [Not] geäußert.

---

[1] "... a displacement of the conceptual network through which scientists view the world", [Revolutions], S. 102.
[2] [Theoretische Entitäten], S. 71.

Was mit diesen Kritiken genau gemeint ist, dürfte am klarsten und bündigsten HEMPEL in [Theoretical Terms] ausgedrückt haben. Wenn man von Beobachtbarkeit spricht, müßte immer hinzugefügt werden, *für wen die Beobachtbarkeit besteht*, d. h. „beobachtbar" ist nicht ein einstelliges metasprachliches Prädikat: „Term *t* ist ein Beobachtungsprädikat", sondern ein zweistelliges Prädikat von der Gestalt: „Term *t* ist ein Beobachtungsprädikat für die Person *p*". Der Grund für die Notwendigkeit dieser Relativierung liegt darin, daß das, was im *wissenschaftlichen Gespräch* als beobachtbar gilt, nicht nur von *biologischen* Merkmalen abhängt, die ‚jeder normale, gesunde Mensch' besitzt, sondern in sehr hohem Maße davon abhängig ist, *welche linguistischen und fachwissenschaftlichen Fähigkeiten die ‚beobachtende Person' in der Vergangenheit erworben hat.* Wenn z. B. Experimentalphysiker zu intersubjektiver Übereinstimmung darüber gelangen, *daß etwas ‚mittels unmittelbarer Beobachtung verifiziert worden sei',* so bedeutet dies *keineswegs,* daß diese Verifikation ‚durch direkte Beobachtung' auch dem Mann auf der Straße, *der über keine physikalischen Kenntnisse und Fähigkeiten verfügt,* möglich wäre. Aber gerade eine solche Voraussetzung wird in der *Standardkonstruktion* der Beobachtungssprache stillschweigend gemacht.

Wir können die Sache auch so darstellen, daß wir den obigen Relationsausdruck zugrunde legen. Warum wird in der herkömmlichen Deutung der Beobachtungssprache ‚so getan, als handele es sich dabei um ein einstelliges Prädikat'? Die Antwort lautet: Die ausdrückliche Bezugnahme auf eine Person *p* erscheint deshalb als überflüssig, *weil für p ein beliebiges* (und damit ein *beliebig austauschbares) Glied der Spezies homo sapiens eingesetzt werden kann.* Ganz abgesehen davon, daß es höchst fraglich ist, ob man dabei ein *für Alltagszwecke brauchbares* Prädikat ‚beobachtbar' erhält, kann man sagen, daß es auf diese Weise ausgeschlossen ist, einen Begriff der Beobachtbarkeit zu gewinnen, der sich für eine Rekonstruktion des fachwissenschaftlichen Gebrauches dieses Ausdrucks eignet. Es ist deshalb ausgeschlossen, weil sich in *allen* fachwissenschaftlichen Kontexten der korrekte Gebrauch von „ist beobachtbar" *auf vergangene Lernerfahrungen* stützt. Und in keiner Einzelwissenschaft wird es sich dabei nur um eine ‚Erfahrung im Umgang mit Instrumenten' handeln, sondern vor allem auch um eine ‚Erfahrung im Umgang mit Theorien'.

Soweit der Dichotomie *Beobachtungssprache — theoretische Sprache* die intuitive Vorstellung vom Unterschied zwischen der ‚*Sprache des Experimentators'* und der ‚*Sprache des Theoretikers'* zugrunde gelegt wird, wäre also darauf hinzuweisen, daß es eine unzulässige Vereinfachung darstellt, sich den Experimentator als einen *fachlich untrainierten* Menschen vorzustellen, *in dessen Tatsachenfeststellungen theoretische Überlegungen keinen Eingang finden.*

HEMPEL schlägt daher vor, den Begriff der Beobachtungssprache preiszugeben und statt dessen einen *historisch-pragmatisch relativierten Begriff des vorgängig verfügbaren Vokabulars* ("antecedently available vocabulary") zu benützen. Dieser Begriff ist außerdem auch noch *auf eine jeweils einzuführende Theorie* zu relativieren: Wenn eine neue Theorie *T* eingeführt wird, in der erstmals Ausdrücke wie „Unbewußtes", „introvertiert", „elektrisch geladen" vorkommen, so sind diese Ausdrücke der neuen Theorie in dem Sinn ‚theoretisch', daß sie nicht in dem Vokabular vorkommen, über welches trainierte Fachleute bereits verfügen. Dies schließt aber nicht aus, daß derartige Ausdrücke *nach hinlänglicher Einübung in die neue Theorie* das vorhandene Vokabular erweitern, um bei der Einführung einer späteren Theorie *zu dem relativ auf diese Theorie vorgängig verfügbaren Vokabular zu gehören.*

Man kann nun beschließen, die *Dichotomie* nicht vollkommen preiszugeben, sondern ihr einen neuen Sinn zu verleihen: Die ‚starre' und ‚zeitlich invariante' Beobachtungssprache wäre zu ersetzen durch jene *pragmatisch-historisch relativierte* Teilsprache der Wissenschaftssprache, deren deskriptive Zeichen vorgängig verfügbare Terme sind. Wir nennen eine derartige Teilsprache eine *empiristische Grundsprache.* Das Gegenstück heiße wieder *theoretische Sprache.* Die Grenze zwischen den beiden Sprachen ist nicht starr, sondern hängt vielmehr davon ab, auf welche *Personen, Zeitpunkte* und *Theorie* man sich mit dieser Gegenüberstellung bezieht.

Die in Kap. IV geschilderten Gründe und Motive für die Einführung der Dichotomie sind mutatis mutandis auf diese *pragmatisch relativierte* Dichotomie übertragbar.

Für die folgenden Betrachtungen, zumindest im vorliegenden Kapitel, wird dieses neue Konzept *keine* Rolle spielen. Der Grund dafür liegt darin, daß an späterer Stelle mit einem wesentlich stärkeren Begriff von *theoretisch* gearbeitet werden soll, für den die ganze epistemologische Problematik, die der Unterscheidung zwischen Beobachtungssprache bzw. empiristischer Grundsprache einerseits, theoretischer Sprache andererseits zugrunde liegt, ohne Bedeutung ist. Dieser von Sneed stammende Begriff dürfte der erste Begriff für Theoretizität sein, der nicht einem weiteren Einwand ausgesetzt ist, der von Putnam stammt und dem wir uns jetzt kurz zuwenden wollen.

**1.b Die Herausforderung von Putnam.** Alle bisherigen Versuche, den Begriff des *Theoretischen* abzugrenzen, sind, so könnte man sagen, durch *Negativität* ausgezeichnet. Damit ist folgendes gemeint: Wenn ein in einer Theorie *T* vorkommender Term *τ theoretisch* genannt wird, so hat die Begründung für diese Art von Auszeichnung nicht die Form: „weil *t* in der Theorie *T* diese und diese Rolle spielt (in *T* die folgendermaßen zu charakterisierende ‚Schlüsselposition' einnimmt …)". Vielmehr lautet die Begründung je nachdem, ob man vom ursprünglichen Konzept der Beobachtungssprache ausgeht oder ob man den pragmatisch relativierten Begriff der empiristischen Grundsprache benützt: „weil *τ nicht* zum Beobachtungsvokabular gehört" bzw. „weil *τ* relativ auf die neue Theorie *T* für die Person *p* zu *t nicht* zum vorgängig verfügbaren Vokabular gehört." Die leitende

Vorstellung ist in beiden Fällen dieselbe: Das, was man schon vorher ‚versteht‘, kann man, *da es vollkommen verständlich ist*, zur Grundsprache rechnen; dasjenige hingegen, dem diese volle Verständlichkeit fehlt, muß (vorläufig) als theoretisch ausgezeichnet werden.

Tatsächlich scheint jedoch in vielen Fällen etwas wesentlich Stärkeres intendiert zu sein, nämlich daß ein Term $\tau$ bezüglich der Theorie $T$ deshalb *theoretisch* ist, *weil er im Rahmen der Theorie $T$ (oder: im Rahmen der Anwendungen der Theorie $T$) eine ganz bestimmte Stellung einnimmt, die ihn von jenen Termen, welche diese Stellung nicht einnehmen, scharf unterscheidet.*

Den von PUTNAM erhobenen Vorwurf, daß bisher niemand den Versuch gemacht habe, die spezifische Rolle, die theoretische Terme innerhalb einer Theorie spielen, aufzuklären, nennen wir PUTNAMs *Herausforderung.* Sie ist im wesentlichen in dem folgenden Satz enthalten: „Ein theoretischer Term, der mit Recht so genannt wird, ist ein Term, der von einer wissenschaftlichen *Theorie* herkommt (und in den nun seit dreißig Jahren erscheinenden Abhandlungen über ‚theoretische Terme‘ ist das Problem so gut wie unberührt geblieben, was denn nun das *wirklich* auszeichnende Merkmal solcher Terme ist).“[3]

Versuchen wir uns jetzt klarzumachen, warum keine Aussicht besteht, auf diese Herausforderung im Rahmen der Carnapschen Theorie, welche wir aus sogleich ersichtlichen Gründen die *linguistische Theorie der theoretischen Terme* nennen, eine Antwort zu finden. Die folgenden Betrachtungen werden außerdem zeigen, daß die Frage in 1.a (zu Beginn des fünften Absatzes) berechtigt war: Das Zweistufenkonzept der Wissenschaftssprache ist keine direkte Konsequenz der Gründe, welche für die Einführung theoretischer Terme sprechen; denn dieses Konzept stellt nur *einen ganz bestimmten Versuchstyp* dar, eine solche Einführung zu ermöglichen.

Wir gehen von der Frage aus: In welcher Weise hat CARNAP den Unterschied zwischen theoretischen Termen und nicht-theoretischen Termen zu präzisieren versucht? Darauf gibt es nur *eine* Antwort: *Durch Imitation des Vorgehens von Logikern beim Aufbau einer Wissenschaftssprache.*

Dies ist so zu verstehen: Wenn ein Logiker eine formale Sprache aufbaut, so besteht einer seiner ersten Schritte in der *Klassifikation der Zeichen* dieser Sprache. Er muß das Vokabular $V$ erschöpfend in die beiden disjunkten Teilklassen der *logischen Zeichen* und der *deskriptiven Zeichen* unterteilen. Die logischen Zeichen machen das logische Vokabular $V_L$ aus, die deskriptiven Zeichen das deskriptive Vokabular $V_D$. Da durch die Bedeutungen der logischen Zeichen der logische Folgerungsbegriff festgelegt wird, ist mit dieser Unterteilung die Grundentscheidung darüber gefällt, was als logi-

---

[3] "A theoretical term, properly so-called, is one which comes from a scientific *theory* (and the almost untouched problem, in thirty years of writing about ‘theoretical terms’ is what is *really* distinctive about such terms)", H. PUTNAM [Not], S. 243.

sches Grundgerüst anzusehen ist und was zum außerlogischen, ‚empirischen‘ Teil der Wissenschaftssprache gehört. An diese Unterteilung knüpft
CARNAP an *und führt sie weiter*. Aufgrund von Überlegungen der Art, wie
sie in Kap. IV geschildert worden sind, wird das Vokabular $V_D$ selbst
wieder erschöpfend in zwei disjunkte Teilklassen $V_B$ und $V_T$ unterteilt,
das erste bestehend aus den ‚Beobachtungstermen‘, das zweite aus den
‚theoretischen Termen‘. Wir können daher die Carnapsche Theorie zur
Realisierung des Zweistufenkonzeptes als *linguistische Theorie* bezeichnen.
Die Gliederung der Symbole erfolgt darin nach dem Schema von Fig. 1-1.

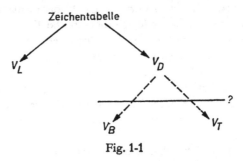

Fig. 1-1

Der horizontale Strich mit Fragezeichen, der durch die zweite, nur
punktiert angegebene Gliederung gezogen wurde, soll *die Fragwürdigkeit
dieses Vorgehens veranschaulichen*. Es dürfte nämlich *prinzipiell ausgeschlossen*
sein, *bei Einschlagung dieses Weges eine adäquate Antwort auf die Frage von*
PUTNAM *zu geben*, sofern man diese Frage wirklich als echte Herausforderung empfindet. Der Grund dafür ist höchst einfach: Wenn diese Klassifikation der Zeichen zu einem Bestandteil des Sprachaufbaues gemacht
wird, *so muß sie beendet sein, bevor noch irgendeine Theorie formuliert worden ist*.
Die Einführung eines *auf eine ganz bestimmte Theorie relativierten Begriffs*
„*theoretisch*“ ist dann nicht mehr möglich.

Gegen dieses Argument ließe sich einwenden: Man könnte den Sprachaufbau von vornherein auf die fragliche Theorie ‚zuschneiden‘. Die Relativierung des Theoretizitätsbegriffs auf eine ganz bestimmte Theorie würde
dann nicht mittels einer eigenen begrifflichen Bestimmung erfolgen; vielmehr würde sie Teil des historischen Zusammenhanges von Sprachaufbau
und Theorienformulierungen werden: Die Antwort darauf, inwiefern die
theoretischen Terme ‚auf die Theorie $T$ Bezug nehmen‘, würde *innerhalb
der Motivationsgeschichte des Sprachaufbaues* gegeben werden.

Daß dieser Ausweg *nicht gangbar* ist, sofern man davon überzeugt ist,
daß der Begriff *theoretisch* auf eine bestimmte Theorie zu relativieren ist,
wird sofort ersichtlich, wenn man bedenkt, *daß in ein und derselben Sprache
verschiedene Theorien formuliert werden können* (und auch müssen, wenn die
Wissenschaftssprache es z.B. gestatten soll, die gesamte moderne Physik zu

formulieren oder wenigstens soviel davon, daß mindestens zwei Theorien, wie z. B. Mechanik und Elektrodynamik, darin ausdrückbar sind). Ein und derselbe Term kann *in bezug auf eine dieser Theorien theoretisch* sein, *in bezug auf eine andere Theorie dagegen nicht-theoretisch!*

Diese Bedenken gegen das Vorgehen CARNAPs bleiben unverändert bestehen, wenn man das ursprüngliche Konzept einer ‚ein für allemal festliegenden Beobachtungssprache' durch das einer pragmatisch zu relativierenden empiristischen Grundsprache ersetzt. (Dies ist auch der Grund dafür, warum die Antwort auf die Frage: „absolute Beobachtungssprache oder pragmatisch relativierte empiristische Grundsprache" für die späteren Betrachtungen ohne Relevanz sein wird.)

In Abschnitt 3 werden wir das neue Verfahren zur Einführung eines Begriffs „theoretisch" von SNEED kennenlernen. Mit diesem Verfahren wird erstmals der Versuch unternommen, auf die Herausforderung von PUTNAM eine befriedigende Antwort zu geben. Es wird darin nicht schlechthin zwischen theoretischen und nicht-theoretischen Termen unterschieden, sondern der Begriff *theoretisch* wird auf eine bestimmte Theorie *T* relativiert, so daß das neue Prädikat nicht lautet: „*x* ist ein theoretischer Term", sondern „*x* ist ein *T*-theoretischer Term". Es dürfte nach den vorangehenden Betrachtungen klar sein, daß die Einführung eines solchen *relativierten* Theoretizitätsbegriffs die Preisgabe der linguistischen Theorie CARNAPs voraussetzt. Tatsächlich wird die Dichotomie bei SNEED nicht durch einen *Beschluß* (sei es beim Aufbau der Sprache, sei es später), sondern mittels eines *Kriteriums* eingeführt, das erst anwendbar ist, ‚wenn die Theorie schon dasteht', wenn also, formal gesprochen, der Sprachaufbau und die Formulierung der Theorie in dieser Sprache beendet sind. (Daß dabei nicht auf *formalisierte* Sprachen und *formalisierte* Theorien Bezug genommen wird, sondern auf die ‚üblichen *nicht-formalisierten Darstellungen* von Theorien', ist eine Konsequenz des notwendig *pragmatischen* Aspektes des Sneedschen Kriteriums.)

Da wir eben von der Notwendigkeit sprachen, den Begriff *theoretisch* auf eine Theorie zu relativieren, andererseits in 1.a die These von der ‚Theorienbeladenheit der Beobachtungssprache' kurz erwähnt worden ist, sei hier auf eine *begriffliche Konfusion* aufmerksam gemacht, die einen großen Teil der Literatur zur Zweistufentheorie sowie zur Problematik der theoretischen Terme durchzieht. Wenn auf der einen Seite auf die ‚*Theorienbeladenheit*' der in der Beobachtungssprache formulierten, für eine Theorie relevanten *Tatsachenfeststellungen* hingewiesen wird und auf der anderen Seite von der Notwendigkeit die Rede ist, den Begriff theoretisch *auf eine Theorie zu relativieren*, so scheinen die Überlegungen auf etwas Ähnliches hinauszulaufen. Aber zwischen diesen beiden Arten von Betrachtungen muß man scharf differenzieren. Die Notwendigkeit einer Differenzierung wird deutlich, wenn man die Frage stellt: Auf *welche* Theorie wird dabei Bezug genommen, auf *dieselbe* oder auf eine *andere*? Die Antwort muß in beiden Fällen ganz anders lauten. Im ersten Fall handelt es sich um die These, *daß das, was Tatsache für eine Theorie ist, durch eine andere Theorie* (und nicht etwa durch diese Theorie selbst!) *bestimmt wird*. Überlegungen von dieser Art, die von FEYERABEND und anderen angestellt worden sind, werden erst in IX,7 bei der Behandlung der Theoriendynamik zur Sprache kommen. Im gegenwärtigen Fall handelt es sich um etwas völlig anderes: Wenn Terme als *T*-theoretisch bezeichnet werden, *so wird dabei auf ein und dieselbe Theorie T, in der sie selbst vorkommen, Bezug genommen*. Und zwar wird genauer Bezug genommen auf eine noch zu charakterisierende Rolle, die sie in dieser Theorie *T* spielen.

Die Rolle, die theoretische Terme nach SNEED spielen, *scheint* eine ‚absurde‘ Rolle zu sein: Um die Werte von theoretischen Funktionen zu ermitteln, muß man auf *anderweitige erfolgreiche Anwendungen eben dieser Theorie, in welcher sie vorkommen*, zurückgreifen. Da eine Untersuchung darüber, ob eine Anwendung der Theorie erfolgreich ist, den Weg über die Berechnung von Funktionswerten, *einschließlich von Werten der theoretischen Funktionen*, nehmen muß, *scheint* das Sneedsche Kriterium die theoretischen Funktionen mit einem ‚zirkulären Merkmal‘ auszustatten: Um Werte solcher Funktionen zu ermitteln, muß man bereits Werte dieser Funktionen kennen. Daß dieses ‚*Problem der theoretischen Terme*‘ ein ernsthaftes Problem darstellt, ist nicht zu leugnen. Es wird sich herausstellen, daß seine Lösung zunächst eine Darstellung des empirischen Gehaltes einer Theorie in der Gestalt eines verbesserten Ramsey-Satzes erzwingt, deren letzte Konsequenz die *Preisgabe des ‚statement view von Theorien‘* sein wird.

An denjenigen Stellen, an welchen es zu einer ‚Konfrontation‘ zwischen dem Begriff von *theoretisch* bei SNEED auf der einen Seite und dem durch die früheren Betrachtungen nahegelegten Theoretizitätsbegriff auf der anderen Seite (mit der pragmatisch relativierten empiristischen Grundsprache statt der ‚unveränderlichen‘ Beobachtungssprache) kommen wird, werden wir die *T*-theoretischen Funktionen im Sinn von SNEED als *theoretisch im starken Sinn* bezeichnen, diejenigen Terme hingegen, die nicht zur empiristischen Grundsprache gerechnet werden, als *theoretisch im schwachen Sinn*. Die weiter oben erwähnte Irrelevanz des Begriffs der empiristischen Grundsprache für dieses Kapitel wird einfach eine Folge dessen sein, daß hier nur der Begriff der Theoretizität im starken Sinn zur Diskussion stehen wird.

## 2. Axiomatische Theorien

**2.a Die axiomatische Methode. Fünf Bedeutungen von „Axiomatisierung einer Theorie".** Wir werden später axiomatisch aufgebaute Theorien zum Ausgangspunkt nehmen. Hier soll die dafür unerläßliche Beantwortung der Vorfrage gegeben werden, was mit „Axiomatisierung einer Theorie" gemeint ist. Es wird sich herausstellen, daß man darunter fünf verschiedene Dinge verstehen kann.

Die ersten zwei Bedeutungen haben einen gemeinsamen *formalen* Grundzug. Ein axiomatisches System ist danach eine Klasse von Aussagen, die aus einer endlichen Teilklasse herleitbar sind. Von einem *euklidischen axiomatischen System* $\Sigma$ sprechen wir genau dann, wenn $\Sigma$ eine Klasse von Aussagen ist und wenn es eine endliche Teilklasse $\varDelta$ von $\Sigma$ gibt, deren Elemente *selbstevident* und daher *richtig* sind, so daß jede Aussage der Differenzklasse $\Sigma - \varDelta$ aus $\varDelta$ logisch folgt. Die Elemente von $\varDelta$ sind *die Axiome des Systems* $\Sigma$.

Da es im Augenblick nur um die Gegenüberstellung zum Hilbertschen Begriff des Axiomensystems geht, hätten wir auch vom *Begriff des axiomatischen Systems im Sinn des* ARISTOTELES sprechen können. Im Rahmen einer historischen Untersuchung wären hier allerdings verschiedene Differenzierungen vorzunehmen, die im Rahmen philosophischer Betrachtungen über dieses Thema meist unberücksichtigt bleiben. So z.B. spielen die *Existenzsätze* bei EUKLID eine andere Rolle als bei ARISTOTELES. Ferner müßte die Unterscheidung in *Axiome i.e.S.* (Relationssätze) und *Postulate* (Konstruktionssätze) gemacht werden, eine Einteilung, die der antiken Wissenschaft bereits erhebliche Schwierigkeiten bereitete. Für eine sehr eingehende und genaue Darstellung dieser und einer Reihe anderer Details vgl. K. v. FRITZ, [Antike Wissenschaft], insbesondere S. 206 ff., 372 f., 378 ff. und 438 ff.

Das Evidenzpostulat, wonach alle Axiome unmittelbar einsichtig sein müssen, beruht auf der Voraussetzung, daß die in den Axiomen verwendeten Grundbegriffe der Anschauung entnommen werden, so daß die Evidenz die Form des ,aus den Begriffen Einleuchtens' annimmt.

Die *moderne Axiomatik* hat für die Geometrie eine erstmalige systematische Gesamtdarstellung im Jahre 1899 in HILBERTs Werk „Die Grundlagen der Geometrie" erfahren. HILBERTs Bestreben war es, die Geometrie vom Rückgriff auf die zweifelhafte Anschauung zu befreien. Man könnte daher diese Axiomatik auch als *abstrakte Axiomatik* der euklidischen Axiomatik als der *anschaulichen Axiomatik* gegenüberstellen. Nach HILBERT sind die Axiome bloße Annahmen über die gegenseitigen Beziehungen zwischen den Elementen dreier Klassen von Dingen. Die Elemente dieser drei Dingklassen werden zwar im Einklang mit den vorsystematischen intuitiven Vorstellungen als ,*Punkte*', ,*Geraden*' und ,*Ebenen*' bezeichnet; ebenso werden für die drei Grundrelationen die an anschaulich-räumliche Verhältnisse erinnernden Relationen ,*liegt zwischen*', ,*koinzidiert mit*' und ,*ist kongruent mit*' verwendet. Es wird aber ausdrücklich offen gelassen, um was für Dingarten und um welche Relation es sich dabei handelt. Die üblichen anschaulichen Vorstellungen sollen in die Grundbegriffe gerade *nicht* Eingang finden.

Wegen der Befreiung von den räumlich-anschaulichen Komponenten kann es für die Axiome im Sinn HILBERTs außer dem *Normalmodell*, dem die ursprüngliche anschauliche Deutung zugrunde liegt, *weitere*, teils anschauliche, teils unanschauliche *Modelle* geben. Dabei besteht durchaus die Möglichkeit, daß ein nicht normales Modell im gleichen ‚Anschauungsbereich' gefunden wird, dem ursprünglich die Begriffe für die anschauliche Variante des Axiomensystems entnommen worden sind. Im Rahmen der euklidischen Geometrie bildet ein Beispiel dafür das sog. *Kugelgebüsch*: Hier ist der axiomatische Begriff *Punkt* so zu interpretieren, daß darunter irgendein Raumpunkt mit Ausnahme eines einzigen, ganz bestimmten Punktes verstanden wird. Unter einer *Geraden* im axiomatischen Sinn ist ein beliebiger Kreis zu verstehen, der durch den Ausnahmepunkt hindurchgeht. Und unter einer *Ebene* im axiomatischen Sinn ist eine räumliche Kugel zu verstehen, die den Ausnahmepunkt berührt. Die oben genannten geometrischen Relationsbegriffe werden entsprechend als Relationen zwischen diesen neuen geometrischen Gebilden gedeutet. Trotz seiner ‚geometrischen Anschaulichkeit' hat dieses Modell der euklidischen Geometrie natürlich kaum etwas mit dem Modell zu tun, welches die intuitive Grundlage für die Axiomatisierung dieser Geometrie durch EUKLID bildete. Daß solche und andere Modelle im Rahmen der Hilbertschen Axiomatik zugelassen sind, veranschaulicht, wie der Übergang von der euklidischen zur modernen Axiomatik den *Interpretationsspielraum* erhöht hat. Statt einer einzigen zugelassenen ‚Normalinterpretation' sind jetzt prinzipiell unendlich viele ‚die Axiome wahr machenden Modelle' möglich.

Von einem *Hilbertschen axiomatischen System* $\Sigma$ sprechen wir genau dann, wenn es ein $\Delta$ und ein $\Omega$ gibt, wobei $\Delta$ eine endliche Klasse von umgangssprachlich formulierten Aussagen über gewisse Beziehungen zwischen Elementen einer oder mehrerer Klassen von Objekten ist, ferner $\Omega$ die Klasse aller Aussagen darstellt, die aus $\Delta$ logisch folgen, und $\Sigma = \Delta \cup \Omega$ ist. Die Elemente von $\Delta$ heißen wieder die Axiome des Systems $\Sigma$.

HILBERT hatte die Loslösung seiner Axiomatik von der Anschauung in der Weise ausgedrückt, daß er sagte: Die Grundbegriffe seines Axiomensystems — im Fall der Geometrie also die erwähnten sechs Begriffe — seien allein durch die Forderung *definiert*, daß die Axiome von ihnen gelten sollen. Diese Formulierung hatte den lebhaften Protest von FREGE hervorgerufen, der darauf hinwies, daß diese ‚Definitionen' zirkulär seien. M. SCHLICK hatte für diese Hilbertsche Methode der ‚partiellen Bedeutungsfestlegung' der Grundbegriffe des Systems, um sie von der üblichen Methode der Definition neuer Begriffe zu unterscheiden, den Ausdruck „*implizite Definition*" geprägt[4]. Doch auch dies war kein glücklicher Ausdruck. Fragt man nämlich, was „implizit definiert" überhaupt bedeutet, so kann man wohl nur die folgende Antwort geben: „‚*Implizit definiert*' ist definiert als ‚*undefiniert*'". Die implizit definierten Ausdrücke sind nämlich nichts anderes als die *undefinierten* Grundausdrücke. Im formalen Aufbau der Theorie spielen sie die Rolle von *Variablen*. Ein Lehrsatz ist innerhalb der Hilbertschen Axiomatik nicht als isolierte, ‚aus den Axiomen beweisbare' Aussage aufzufassen. Vielmehr stellt sie, ebenso wie die Axiome selbst, eine bloße Aussageform mit freien Variablen dar. Eine Aussage entsteht erst durch die

---

[4] Der Ausdruck „implizite Definition" wird häufig HILBERT selbst zugeschrieben. Er findet sich jedoch nicht in dessen Schriften. Ich weiß nicht, wer diesen Ausdruck erstmals wirklich gebraucht hat. Er scheint sich jedenfalls zuerst in Arbeiten von M. SCHLICK zu finden.

folgende Konstruktionsanweisung: „Es ist eine Aussageform von Wenn-Dann-Gestalt zu bilden, deren Wenn-Satz aus den konjunktiv verknüpften Axiomen und deren Dann-Satz aus dem fraglichen Lehrsatz, aufgefaßt als Aussageform, besteht. Schließlich sind für sämtliche freien Variablen All-quantoren voranzustellen, die bis ans Ende dieser Aussageform von Wenn-Dann-Gestalt reichen". Daß ein Lehrsatz korrekt bewiesen wurde, wird dadurch gleichgesetzt mit der Behauptung, daß die nach der eben geschilderten Konstruktionsanweisung gebildete Aussage *logisch wahr* ist.

Der Übergang von der euklidischen zur Hilbertschen Axiomatik hat damit die nicht zu unterschätzende erkenntnistheoretische Konsequenz einer Umdeutung der mathematischen Beweisführung: Der Mathematiker beweist danach nicht mehr kategorische Aussagen, sondern *generelle Wenn-Dann-Sätze*.

Ordnet man den in den Axiomen vorkommenden Dingausdrücken bestimmte Objekte und den Eigenschafts- sowie Relationsprädikaten Eigenschaften und Beziehungen zu, so erhält man eine *Interpretation* des Axiomensystems. Werden die Axiome bei der Interpretation zu wahren Aussagen, d. h. stehen die zugeordneten Objekte in den durch die Axiome beschriebenen Beziehungen zueinander und haben sie die in den Axiomen behaupteten Eigenschaften, so sagt man, daß das fragliche System der Dinge, Eigenschaften und Beziehungen ein *Modell* von $\Sigma$ darstellt. In einem Modell werden auch sämtliche Lehrsätze richtig, da die logischen Folgerungen von wahren Aussagen selbst wahr sein müssen.

Wir haben bisher nur *eine* Variante der Hilbertschen Axiomatik geschildert. Man könnte sie genauer *informelle Hilbertsche Axiomatik* nennen. Der Ausdruck „informell" soll daran erinnern, daß die Axiome *umgangssprachlich* formuliert sind. Die Schilderung im vorletzten Absatz enthielt aber bereits einen ‚impliziten' Hinweis auf die *formale Hilbertsche Axiomatik*. Der Unterschied zwischen diesen beiden Formen Hilbertscher Axiomatik besteht darin, daß das, was dort in umgangssprachlicher Formulierung erfolgt, hier im Rahmen einer formalen Sprache nachgezeichnet wird. Dem Aufbau des Axiomensystems $\Sigma$ muß jetzt *die Konstruktion einer formalen Sprache* vorangehen. Dabei wird diese Sprache zunächst nur als *syntaktisches System S* aufgebaut. Nach Einführung einer Zeichentabelle werden in der Metasprache die wohlgeformten Formeln von $S$ definiert und aus diesen wieder eine Teilklasse $A$ ausgesondert, welche die *Axiome* von $\Sigma$ darstellen. Schließlich wird noch eine Klasse $R$ von *Ableitungsregeln* angegeben, die es gestatten, aus vorgegebenen Formeln weitere Formeln abzuleiten. Diese Ableitungsregeln werden ebenfalls rein syntaktisch formuliert, d. h. sie nehmen nur auf die äußere Gestalt der Formeln, nicht aber auf ihren ‚Bedeutungsgehalt' Bezug. Durch diese Regeln wird der Begriff der unmittelbaren Ableitbarkeit einer Formel aus anderen definiert. Das axiomatische System $\Sigma$ kann man mit dem Tripel $\langle S, A, R \rangle$ identifizieren.

Ein *Beweis* in $\Sigma$ ist eine endliche Folge von Formeln, so daß jedes Glied
der Folge entweder ein Axiom ist oder durch Anwendung einer Ableitungs-
regel von $R$ aus vorangehenden Gliedern der Folge unmittelbar ableitbar
ist. Das letzte Glied eines Beweises wird *Theorem* genannt.

Formale axiomatische Systeme werden auch *Kalküle* genannt. Das Verfahren, eine mathematische Theorie als axiomatisches System im Rahmen
einer formalen Sprache aufzubauen, die keine umgangssprachlichen Ausdrücke mehr enthält, wird auch als *Kalkülisierung dieser Theorie* bezeichnet.

HILBERT selbst benötigte neben der informellen auch die formale Axiomatik, allerdings nicht, um die Geometrie zu axiomatisieren — dies ge-
schah vielmehr auf rein informeller Grundlage —, sondern um die Verwirk-
lichung seines Projektes einer *Beweistheorie* in die Wege zu leiten.

Der Begriff der Axiomatisierbarkeit wird gewöhnlich nur dann gebraucht,
wenn eine Reihe weiterer Bedingungen erfüllt ist, nämlich: Die Klasse der wohlgeformten Formeln sowie die der Axiome muß *entscheidbar* sein und die Ableitungsregeln müssen *effektiv* sein. Sind diese Bedingungen erfüllt, so kann die
Frage, ob eine Folge von Formeln ein Beweis ist (aber nicht: ob eine Formel
*beweisbar* ist!) auf rein mechanischem Wege entschieden werden.

Eine knappe und präzise Definition des Begriffs des formalen Axiomensystems
findet sich in W.S. HATCHER, [Foundations], S. 12ff.; für ein formales System
der Mengenlehre vgl. FRAENKEL—BAR-HILLEL, [Set Theory], S. 270ff.; eine allgemeine Beschreibung der syntaktischen Charakterisierung formaler Sprachen
wird in den semantischen Schriften CARNAPs gegeben, vgl. dazu auch STEGMÜLLER,
[Semantik], Kap. IX.

Der Begriff des *Modells* kann im Rahmen der formalen Axiomatik dadurch eingeführt werden, daß man die syntaktisch charakterisierte formale
Sprache $S$ durch Einführung einer Interpretation $I$ in ein *semantisches System*
verwandelt. Unter einer Interpretation $I$ von $S$ über einer nichtleeren Menge
$\omega$ kann man dabei eine Funktion verstehen, die den Individuensymbolen
von $S$ Elemente von $\omega$, den einstelligen Prädikaten von $S$ Mengen von
Elementen aus $\omega$ und den mehrstelligen Prädikaten Relationen zwischen
Elementen aus $\omega$ zuordnet. Unter Benützung dieser Interpretationsfunktion
kann man definieren, was es heißt, daß eine Formel von $S$ bei der Interpretation $I$ gilt. *Ein Modell von $\Sigma$ über $\omega$* ist eine solche Interpretation $I$ von $S$,
bei der alle Axiome von $\Sigma$ gelten.

Probleme der *Abhängigkeit* und *Unabhängigkeit* von Axiomen traten bereits im Rahmen der euklidischen Axiomatik auf, wie die lange Diskussion
über die Ableitbarkeit des Parallelenpostulates aus den übrigen Axiomen
der euklidischen Geometrie zeigt. Andere an ein Axiomensystem gerich-
tete Forderungen, wie die der *Vollständigkeit* und *Widerspruchsfreiheit*, traten
erst mit der formalen Axiomatik in den Vordergrund. Um die Frage der
Vollständigkeit eines Axiomensystems überhaupt exakt formulieren zu
können, muß man über semantische Begriffe verfügen, mit deren Hilfe man
einen präzisen Begriff der Gültigkeit definieren kann. Und was die Frage
der Widerspruchsfreiheit betrifft, so konnte diese nicht auftreten, solange

man der Überzeugung war, bei den Axiomen handele es sich um evidente Wahrheiten. Daß HILBERT in seiner oben erwähnten Beweistheorie, in welcher innerhalb der Metatheorie ein ‚konstruktiver‘, nur als ‚unbedenklich‘ empfundene Argumentationsschritte benützender Nachweis der Widerspruchsfreiheit der klassischen Mathematik erbracht werden sollte, auf eine Kalkülisierung dieser Mathematik angewiesen war, hat seinen Grund darin, daß nur ein Kalkül selbst wieder *das Objekt einer präzisen mathematischen Studie* werden kann.

Eine vierte Art von Axiomatisierung ist die *informelle mengentheoretische Axiomatisierung* oder die *informelle Axiomatisierung durch Definition eines mengentheoretischen Prädikates*. Als weiter oben, anläßlich der Besprechung der informellen Hilbertschen Axiomatik, der Ausdruck „implizite Definition" zur Sprache kam, wurde darauf hingewiesen, daß es sich dabei um gar keine Definitionen handelt, sondern daß die fraglichen Begriffe die undefinierten Grundbegriffe des Axiomensystems darstellen. Wenn man diese Grundbegriffe als Variable deutet, so wird die Konjunktion der Axiome zu einer Aussageform, von der man nun tatsächlich sagen kann, daß sie einen Begriff *explizit definiert*, allerdings einen Begriff von ‚höherer Ordnung‘ als die Begriffe, die im Axiomensystem bei Zugrundelegung einer Deutung selbst vorkommen. Wenn es sich um ein Axiomensystem der euklidischen Geometrie handelt, so könnte man den explizit definierten Begriff als *euklidische Struktur* bezeichnen. Im Falle der Zahlentheorie handelt es sich um den Begriff der *Progression*. Alle in einer solchen Definition vorkommenden Begriffe können als mengentheoretische Begriffe eingeführt werden.

In einer für Logiker und Mathematiker kennzeichnenden kühnen Verallgemeinerung werden die Ausdrücke „*Axiomatisierung einer Theorie*" und „*Einführung eines mengentheoretischen Prädikates*" gleichgesetzt. Von einer *informellen* Axiomatisierung sprechen wir deshalb, weil die mengentheoretischen Begriffe nicht im Rahmen eines formalen Systems der Mengenlehre eingeführt werden, sondern im Rahmen der *Umgangssprache* auf rein intuitiver Grundlage. In der Mathematik ist die Methode sehr gebräuchlich. Sie sei am Beispiel einer informellen mengentheoretischen Axiomatisierung der Gruppentheorie erläutert. Eine der vielen Möglichkeiten, das mengentheoretische Prädikat „ist eine Gruppe" durch Definition einzuführen, ist die folgende:

*X ist eine Gruppe* gdw es ein $B$ und ein $\otimes$ gibt, so daß gilt:

(1) $X = \langle B, \otimes \rangle$;

(2) $B$ ist eine nicht leere Menge;

(3) $\otimes$ ist eine Funktion mit $D_{\mathrm{I}}(\otimes) = B \times B$ und $D_{\mathrm{II}}(\otimes) \subseteq B$;

(4) für alle $a, b, c \in B$ gilt: $a \otimes (b \otimes c) = (a \otimes b) \otimes c$;

(5) für alle $a, b \in B$ gibt es ein $c \in B$, so daß: $a = b \otimes c$;

(6) für alle $a, b \in B$ gibt es ein $c \in B$, so daß: $a = c \otimes b$.

Inhaltlich gesprochen ist *B* die in (2) als nicht leer vorausgesetzte Menge der Gruppenelemente; ⊗ ist die zweistellige Gruppenoperation, von der in (3) verlangt wird, daß sie in Anwendung auf zwei beliebige Gruppenelemente wieder ein Gruppenelement liefert. Die Bestimmungen (5) und (6) gewährleisten die Möglichkeit der beiderseitigen inversen Operation; sie wird auch Division genannt, falls man die Gruppenoperation als Multiplikation bezeichnet.

Die angeführten sechs definitorischen Bestimmungen werden auch als *Axiome* bezeichnet. Wenn man die verschiedenen Arten der Axiomatisierung miteinander vergleicht, so kann dies leicht zu Verwirrungen führen. „Axiome" in diesem Wortsinn sind scharf von dem zu unterscheiden, was innerhalb der anderen Axiomatisierungsformen „Axiom" genannt wird. Dort waren Axiome entweder Aussagen (erste Art) oder Aussageformen (zweite Art) oder Formeln (dritte Art). Diesmal jedoch ist ein *Axiom* ein *Definitionsglied* eines neu eingeführten mengentheoretischen Prädikates.

Einer der Vorteile dieser vierten Art von Axiomatisierung besteht darin, daß man den Begriff des Modells eines Axiomensystems ohne Heranziehung komplizierter technischer Hilfsmittel einführen kann. Unter einem *Modell* versteht man jetzt einfach *eine Entität, welche das mengentheoretische Prädikat erfüllt*. Versteht man also unter der Axiomatisierung der Gruppentheorie die Einführung des mengentheoretischen Prädikates „*X* ist eine Gruppe" und nennt man alles, was dieses Prädikat erfüllt, eine Gruppe, so ist die verblüffend einfache Aussage: „alle und nur die Gruppen sind Modelle einer Axiomatisierung der Gruppentheorie" nicht etwa eine zirkuläre Feststellung, sondern *eine absolut präzise Angabe der Modelle der axiomatisierten Gruppentheorie*, vorausgesetzt, daß man die vierte Art von Axiomatisierung gewählt hat.

Diese vierte Art von Axiomatisierung besitzt noch einen weiteren Vorteil, der vor allem für unsere Zwecke eine große Rolle spielen wird. Alle Axiome beschreiben eine *mathematische Struktur*, die sich in der Gesamtheit der in den Axiomen ausgedrückten Beziehungen äußert. Der Umgang mit *interessanten Strukturen*, mit denen in den einzelnen Wissenschaften gearbeitet wird, ist mehr oder weniger umständlich, wenn man eine solche Struktur bei jeder Anwendung durch eine Satz- oder Formelmenge beschreiben muß. Dieser Umgang wird wesentlich erleichtert, wenn man die Struktur durch ein einziges mengentheoretisches Prädikat bezeichnen kann.

*Wir werden daher im folgenden von dieser Methode der Axiomatisierung durch Definition mengentheoretischer Prädikate Gebrauch machen.* Diese Methode ist nämlich nicht nur auf solche Fälle beschränkt, in denen algebraische oder mathematische Strukturen in irgendeinem engen Sinn verwendet werden. Man kann vielmehr sagen, daß *jedes* Axiomensystem, insbesondere jedes Axiomensystem für einen bestimmten Teil der Physik, eine ganz bestimmte mathematische Struktur beschreibt. Diejenige Struktur z.B., welche durch die axiomatisierte klassische Partikelmechanik beschrieben wird, läßt sich in dem mengentheoretischen Prädikat „*x* ist eine klassische Partikelmechanik" festhalten. Dieses in Abschnitt 6 definierte Prädikat wird ein wichtiges Illustrationsbeispiel für die abstrakten Überlegungen über die Verbesserung des Ramsey-Verfahrens durch SNEED im Abschnitt 5 bilden. Ein wesentlich primitiveres mengentheoretisches Prädikat, das schon vorher zu gelegentlichen Illustrationszwecken herangezogen werden soll, wird in 2.b eingeführt.

Vollständigkeitshalber sei noch die fünfte Art von Axiomatisierung erwähnt. CARNAP spricht von der Einführung eines *Explizitprädikates* oder eines *Explizitbegriffs* für ein Axiomensystem. Dies ist nichts anderes als das formale Gegenstück zur informellen mengentheoretischen Axiomatisierung. Die Einführung eines Explizitprädikates verhält sich zur informellen Definition eines mengentheoretischen Prädikates ganz analog wie sich die formale Hilbertsche Axiomatik zur informellen Hilbertschen Axiomatik verhält. Während die vierte Art der Axiomatisierung von den Ausdrucksmitteln der Mengenlehre einen rein intuitiven Gebrauch macht, also die nichtformalisierte ‚naive Mengenlehre' heranzieht, erfolgt die Einführung eines Explizitprädikates im Rahmen eines *formalen* Systems (oder Teilsystems) der Mengenlehre. Hier legt man, ebenso wie bei der dritten Art der Axiomatisierung, eine formale Sprache zugrunde, in der die außerlogischen Axiome mengentheoretische Axiome (ergänzt durch sog. Definitionsaxiome) sind.

Da wir für die folgenden Betrachtungen keine formale Sprache zugrundelegen, werden wir stets von der *informellen* mengentheoretischen Axiomatisierung Gebrauch machen.

Wie der Leser bereits vermuten wird, besteht zwischen der dritten und der fünften Art von Axiomatisierung ein enger Zusammenhang. Tatsächlich läßt sich jede formale Axiomatisierung im Hilbertschen Sinn in die Definition eines Explizitprädikates überführen, sofern ein formales mengentheoretisches System zur Verfügung steht. Für eine knappe Beschreibung der Methode vgl. CARNAP, [Logik], S. 176f. Für eine detaillierte Beschreibung eines formalen Systems der Mengenlehre vgl. das oben zitierte Werk von FRAENKEL und BAR-HILLEL.

Die herkömmliche Auffassung von *erfahrungswissenschaftlichen Theorien* läßt sich in zwei Teilbehauptungen zerlegen:

(1) Erfahrungswissenschaftliche Theorien sind *Klassen von Aussagen.* Einige dieser Aussagen lassen sich nur auf empirischem Wege als wahr oder als falsch erweisen.

(2) Die logischen Beziehungen zwischen den Aussagen einer erfahrungswissenschaftlichen Theorie lassen sich durch ein *axiomatisches System* darstellen.

An der Annahme (2) wird hier festgehalten. Wir haben uns bereits dafür entschieden, die vierte Art der Axiomatisierung zu wählen. Die erste Annahme bildet der Inhalt des 'statement view' (der Aussagenkonzeption) von

Theorien. Prima facie ist (1) eine höchst plausible Annahme, dies um so mehr, als sich eine analoge Deutung von Theorien als Klassen von Aussagen — wenn auch natürlich nicht von *empirisch nachprüfbaren* Aussagen — in der logisch-mathematischen Grundlagenforschung außerordentlich gut bewährt hat. Eines der wichtigsten Resultate der Untersuchungen von SNEED ist *die Erschütterung der Annahme* (1). Es wird sich herausstellen, daß bereits ‚interne' logisch-systematische Gründe gegen diese Annahme sprechen. Zweitens wird sich zeigen, daß nur über eine Preisgabe von (1) eine Brücke zu schlagen ist zwischen zwei scheinbar unverträglichen Denkweisen innerhalb der heutigen Wissenschaftsphilosophie.

Dieser Brückenschlag wird allerdings nur dadurch ermöglicht, daß die in (2) erwähnte mathematische Struktur *durch weitere Strukturen ergänzt* wird. In der Sprache der Modelltheorie korrespondiert der mathematischen Struktur einer axiomatischen Theorie, die durch das mengentheoretische Grundprädikat bezeichnet wird, die Menge $M$ der Modelle. Zu dieser Menge werden in Abschnitt 7 *sieben weitere Strukturmerkmale* hinzugefügt. Die acht Merkmale bilden den sog. erweiterten Strukturkern $E$ einer Theorie. Zusammen mit der Menge $I$ der ‚intendierten Anwendungen', deren Beschreibungsmöglichkeit in IX,5 systematisch zur Sprache kommen, *wird damit das Vokabular für die Einführung makrologischer Begriffe gegeben sein.* Mittels dieser makrologischen Begriffe werden sich verschiedene Gedanken präzisieren lassen, die bisher einer exakten Begriffsbestimmung nicht zugänglich zu sein schienen, darunter insbesondere: der Begriff der *normalen Wissenschaft* von T.S. KUHN, ein Aspekt des Begriffs des *Forschungsprogramms* von I. LAKATOS, die zwischen verdrängender und verdrängter Theorie bestehende *Reduktionsrelation zwischen Theorien* im Fall einer ‚wissenschaftlichen Revolution' im Sinn von KUHN[5] sowie der *Falsifikationsbegriff* des ‚geläuterten Falsifikationismus' von LAKATOS.

Bevor mit den systematischen Betrachtungen begonnen wird, soll die Frage untersucht werden, auf welche Weise ein mengentheoretisches Prädikat, welches im Verlauf der vierten Art von Axiomatisierung einer Theorie eingeführt wurde, zur Formulierung einer *empirischen* Aussage verwendet werden kann.

**2.b Die herkömmliche Auffassung von den empirischen Behauptungen einer Theorie. Beispiel einer Miniaturtheorie m.** Wir legen also diejenige Form der Axiomatisierung zugrunde, welche wir die *informelle Axiomatisierung durch Definition eines mengentheoretischen Prädikates* nannten. Einer informellen Sprechweise bedienen wir uns auch, wenn wir ein beliebiges mengentheoretisches Prädikat durch die Wendung „ist ein $S$" wiedergeben. Im Fall der Axiomatisierung einer physikalischen Theorie bringt dieses Prädikat *die gesamte mathematische Struktur* der fraglichen Theorie zur Geltung. (Dies ist keine Erkenntnis, sondern eine sprachliche Festsetzung über den Gebrauch des Ausdruckes „mathematische Struktur".) Wie kann man ein solches Prädikat (eine solche mathematische Struktur)

---

[5] Diese Rekonstruktion wird allerdings mit einer Verwerfung der Inkommensurabilitätsthese von KUHN verknüpft sein.

für die Formulierung einer *empirischen Behauptung* benutzen? Der naheliegendste Vorschlag ist zugleich der einfachste: Man wähle eine einfache Prädikation, also eine Aussage von der Gestalt:

(I) $c$ ist ein $S$.

Dabei ist $c$ ein Name oder eine singuläre Kennzeichnung einer Entität. Um (I) als empirische Aussage verwenden zu können, muß man sich selbstverständlich noch davon vergewissern, daß dieser Satz nicht bereits ‚aus rein logischen Gründen wahr' ist. Unter welchen Umständen etwas derartiges passieren könnte, verdeutlicht man sich am besten anhand eines Beispieles. Auf dieses Beispiel werden wir im Verlauf dieses Kapitels für Illustrationszwecke mehrmals zurückgreifen. Es ist in dem Sinn ‚abstrakt', daß es (vorläufig) nicht mit einer inhaltlich plausiblen Deutung versehen wird. In dem Beispiel soll eine mit „$m$" bezeichnete Miniaturtheorie durch ein mengentheoretisches Prädikat gekennzeichnet werden.

**D1** $x$ ist ein $V$ gdw es ein $D$, ein $n$ und ein $t$ gibt, so daß

(1) $x = \langle D, n\ t \rangle$;

(2) $D$ ist eine endliche, nichtleere Menge;

(3) $n$ und $t$ sind Funktionen von $D$ in $\mathbb{R}$;

(4) für alle $y \in D$ gilt: $t(y) > 0$;

(5) wenn $r = |D|$ und $D = \{y_1, \ldots, y_r\}$[6], so gilt:

$$\sum_{i=1}^{r} n(y_i) \cdot t(y_i) = 0.$$

Im Rahmen eines üblichen axiomatischen Aufbaues würde man nur (4) und (5) als die beiden ‚eigentlichen Axiome' bezeichnen, während die ersten drei Bestimmungen nur dazu dienen, diejenigen Entitäten und deren Glieder formal zu charakterisieren, von denen es ‚vernünftig' ist zu fragen, ob sie das Prädikat „ist ein $V$" erfüllen oder nicht. Solche Entitäten mögen *potentielle Modelle von* $V$ genannt werden. Die *Modelle von* $V$ sind dagegen diejenigen Entitäten, auf die das Prädikat „ist ein $V$" tatsächlich zutrifft. Es wird sich als zweckmäßig erweisen, auch die potentiellen Modelle durch ein eigenes Prädikat zu charakterisieren:

**D2** $x$ ist ein $V_p$ gdw es ein $D$, ein $n$ und ein $t$ gibt, so daß gilt:

(1) $x = \langle D, n, t \rangle$;

(2) $D$ ist eine endliche, nichtleere Menge;

(3) $n$ und $t$ sind Funktionen von $D$ in $\mathbb{R}$.

Die potentiellen Modelle von $V$ sind also genau die Modelle von $V_p$. Wieder möge dieses Beispiel als Illustration für den allgemeinen Fall dienen. Wir können noch die Klassenterme $\hat{V} = \{x \,|\, x$ ist ein $V\}$ und $\hat{V}_p = \{x \,|\, x$ ist ein $V_p\}$ einführen. Die Aussage „$d$ ist ein $V$" kann dann durch „$d \in \hat{V}$"

---

[6] „$|D|$" bezeichnet die Kardinalzahl der Elemente von $D$.

symbolisiert werden. Analog läßt sich im allgemeinen Fall die Aussage (I) wiedergeben durch:

(I*)                    $c \in \hat{S}.$

Angenommen, „$d$" sei eine Abkürzung für das Tripel $\langle\{1, 2\}, \{\langle 1, 2\rangle,$ $\langle 2, -4\rangle\}, \{\langle 1, 6\rangle, \langle 2, 3\rangle\}\rangle$. Da gilt: $d \in \hat{V}_p$, ist $d$ ein potentielles Modell von $V$. Könnte man mit Hilfe des Prädikates „ist ein $V$" bzw. mit Hilfe des entsprechenden Klassenterms „$\hat{V}$" eine empirische Aussage in der folgenden Gestalt formulieren:

(a)                    $d \in \hat{V}?$

Offenbar nicht. Denn man braucht keine empirischen Untersuchungen anzustellen, um die Richtigkeit von (a) zu erkennen: Die Erfüllung von (4) ergibt sich unmittelbar, weil die beiden Individuen 1 und 2 die positiven $t$-Werte 6 und 3 erhalten. Unter Heranziehung der beiden entsprechenden $n$-Werte, nämlich 2 und $-4$, verifiziert man die Bestimmung (5):

$$2 \cdot 6 + (-4) \cdot 3 = 0.$$

Wir können somit sagen: Eine notwendige Bedingung dafür, daß (I) eine empirische Behauptung darstellt, besteht darin, daß der Term $c$ nicht alle drei Glieder in der Gestalt von Listen angibt. Wir wollen dies so ausdrücken, daß wir sagen: Die Glieder der durch $c$ bezeichneten Entität dürfen nicht *explizit extensional* gegeben sein.

Diese Bedingung ist sicherlich dann erfüllt, wenn die Menge $D$ nicht durch Angabe einer Liste, sondern *intensional* durch Angabe einer Eigenschaft eingeführt wird. Bezüglich der Funktionen ist die Sachlage komplizierter: Hier besteht die intensionale Charakterisierung in der Beschreibung eines Relationssystems. Sofern es sich um *extensive Größen* handelt, müssen drei Attribute angegeben werden: eine Eigenschaft $G$, welche die definierende Eigenschaft des Grundbereiches des Relationssystems darstellt, eine zweistellige Relation $R$ und eine dreistellige Relation $O$ (d.h. die Kombinationsoperation im Sinn von Kap. II, 4b, S. 51 f.). Die intensionale Charakterisierung einer Funktion $f$, die eine extensive Größe von der in D1, (3) verlangten Art ausdrückt, besteht dann darin, daß man ein extensives Relationssystem $\langle G, R, O\rangle$ beschreibt, so daß $D \subseteq G$, und einen Wert der Funktion $f$ effektiv angibt. Dabei wird die Tatsache benützt, daß jedes extensive System mit einem numerischen extensiven System $\langle N, \leq, +\rangle$ homomorph ist und daß dieses numerische System bis auf Ähnlichkeitstransformationen eindeutig festgelegt ist[7].

Diejenige Bedingung, welche erfüllt sein muß, um Sätze von der Gestalt (I) für die Aufstellung *empirischer Behauptungen* zu benützen, kann jetzt bün-

---

[7] Für die technischen Einzelheiten vgl. Bd. IV, zweiter Halbband, Anhang III, oder SNEED a.a.O., S. 18 ff., sowie SUPPES und ZINNES [Measurement].

dig in der folgenden Weise formuliert werden: Der Term $c$ möge ein potentielles Modell von $V$ charakterisieren, und zwar durch Angabe von $D$,
$n$ und $t$, die nicht alle aus Listen bestehen, also nicht alle explizit extensional
gegeben sind. Dies genügt nicht, damit **(I)** eine *empirische* Aussage wird.
Wir verlangen außerdem, (a) daß die Aussagen, welche die definierende
Eigenschaft von $D$ bestimmten Objekten zusprechen, *empirische Aussagen*
sind und daß außerdem (b) diejenigen Aussagen *empirische Aussagen* darstellen, welche die erwähnten relationalen Attribute $R$ und $O$ Paaren oder
Tripeln von Elementen aus $D$ sowie evtl. anderen Objekten zuordnen.

Was soeben an einem Beispiel illustriert wurde, gilt analog im allgemeinen Fall. Vorläufig sollen keine kritischen Bemerkungen zu dem Problem gemacht werden, ob das Aussagenschema **(I)** wirklich *die* adäquate
Methode zur Wiedergabe der empirischen Sätze einer Theorie darstellt. Die
Sneedschen Überlegungen zum Thema „Theoretische Begriffe" werden
nämlich einen hinreichenden Grund dafür angeben, diesen Weg *nicht* weiter
zu verfolgen, sondern zur Wiedergabe des empirischen Gehaltes einer
Theorie zu einer modifizierten Ramsey-Darstellung zurückzugreifen.

## 3. Das neue Kriterium für Theoretizität von Sneed

**3.a Das Kriterium für den Begriff „T-theoretisch".** Die Ersetzung
des Begriffs der Beobachtungssprache durch den der *empiristischen Grundsprache* trug einer berechtigten *epistemologischen* Kritik Rechnung. Bildete dort den Bezugspunkt der fiktive Begriff eines ‚reinen Beobachters',
dessen psychophysische Merkmale und Fähigkeiten von der Beschreibung
des homo sapiens abgelesen werden können, so tritt hier an dessen Stelle
eine Klasse von Forschern, die mit sprachlichen und wissenschaftlichen
Fähigkeiten ausgerüstet sind, deren jede sie während einer kürzeren oder
längeren Zeit der Übung erworben haben.

Trotz dieser *historisch-pragmatischen* Relativierung, die dem Begriff der
empiristischen Grundsprache jetzt anhaftet, blieb eine Gemeinsamkeit mit
dem früheren Begriff der Beobachtungssprache erhalten: *Positiv charakterisiert* wird die ‚vollverständliche' Grundsprache und das zu ihr gehörige begriffliche Inventarium. *Negativ charakterisiert* bleibt der Rest: der ‚theoretische Überbau', für dessen Schlüsselbegriffe auch der fähigste Spezialist
(vorläufig) nur ein sehr indirektes und partielles Verständnis gewinnen kann.

Bei dieser negativen Charakterisierung des theoretischen Bereiches
mußte die Herausforderung von PUTNAM unbeantwortet bleiben. Denn ein
Nachweis dafür, daß bestimmte Größen in dem Sinn theoretisch sind, daß
sie ‚von der Theorie herkommen', kann offenbar erst dann erbracht werden,
wenn man über ein Kriterium verfügt, in welchem erstens *auf eine Theorie
Bezug genommen* wird und welches zweitens eine Eigentümlichkeit dieser
theoretischen Begriffe *positiv* charakterisiert.

SNEED vertritt die Auffassung, mit seinem jetzt zu schildernden Kriterium, welches im folgenden als *funktionalistisch* bezeichnet werden soll, auf die Herausforderung von PUTNAM eine adäquate Antwort gefunden zu haben. Um ein vorläufiges Verständnis für die neue Dichotomie zu bekommen, zu der sein Kriterium führt, und um außerdem die Beziehung zwischen der epistemologischen Unterscheidung „beobachtbar — unbeobachtbar" und der neuen funktionellen Unterscheidung „theoretisch—nicht-theoretisch" zu erkennen, knüpfen wir zweckmäßigerweise an eine interessante Bemerkung an, die BAR-HILLEL in [Neo Pseudo Issue] gemacht hat[8], nämlich, daß nach seiner Auffassung die Dichotomie „beobachtungsmäßig—theoretisch" *das Ergebnis einer Konfusion* sei, nämlich einer Verwechslung der Dichotomie „beobachtbar—nicht-beobachtbar" und der Dichotomie „theoretisch—nicht-theoretisch". Tatsächlich wird sich ergeben, daß man auch nach Vornahme der erwähnten historisch-pragmatischen Relativierung *zwei Dichotomien* unterscheiden kann. Zum Unterschied von der ‚konventionalistischen' Auffassung CARNAPs, die auch BAR-HILLEL an der erwähnten Stelle akzeptiert — nämlich der Auffassung, daß die theoretisch—nicht-theoretisch-Unterscheidung das Ergebnis eines willkürlichen Schnittes in ein Kontinuum ist[9] —, führt das Kriterium von SNEED in allen konkreten Fällen zu einer *objektiven Unterscheidung, die nicht durch Beschluß geändert werden kann.* Genauer können wir vorwegnehmend diesbezüglich folgendes sagen: *Wenn* sich das Kriterium von SNEED als adäquat erweist und *wenn* seine Vermutung über die Rolle der Orts-, Kraft- und Massenfunktion in der klassischen Partikelmechanik zutrifft, *dann* sind *Masse* und *Kraft theoretische* Größen, während die *Ortsfunktion* eine *nicht-theoretische* Größe darstellt. *Kein Beschluß kann daran etwas ändern!* Insbesondere ist es nicht möglich, zwei andere Paare dieser drei Größen als theoretisch auszuzeichnen, also etwa Kraft- und Ortsfunktion oder Massen- und Ortsfunktion und die jeweils verbleibende dritte Größe als nicht-theoretisch aufzufassen. Trotz einer auch im Sneed-Kriterium für Theoretizität enthaltenen *pragmatischen Relativierung* ist dieses Kriterium in einem noch zu schildernden Sinn ein ‚*absolutes Kriterium'*.

Einem Logiker sträubt sich die Feder, sobald er bloß versucht, den Grundgedanken des Sneedschen Kriteriums inhaltlich zu erläutern; denn dieses Kriterium scheint in allen Fällen, in welchen es mit Erfolg angewendet worden ist, je nach der Lage des Falles zwangsläufig entweder in einen logischen Zirkel oder in einen unendlichen Regreß hineinzuführen. Doch diese Feststellung bildet keinen Einwand gegen das Kriterium, sondern eher eine *psychologische Erklärung dafür, warum nicht schon lange Zeit vor* SNEED *im Verlauf der vierzigjährigen Diskussion über ‚das Rätsel der theoretischen Be-*

---

[8] [Language], S. 267.

[9] So heißt es bei BAR-HILLEL a.a.O. auf S. 268: "... this dichotomy is nothing but a slice in a continuum".

*griffe' jemand auf die Idee gekommen ist, das Kriterium in dieser Weise zu formulieren.* Die in jedem Fall der erfolgreichen Anwendung dieses Kriteriums auftretende Paradoxie, die wir in Anknüpfung an SNEED *das Problem der theoretischen Terme* nennen, wird ein ganz neues Licht auf den Ramsey-Satz einer Theorie werfen. Es ist nämlich nicht erkennbar, wie man das Problem sollte bewältigen können, ohne auf den Ramsey-Satz zurückzugreifen. Der Ramsey-Satz wird daher — allerdings in einer dreifach verbesserten Gestalt — nicht bloß eine *gedankliche Möglichkeit* darstellen, den empirischen Gehalt einer Theorie wiederzugeben. Der Übergang zum Ramsey-Satz wird sich als *zwingend erforderlich* erweisen.

Zur Vermeidung von Mißverständnissen sei aber schon jetzt eine Warntafel aufgestellt: „Theorie" wird *nicht* identifiziert werden mit „empirischem Gehalt einer Theorie". Als eines der wichtigsten Ergebnisse der Sneedschen Analyse wird sich nämlich die Preisgabe des 'statement view of theories' erweisen. *Danach darf eine Theorie nicht mit einem System oder mit einer Klasse von Sätzen identifiziert werden.*

Der neue Theorienbegriff wird sich in zweifacher Hinsicht als außerordentlich wichtig erweisen: erstens als Mittel dafür, um die *holistische Position*, einschließlich ihrer Verschärfung durch KUHN und FEYERABEND, rational verständlich zu machen und zu ,entmythologisieren'; zweitens für die Schaffung eines logischen Rahmens zur wissenschaftstheoretischen Behandlung der *Theoriendynamik*.

SNEEDs Grundgedanke ist kurz der: *Theoretisch in bezug auf eine Theorie T sind genau diejenigen Größen oder Funktionen, deren Werte sich nicht berechnen lassen, ohne auf diese Theorie T selbst* (genauer: *auf die erfolgreich angewendete Theorie T) zurückzugreifen.* Um diesen *auf eine Theorie T relativierten* Begriff *T-theoretisch* einführen zu können, muß in einem vorangehenden Schritt der dafür benötigte Begriff der *T-abhängigen Meßbarkeit* verwendet werden.

Eine gewisse Schwierigkeit ergibt sich für die genaue Formulierung des Kriteriums daraus, daß dabei zwei Arten von Begriffen benötigt werden. Zur einen Klasse gehören präsystematische Begriffe, die an späterer Stelle nicht durch ein exaktes Explikat ersetzt werden. Dazu ist vor allem der pragmatische Grundbegriff der *existierenden Darstellungen einer Theorie* ("existing expositions of a theory") zu rechnen. Zur zweiten Klasse gehören solche Begriffe, die später genauer expliziert werden. Da verschiedene spätere Explikationen auf der Unterscheidung theoretisch—nicht-theoretisch beruhen, dürfen zur Vermeidung eines Zirkels nur solche benützt werden, in deren Explikation diese Voraussetzung nicht eingeht. Um gleichzeitig dem Erfordernis nach intuitiver Klarheit und nach Genauigkeit nachkommen zu können, soll — in ziemlich starker Abweichung vom Vorgehen SNEEDs — die erste Definition in drei Varianten gegeben werden. Die erste Variante benützt nur intuitive Begriffe; in der dritten werden hingegen so viele systematische Begriffe wie möglich antizipiert; die zweite Fassung hält zwischen beiden ungefähr die Mitte. Zur Erleichterung des Verständnisses sollen dabei benützte wichtige Differenzierungen in einer Tabelle zusammengefaßt und mit einigen Erläuterungen versehen werden. Die intuitiven oder präsystematischen Begriffe sind in der linken Spalte angeführt, deren systematische Entsprechungen in der rechten Spalte.

| *präsystematisch* | *systematisch* |
|---|---|
| *abstrakt:* Theorie $T$[*] | die der Theorie $T$ entsprechende mathematische Struktur $S$ |
| *konkret:* Anwendungen von $T: T_1, T_2, \ldots, T_i, \ldots$ | die den Anwendungen der Theorie entsprechenden empirischen Aussagen von der Gestalt: $c_k \in S$ für $k = 1, 2, \ldots, i, \ldots$ |
| *abstrakt:* die ‚abstrakte‘ Funktion $f$ kommt in $T$ vor | die $f$ entsprechende gebundene Variable $\varphi$ kommt in $S$ vor |
| *konkret:* die unter $f$ subsumierte ‚konkrete‘ Funktion $f_i$ kommt in $T_i$ vor | die unter $\varphi$ subsumierte Funktionskonstante $\varphi_i$ kommt in $c_i$ vor, wobei $c_i$ der Term ist, welcher in der der $i$-ten Anwendung von $T$ entsprechenden empirischen Aussage $c_i \in S$ vor dem $\in$ vorkommt und zwar genau als $j$-tes Funktionsglied von $c_i$, wenn $\varphi$ die $j$-te gebundene Variable von $S$ ist |

*Anmerkung.* Die Zeichen „$\in$“, „$c_i$“ und „$S$“ verwenden wir wie bisher sowohl als objektsprachliche Symbole wie als metasprachliche Namen für sich selbst; wir machen also Gebrauch von der autonymen Redeweise. Auf der rechten Seite der Tabelle werden die Zeichen nur als metasprachliche Namensymbole verwendet.

*Erläuterungen.* (1) Die Relation zwischen präsystematischen Begriffen und ihren Explikaten wird durch die Substantive „Entsprechung“ oder „Korrespondenz“ bzw. durch die Verben „entsprechen“ bzw. „korrespondieren“ beschrieben. Die Entsprechungsrelation gilt also für Elemente derselben Zeile. Von konkreten Begriffen, die aus einem abstrakten Begriff dadurch hervorgehen, daß sie für eine bestimmte Anwendung der Theorie spezialisiert werden, sagen wir, daß sie aus dem betreffenden abstrakten Begriff durch Subsumtion gewonnen worden sind[10]. Diese Relation gilt für den Übergang von der ersten zur zweiten und von der dritten zur vierten Zeile.

---

[*] Zur Vermeidung von Mißverständnissen sei darauf hingewiesen, daß auch der präsystematische Ausdruck „Theorie“ in gewissem Sinn eine Abstraktion darstellt und nicht mit dem zusammenfallen muß, was ein ‚unbefangener Physiker‘ so bezeichnen würde. Letzterer wird vielleicht eher dasjenige „Theorie“ nennen, was wir in Kap. IX als *das Verfügen über eine Theorie* bezeichnen.

[10] Zwecks Vermeidung zu großer technischer Pedanterie wurde auf die genaue Definition des Subsumtionsbegriffs verzichtet. Auf der ‚linguistischen Ebene‘, handelt es sich in allen Fällen um die Einsetzung von Funktionskonstanten für Funktionsvariable bzw. für schematische Funktionsbuchstaben.

(2) Es wird nicht davon ausgegangen, daß eine Theorie eine einzige, sozusagen ‚universelle‘ Anwendung hat. Zu ein und derselben abstrakten Theorie werden vielmehr in der Regel *verschiedene Anwendungen* eben dieser einen abstrakten Theorie gehören. Es wird vorausgesetzt, daß man bereits auf der intuitiven Ebene die Menge der empirischen Sätze einer Theorie in Teilmengen zerlegen kann, deren jede zu genau einer Anwendung gehört bzw. eine solche Anwendung ausmacht. Auf der abstrakten Ebene wird jede derartige Anwendung durch einen Satz ausgedrückt. Die Anwendungen denken wir uns in geeigneter Weise durchnumeriert, so daß wir von der 1., der 2., ..., von der $i$-ten Anwendung sprechen können. Es wird *nicht* vorausgesetzt, daß die Individuenbereiche verschiedener Anwendungen voneinander getrennt sind. Als die interessanten Fälle werden sich gerade diejenigen erweisen, bei denen verschiedene Anwendungen einen nicht-leeren Durchschnitt haben. Aus Gründen der Einfachheit sprechen wir bereits auf der intuitiven Ebene über die einzelnen Anwendungen so, als würden sie jeweils durch einen einzigen Satz (und nicht durch eine Satzmenge) wiedergegeben.

(3) Eine allgemeine Theorie oder eine Theorie auf der abstrakten Stufe $T$ (z.B. die klassische Partikelmechanik) wird präsystematisch am zweckmäßigsten als eine *Klasse von Aussageformen* aufgefaßt, in denen die Grundbegriffe als *freie Variable* vorkommen. Beim Übergang von $T$ zu einer konkreten Anwendung $T_i$ (z.B. bei der Anwendung der klassischen Partikelmechanik auf das Sonnensystem oder auf dessen Teilsystem Jupiter plus Jupitermonde) werden diese freien Variablen zu *Funktionskonstanten* und die Aussageformen zu *Sätzen*.

(4) Bei systematischer Betrachtung sieht die Sache völlig anders aus. Auf der abstrakten Ebene entspricht der Theorie weder ein System von Sätzen (Aussageformen) noch ein einzelner Satz, sondern ein *Begriff, wiedergegeben durch dasjenige mengentheoretische Prädikat S, durch dessen Einführung die Theorie axiomatisiert wurde.* Da die Axiomatisierung einer Theorie den Zweck hat, die mathematische Struktur dieser Theorie freizulegen, können wir den durch $S$ designierten Begriff als die *mathematische Struktur* dieser Theorie bezeichnen. (Dieser Hinweis auf die rein begriffliche Charakterisierung der abstrakten Theorie ist eine vage Vorwegnahme der späteren Preisgabe des 'statement view' von Theorien und die rein modelltheoretische Charakterisierung der einschlägigen Begriffe, wie z.B. Strukturrahmen, Strukturkern, erweiterter Strukturkern einer Theorie.)

(5) Jeder einzelnen Anwendung $T_i$ von $T$ korrespondiert eine einzige Aussage von der Gestalt: $c_i \in S$. Wir sprechen von *der $i$-ten empirischen Aussage der Theorie T*. Dies ist also nicht etwa ein bestimmter Satz, der aus der Menge $T_i$ herausgegriffen wird, sondern diejenige systematische Aussage, welche *der ganzen Menge $T_i$* entspricht.

(6) Die Bezeichnung für die in der abstrakten Theorie vorkommenden Funktionen wurde in der linken Spalte unter ein metaphorisches Anführungszeichen gesetzt. Der Grund dafür ist folgender: Während auf der abstrakten Ebene ein Funktionszeichen „$f$" als *Funktions*variable behandelt wird, kann sich nach Spezialisierung für zwei verschiedene Anwendungen $i$ und $j$ mit teilweise gemeinsamen Individuenbereichen $D_i$ und $D_j$ ergeben, daß zwar die Spezialisierungen $f_i$ und $f_j$, jede für sich genommen, Funktionen darstellen, daß aber ihre Vereinigung keine Funktion auf $D_i \cup D_j$ darstellt, weil für mindestens ein Element $x$ aus dem gemeinsamen Bereich $D_i \cap D_j$ gilt, daß $f_i(x) \neq f_j(x)$. (Soll diese Möglichkeit ausgeschlossen werden, so muß man dies, wie später gezeigt werden wird, mittels eigener, in die empirischen Aussagen der Theorie einzubauende *Nebenbedingungen* ausdrücken.)

(7) Um auch für Funktionen die Entsprechung umkehrbar eindeutig zu machen, muß erstens eine Bijektion zwischen Funktionen $f$ und gebundenen Funktionsvariablen $\varphi$ und zweitens eine Bijektion zwischen Funktionen $f_i$ und Funktionskonstanten $\varphi_i$ vorausgesetzt werden, wobei die zweite so geartet zu sein hat, daß der unter $f$ subsumierten konkreten Funktion $f_i$ genau diejenige Funktionskonstante $\varphi_i$ entspricht, die unter die $f$ korrespondierende gebundene Funktionsvariable $\varphi$ zu subsumieren ist.

(8) Es wird weiter vorausgesetzt, daß bereits auf der intuitiven Ebene ein hinreichend scharfes *Identitätskriterium für Theorien* zur Verfügung steht, aufgrund dessen unzweideutig entschieden werden kann, ob eine bestimmte Aussage zu dieser oder jener Theorie gehört.

(9) Es wird schließlich vorausgesetzt, daß man in allen existierenden Darstellungen einer Theorie eindeutig *die Methoden* erkennen kann, die man zur Berechnung von Funktionswerten anzuwenden hat. Sollten diese Methoden von physikalischen Gesetzen Gebrauch machen, so schließt diese Voraussetzung die Annahme ein, daß man die betreffenden Gesetze eindeutig erkennen kann.

Nach dieser Vorbereitung können wir mit der ersten Definition beginnen:

**D1** (a) Die konkrete Funktion $f_i$, welche in der $i$-ten Anwendung $T_i$ der Theorie $T$ vorkommt, *wird in einer T-abhängigen Weise gemessen* gdw es ein $x_0 \in D_i \cap D_I(f_i)$ (d.h. ein Element $x_0$ aus dem Individuenbereich der $i$-ten Anwendung der Theorie $T$, welches zugleich ein zulässiges Argument von $f_i$ bildet) gibt, so daß in jeder existierenden Darstellung von $T_i$ die Beschreibung der Methode zur Ermittlung des Wertes $f_i(x_0)$ auf der Voraussetzung beruht, daß es ein $j$ gibt, so daß $T_j$ gilt.

(b) ...... gdw es ein $x_0 \in D_i \cap D_I(f_i)$ gibt, so daß in jeder existierenden Darstellung von $T_i$ die Beschreibung der Methode zur

Ermittlung des Wertes $f_i(x_0)$ einen Satz von der Gestalt $c_j \in S$ enthält.

(c) ...... gdw es ein $x_0 \in D_i \cap D_I(f_i)$ gibt, so daß in jeder existierenden Darstellung von $T_i$ die Beschreibung der Methode zur Ermittlung des Wertes $f_i(x_0)$ so geartet ist, daß aus den Sätzen, welche eine Spezialisierung dieser Methode zur Gewinnung von $f_i(x_0)$ darstellen, ein Satz logisch gefolgert werden kann, der für ein $j$ den Satz $c_j \in S$ L-impliziert, wobei $S$ die mathematische Struktur der Theorie $T$ ist.

(In der letzten Wendung könnte es auch heißen: „... so geartet ist, daß die Sätze, welche eine Spezialisierung ... darstellen, einen Satz von der Gestalt $c_j \in S$ für ein $i \neq i$ als logisch notwendige Bedingung enthalten.")

Die zweite und dritte Fassung enthalten verschiedene Varianten zur Präzisierung des Sneedschen Grundgedankens, daß zu einer theorie-abhängig meßbaren Funktion in jeder Anwendung der Theorie, in welcher diese Funktion vorkommt, mindestens ein Objekt des Individuenbereiches existiert, für welches die Ermittlung des Funktionswertes *einen Rückgriff auf eine anderweitige erfolgreiche Anwendung dieser Theorie voraussetzt.* Die Wendung „setzt voraus, daß" wurde dabei gemäß der Regel übersetzt, wonach „$A$ setzt $B$ voraus" beinhaltet, daß $B$ aus $A$ logisch folgt (und nicht etwa umgekehrt, vgl. die Anmerkung (XI) unten).

Man beachte, daß das in dieser ersten Definition eingeführte Prädikat nur auf konkrete Funktionen anwendbar ist. Das Prädikat „$T$-theoretisch" bleibt dagegen zunächst für abstrakte Funktionen reserviert.

**D2** Die (in der abstrakten Theorie $T$ vorkommende) Funktion $f$ ist *theoretisch bezüglich $T$* (oder: *T-theoretisch*) gdw in jeder Anwendung $T_i$ von $T$ die unter $f$ subsumierte konkrete Funktion $f_i$ in $T$-abhängiger Weise gemessen wird.

Ist eine Funktion $f$, die in $T$ vorkommt, nicht $T$-theoretisch, so sagen wir, daß $f$ *T-nicht-theoretisch* ist.

Der allgemeine Begriff *T-theoretisch* kann von den abstrakten Funktionen auch auf die unter sie subsumierbaren konkreten Funktionen übertragen werden: „$f_i$ ist *T-theoretisch*" bedeutet dann nichts anderes als daß diese konkrete Funktion $f_i$ (z.B. die Kraftfunktion *in einer bestimmten Anwendung* oder *in einem bestimmten 'realen Modell'* der klassischen Partikelmechanik) unter eine $T$-theoretische abstrakte Funktion $T$ (z.B. unter die Kraftfunktion in der klassischen Partikelmechanik) subsumierbar ist. Dabei möge nicht übersehen werden, daß „$f_i$ ist $T$-theoretisch" in der Regel eine *wesentlich schärfere* Aussage darstellt als „$f_i$ wird in $T$-abhängiger Weise gemessen". Denn während bei dem letzteren Begriff nur auf das in der $i$-ten Anwendung der Theorie zur Geltung gelangende Meßverfahren bezug genommen wird, bezieht sich der Begriff $T$-theoretisch auf die Meßverfahren in *allen* Anwendungen von $T$. Wenn insbesondere die unter die abstrakte Funktion $f$ subsumierbare Funktion $f_i$ zwar $T$-abhängig gemessen wird, aber nicht $T$-theoretisch ist, so muß es eine Anwendung $T_j$ von $T$ geben, in der eine unter $f$ subsumierbare konkrete Funktion $f_j$ vorkommt, die in $T$-unabhängiger Weise gemessen wird.

Durch Hinüberwechseln von der präsystematischen zur systematischen Ebene können diese Begriffe auf Funktionsterme anwendbar gemacht werden: Insbesondere ist eine gebundene *Funktionsvariable* $\varphi$ *T-theoretisch* zu nennen, wenn es eine $T$-theoretische Funktion $f$ gibt, so daß $\varphi$ die $f$ entsprechende Funktionsvariable ist. Und eine *Funktionskonstante* $\varphi_i$ ist *T-theoretisch*, wenn sie unter eine $T$-theoretische Funktionsvariable $\varphi$ subsumierbar ist. Letzteres bedeutet aufgrund der früheren Festsetzungen folgendes: $\varphi$ ist eine $T$-theoretische Funktionsvariable, die im Definiens von $S$ als $n$-tes Funktionsglied vorkommt; und $\varphi_i$ ist das $n$-te Funktionsglied von $c_i$ innerhalb der der $i$-ten Anwendung von $T$ korrespondierenden empirischen Aussage $c_i \in S$.

### 3.b Einige hervorstechende Merkmale des Begriffs „T-theoretisch" von Sneed. Abschied von der Beobachtungssprache und den Zuordnungsregeln? Die folgenden Bemerkungen sollen der vorläufigen weiteren Klärung dienen:

(I) Die *Relativierung* des Begriffs „theoretisch" *auf eine ganz bestimmte vorgegebene Theorie $T$* macht einen wesentlichen Unterschied gegenüber derjenigen Auffassung aus, die wir die *linguistische Theorie* Carnaps nannten. Nur mit bezug auf diese linguistische Theorie kann man von einer *Zweistufenkonzeption der Wissenschaftssprache* reden; denn allein hier wird bereits bei der Schilderung des Aufbaus der Wissenschaftssprache das deskriptive Vokabular in zwei Teilklassen $V_B$ (die Klasse der Beobachtungsterme) und $V_T$ (die Klasse der theoretischen Terme) zerlegt. Diese Unterteilung wird in formaler Analogie zu der Unterteilung der Zeichen einer Sprache in die logischen und die nicht-logischen Symbole vorgenommen. Da diese Zerlegung *vor der Formulierung jeder Theorie* erfolgt, bleibt sie fest, unabhängig davon, welche Theorie später in der Sprache formuliert wird.

Das Verfahren von Sneed enthält demgegenüber implizit die Empfehlung, *daß der Wissenschaftstheoretiker das Vorgehen des Logikers nicht imitieren soll*. Denn sein Kriterium ist erst anwendbar, nachdem nicht nur die Regeln der Wissenschaftssprache bekannt sind, sondern darüber hinaus *die Theorie $T$ selbst* vorliegt. Für *ein und denselben* Begriff kann dabei das Resultat ein anderes sein, je nachdem, auf welche Theorie man ihn bezieht. So könnte sich z.B. ergeben, daß der Begriff *Druck* ein *theoretischer* Begriff *bezüglich der klassischen Partikelmechanik* ist, dagegen *nicht-theoretisch bezüglich der Thermodynamik*. Die Wissenschaftssprache kann in beiden Fällen dieselbe sein, sofern sie reich genug ist, um die Formulierung beider Theorien zu gestatten.

(II) In **D2** wird an einer Stelle von einer *sehr starken Voraussetzung*, an einer anderen Stelle hingegen von einer *sehr schwachen Voraussetzung* Gebrauch gemacht.

Die *starke Voraussetzung*, welche vorliegen muß, um mit Recht eine Funktion als $T$-theoretisch bezeichnen zu können, liegt in der Phrase „in *jeder* Anwendung". Es wäre z. B. fehlerhaft, durch Berufung auf das Sneedsche Kriterium zu behaupten, daß auch *Lage* und *räumliche Länge* theoretische Größen seien, da in vielen üblichen Anwendungen der klassischen Partikelmechanik diese Größen *durch mechanische Methoden bestimmt* würden. Um diese Begriffe als nicht-theoretisch bezüglich der klassischen Partikelmechanik bezeichnen zu können, ist es *nicht* erforderlich, daß *sämtliche Methoden* der Ortsbestimmung von der klassischen Partikelmechanik unabhängig sind. Es genügt, wenn es *gewisse* Anwendungen dieser Theorie gibt, in denen die Ortsbestimmung auf ganz andere Weise, z.B. durch optische Methoden, möglich ist. In formaler Sprechweise: *es kann sich erweisen, daß eine Funktion in einer bestimmten Anwendung in T-abhängiger Weise gemessen wird und trotzdem eine T-nicht-theoretische Funktion darstellt.*

Eine schwache Voraussetzung stellt dagegen die Existenzklausel des Definiens von „$T$-abhängig meßbar" dar. Meist wird eine stärkere Bedingung erfüllt sein. SNEED dürfte mit Recht vermuten, daß sämtliche Methoden der Kraftmessung für *alle* Individuen voraussetzen, daß in einem physikalischen System das zweite Gesetz von NEWTON gilt und daß darüber hinaus ein bestimmtes Kraftgesetz gilt[11]. Vielleicht ist in sämtlichen oder doch in den meisten bisher bekannten Fällen, in denen die Sneed-Bedingung für „$T$-theoretisch" erfüllt ist, eine analoge stärkere Voraussetzung ebenfalls erfüllt (so daß in jeder Anwendung nicht nur mindestens einmal, sondern *immer* der *Rückgriff auf eine anderweitige erfolgreiche Anwendung der Theorie* erforderlich ist). Unter diesem Gesichtspunkt könnte man die Existenzklausel von SNEED als Formulierung einer *Minimalbedingung* für $T$-theoretisch betrachten.

(III) Das Definiens von „$T$-abhängig meßbar" enthält den *pragmatischen Begriff* der vorhandenen Exposition einer Theorie ("existing exposition of a theory"). Wie alle pragmatischen Begriffe, so hat auch dieser keinen vollkommen scharf umrissenen Umfang. Es möge in diesem Zusammenhang genügen, darauf hinzuweisen, daß in diese Darstellung nicht nur wissenschaftliche ‚Originalabhandlungen', sondern auch die Darstellung in Lehrbüchern, in Vorlesungsmanuskripten sowie in mündlichen Schilderungen von Theorien und ihren Anwendungen einzuschließen sind.

Die Bezugnahme auf *existierende Darstellungen* wird von vielen als störend empfunden werden. Das Hauptmotiv für diese ‚pragmatische Relativierung' des Theoretizitätsbegriffs bildete das Rekonstruktionsziel des folgenden

---

[11] SNEED, [Mathematical Physics], S. 117.

Kapitels. Dort wird es darum gehen, verschiedene Gedanken des Kuhn-schen Wissenschaftskonzeptes zu rekonstruieren. Daher soll nach Möglich-keit vermieden werden, solche Begriffe einzuführen, gegen die sich der Vor-wurf des ‚Platonismus' erheben ließe.

Vor- und Nachteile eines absoluten und eines relativierten Kriteriums kann man rasch durch die folgende Gegenüberstellung erkennen:

Derjenige Teil des Definiens von **D1** (a), der mit „so daß" beginnt, könnte knapper ausgedrückt werden durch: „so daß *jede bisher bekannte (empirische*[12]*) Methode* zur Ermittlung des Wertes $f_i(x_0)$ eine Anwendung $T_j$ von $T$ voraussetzt." Wir nennen dies das *(zeitlich) relativierte Kriterium*. Ein *absolutes Kriterium* geht daraus dadurch hervor, daß die beiden Worte „bisher bekannte" gestrichen werden. Der betreffende Definitionsbestand-teil würde also lauten: „so daß *jede (empirische) Methode* zur Ermittlung des Wertes $f_i(x_0)$ eine Anwendung $T_j$ von $T$ voraussetzt."

Das relativierte Kriterium hat den Vorteil, daß es in jeder Anwendung zu einer prinzipiell *verifizierbaren* Hypothese führt. (Man muß nur alle be-kannten Methoden genau untersuchen.) Diesem Vorteil entspricht der Nachteil des absoluten Kriteriums: Die Behauptung der $T$-abhängigen Mes-sung von $f_i$ ist danach eine prinzipiell unverifizierbare wissenschaftstheore-tische Hypothese, die einmal in Zukunft falsifiziert werden könnte. Anderer-seits hat nun das relativierte Kriterium den Nachteil, *daß der Kenntnisstand einer gewissen Zeit Eingang in die logische Struktur der Theorie findet*. Ein ‚Kuhnia-ner' würde darin aber vielleicht keinen Nachteil, sondern eine Bestätigung für die Auffassung erblicken, daß jede Theorie zeitlich relativierte Kom-ponenten enthält. Für jemanden, der diese Auffassung teilt, wäre daher das relativierte Kriterium vorzuziehen. Wem dies als unplausibel erscheint, der kann jederzeit zum absoluten Kriterium zurückgreifen.

Herr C.-U. MOULINES hat ein schärferes Kriterium (und zwar für *Nicht-Theoretizität*) vorgeschlagen, welches mit dem Begriff der *zugrundeliegenden Theorie* (z.B. einer präphysikalischen Theorie der Messung) arbeitet und möglicherweise keinen der angeführten Nachteile besitzt.

Man kann das Kriterium von SNEED ein *funktionelles Kriterium* oder ein *Verwendungskriterium* für *theoretisch* nennen; denn das Unterscheidungsmerk-mal für den Gegensatz „theoretisch—nicht-theoretisch" bildet *die Art der Verwendung der in einer Theorie vorkommenden Funktionen*.

(IV) Ungeachtet dieser pragmatischen Relativierung ist das Kriterium im folgenden Sinn ein *absolutes Kriterium*: Es liegt *objektiv fest*, ob eine Größe $T$-theoretisch oder $T$-nicht-theoretisch ist. Der Vergleich mit den früheren Begriffen der Beobachtungssprache bzw. der empiristischen

---

[12] Der Ausdruck „empirisch" ist hier natürlich nicht im Sinn von „theorien-unabhängig" gemeint. Vielmehr wurde dieses Prädikat nur zwecks Abgrenzung von rein *rechnerischen* Methoden in Klammern angeführt. Dasselbe gilt für das nächste Beispiel.

Grundsprache ergibt hier einen wesentlichen Unterschied. Es hängt von einem *Beschluß* ab, wie die Grenze zwischen dem Beobachtbaren und dem ‚Theoretischen' im Sinn des Nichtbeobachtbaren zu ziehen ist bzw. bis wohin das Vollverständliche reichen soll und wo das nur ‚partiell Verständliche' anfängt. Weiterhin erscheint es als sinnvoll, diesen Beschluß von *Zweckmäßigkeitsgesichtspunkten* abhängig zu machen und *die Grenze*, wie dies bei HEMPEL geschieht, im Verlauf der Entwicklung *weiter und weiter hinauszuschieben*, da immer wieder im sprachlichen Verkehr der Wissenschaftler untereinander vorkommende Begriffe und Kontexte, die ursprünglich als ‚mehr oder weniger theoretisch' galten, später in die Gesamtheit dessen einbezogen werden, was für vollverständlich gehalten wird.

Der Sneedsche Begriff $T$-theoretisch zieht demgegenüber eine objektive Grenze. Darüber, was unter diesen Begriff fällt, kann man keine Beschlüsse treffen, sondern nur (wahre oder falsche) *Vermutungen* aussprechen. Der Geltungsbereich dieses Begriffs ist in der konkreten Anwendung *nicht* mehr Sache der *Festsetzung*, sondern der *wissenschaftstheoretischen Hypothesenbildung*.

So ist es z.B. SNEEDs wissenschaftstheoretische Hypothese, daß *Kraft* und *Masse* $T$-theoretische Begriffe sind, daß die Ortsfunktion hingegen eine $T$-nicht-theoretische Funktion ist, sofern man unter $T$ die klassische Partikelmechanik versteht. SNEED kann mit seiner Hypothese unrecht haben. *Falls er jedoch recht behalten sollte, kann an dieser Grenzziehung nicht gerüttelt werden.* Es ist dann nicht mehr bloß *zweckmäßig*, sondern *notwendig* zu sagen, in der klassischen Partikelmechanik kommen die zwei theoretischen Größen *Kraft* und *Masse* einerseits, die nicht-theoretische Größe *Ort* andererseits vor.

Damit ist zugleich ein Vorzug des Sneedschen Kriteriums gegenüber den früheren Versuchen hervorgehoben worden. In bezug auf die klassische Mechanik werden die meisten Wissenschaftstheoretiker die Grenzziehung von SNEED akzeptieren. *Aber warum eigentlich?* Hält man sich all das vor Augen, was CARNAP und HEMPEL seinerzeit zugunsten des ‚theoretischen' Charakters von Dispositionen und insbesondere von metrischen Dispositionen angeführt haben, *so müßte es als die natürlichste Sache von der Welt erscheinen, auch die (zweimal differenzierbare!) Ortsfunktion eine theoretische Größe zu nennen.* Wenn trotzdem von vielen Wissenschaftstheoretikern nur *Kraft* und *Masse* als Beispiele von theoretischen Funktionen herangezogen worden sind, ist dies dann nicht ein Symptom dafür, daß man instinktiv auf ein *anderes* Theoretizitätskriterium zurückgegriffen hat, nämlich auf dasjenige, welches erstmals SNEED ausdrücklich formulierte?

(V) Drei weitere Punkte, welche die Überlegenheit des Kriteriums von SNEED demonstrieren, sind die folgenden:

(1) Die früher geschilderten Nachteile des Begriffs der Beobachtungssprache fallen fort; denn es wird *nicht* der Anspruch erhoben, *daß die nichttheoretischen Funktionen in irgendeinem epistemologisch wichtigen und noch zu präzisierenden Sinn als beobachtbar auszuzeichnen seien.*

(2) Das im Rahmen der Zweistufenkonzeption ungelöste Problem der Adäquatheitsbedingungen für Korrespondenzregeln verschwindet. Auch sein Verschwinden erfolgt nicht durch Lösung, sondern durch ‚Auflösung‘. Nur wenn man vom Beobachtbaren als dem zunächst allein Verständlichen seinen Ausgangspunkt nimmt, hat man die Aufgabe zu bewältigen, Regeln zu formulieren, welche es ermöglichen, daß ‚Bedeutung‘ von der Beobachtungssprache in den ‚syntaktischen Überbau‘ des rein Theoretischen hineinfließt. Die kritischen Erörterungen in Kap. V.9 zeigten, daß es sich dabei um ein nicht triviales Problem handelt, *sofern man von der Zweistufenkonzeption ausgeht.* (Die Diskussion *dieses speziellen Punktes* in Kap. V betraf *nicht nur* Carnaps Signifikanzdefinition, sondern sollte eine Schwierigkeit aufzeigen, die *mit der Zweistufenkonzeption als solcher* verknüpft ist.)

(3) *Der Vorwurf von* Putnam, daß bislang der Nachweis dafür unterblieben sei, daß und in welchem Sinn theoretische Begriffe ‚von der Theorie herkommen‘, *trifft nicht mehr zu.* Im Kriterium von Sneed könnte man geradezu *den erstmaligen Versuch einer adäquaten Beantwortung der Putnamschen Herausforderung* erblicken.

Der dritte Punkt ist der wichtigste. Der in (1) erwähnte Nachteil fällt vielleicht bereits dann fort, wenn man die Beobachtungssprache durch die pragmatisch relativierte und zeitlich variable empiristische Grundsprache im Sinne Hempels ersetzt. Und was die Zuordnungsregeln betrifft, so wäre es zumindest *denkbar*, daß das Problem gelöst würde, etwa durch Formulierung präziser Kriterien, deren Erfüllung garantiert, daß die absurden Zuordnungsregeln von der in Kap. V,9 geschilderten Art eliminiert werden. Was hingegen die Herausforderung von Putnam betrifft, so ist, wie wir uns bereits in 1.b klargemacht haben, eine adäquate Lösung nicht anders als so denkbar, daß *ein auf Theorien relativiertes ‚positives‘ Kriterium für „theoretisch"* geliefert wird (sei dies nun das Kriterium von Sneed oder ein anderes).

(VI) *Abschied von der Beobachtungssprache?* Zur Vereinfachung der Sprechweise seien die folgenden beiden Begriffe eingeführt. Unter der *starken empiristischen Basiskonzeption* verstehen wir die ursprüngliche Form der Zweistufentheorie der Wissenschaftssprache. Das Hempelsche Konzept einer pragmatisch relativierten empiristischen Grundsprache nennen wir die *liberalisierte empiristische Basiskonzeption.* Die Frage, der wir uns zuwenden, lautet: *Ist es, um der Natur theoretischer Begriffe gerecht zu werden, überhaupt notwendig, an der empiristischen Basiskonzeption festzuhalten, sei es an der starken, sei es an der liberalisierten Variante?*

Auf diese Frage kann man mit einem klaren „*Nein"* antworten. Für *alle* Varianten der empiristischen Basiskonzeption ist es kennzeichnend, daß das nicht-Theoretische (das ‚Beobachtungsmäßige‘, das ‚Vollverständliche‘ usw.) *positiv* charakterisiert wird, das Theoretische hingegen *negativ* als dasjenige, was nicht zur Beobachtungssprache (empiristischen Grundsprache) gerechnet wird, was *nicht* vollverständlich ist usw. Das Sneedsche Verfahren läuft in genau umgekehrter Richtung. *Hier wird das Theoretische positiv ausgezeichnet, das nicht-Theoretische dagegen negativ als dasjenige, was nicht das Kriterium für T-theoretisch erfüllt.*

Dies schließt natürlich nicht die Möglichkeit aus, daß man aus anderweitigen Gründen *außerdem* an einer Variante der empiristischen Basiskonzeption festhält. Daß die Beibehaltung einer solchen weiteren Dichotomie *für bestimmte Zwecke* als ratsam erscheinen kann, zeigt CARNAPS Kritik an BRIDGEMANS Verfahren der Einführung von dispositionellen und metrischen Begriffen. Angenommen, Begriffe von dieser Art sollen neu eingeführt werden. Angenommen weiter, man gelange zu der Überzeugung, daß CARNAPS Einwendungen gegen BRIDGEMANS Forderung der ‚vollständigen Definierbarkeit‘ zutreffen. Dann wird man, zumindest vorläufig, die neu eingeführten Begriffe *als nur partiell gedeutete Begriffe* auffassen. Man wird dann diese Begriffe — wenigstens bis zum Zeitpunkt der Erwerbung einer ‚hinreichenden Routine‘ im Umgang mit ihnen durch ‚kompetente Fachleute‘ — nicht zur empiristischen Grundsprache hinzurechnen.

Solange man nur eine einzige Theorie als Bezugspunkt zur Verfügung hat, könnte man die beiden Dichotomien schematisch so wiedergeben, wie dies in Fig. 3-1 geschildert ist.

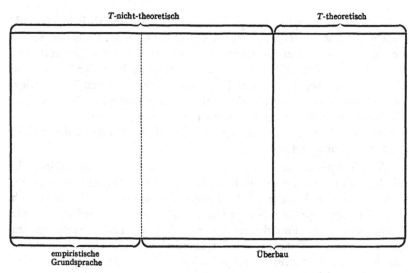

Fig. 3-1

Dabei wurde davon ausgegangen, daß *T*-theoretische Begriffe zum Überbau gerechnet werden, falls es einen solchen überhaupt gibt, daß dagegen nicht alle zum Überbau gehörenden Begriffe *T*-theoretisch sind.

Da jedoch dem Umstand Rechnung getragen werden sollte, daß in ein und derselben Sprache mehrere Theorien formulierbar sind, wäre das in Fig. 3-2 angegebene Schema angemessener. (Ob der nichtleere Durchschnitt der drei kleinen Kreise einer ernsthaft ins Auge zu fassenden Möglichkeit entspricht, wird vermutlich erst dann geklärt werden können, wenn größere Klarheit über den hierarchischen Aufbau verschiedener Theorien vorliegt.)

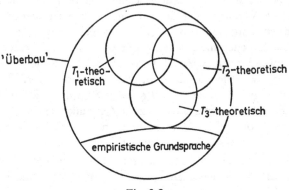

Fig. 3-2

Wenn man vom epistemologischen Konzept einer empiristischen Grundsprache ausgeht, so treten in bezug auf diese die früheren Probleme wieder auf. Die Sneedsche Methode liefert natürlich keine Lösung des ‚semantischen Problems‘ der Verständlichkeit der zum ‚Überbau‘ gehörenden Terme. Wie die spätere Ramsey-Lösung des Problems der theoretischen Terme zeigt, tritt *im Rahmen seines Konzeptes* ein Analogon zu derartigen Problemen nicht auf. Soweit es sich nur um diejenigen Fragen handelt, die durch sein Kriterium von „$T$-theoretisch" erzeugt werden, ist sein Verfahren daher nicht semantisch mangelhaft.

(VII) *Ein potentieller Einwand: das Kriterium ist zu stark.* Es soll jetzt ein naheliegender Einwand gegen das Kriterium von SNEED erörtert werden. Er besteht in dem Vorwurf, daß das Kriterium viel zu stark sei, da es doch entweder überhaupt niemals oder fast niemals vorkomme, daß man für die Bestimmung eines Funktionswertes *auf die ganze Theorie* zurückgreifen müsse, wie dies im Definiens von $T$-theoretisch verlangt wird. Vielmehr sei jeweils nur ein Rückgriff auf *spezielle Gesetze*, die in der Theorie vorkommen, erforderlich.

Ein solcher Einwand würde auf einem Mißverständnis beruhen, welches die Art und Weise der Behandlung axiomatischer Theorien durch SNEED übersieht. Die Axiomatisierung einer Theorie besteht danach in der Einführung eines mengentheoretischen Prädikates. Dieses steckt in jedem konkreten Fall einen allgemeinen Rahmen ab, der dann durch die einzelnen Gesetze in verschiedener Weise ausgefüllt wird. Innerhalb der formalen Behandlung der Theorien werden spezielle Gesetze daher nicht etwa durch Abschwächung, sondern durch *Verschärfung* dieses für eine Theorie charakteristischen mengentheoretischen Grundprädikates gewonnen. Der Leser sei für Illustrationen auf den Abschnitt 6 verwiesen. In das mengentheoretische Prädikat „*x* ist eine klassische Partikelmechanik" geht dort außer einer logisch-mathematischen Charakterisierung von formalen Eigenschaften der Glieder eines Quintupels, das dieses Prädikat erfüllt, nur das zweite Gesetz von NEWTON ein. Ein spezielles Gesetz der Mechanik wird daraus durch Verschärfung erhalten. Das Gesetz von HOOKE wird z.B. mittels zweier derartiger Zusatzbestimmungen gewonnen: erstens durch die Verschärfung von „klassische Partikelmechanik" zu „Newtonsche klassische Partikelmechanik" (was vom inhaltlichen Standpunkt die Hinzufügung des dritten Axioms von NEWTON bedeutet) und zweitens durch Verschärfung dieses letzteren Prädikates mittels Aufnahme dessen, *was man üblicherweise das Gesetz von* HOOKE *nennt.*

Hätte SNEED an die herkömmliche Denkweise, d.h. an den 'statement view' von Theorien, angeknüpft, wonach Theorien *als Satzklassen* aufzufassen sind, so hätte er das Kriterium etwas anders formulieren müssen. Der Begriff „*f* ist theoretisch in bezug auf die klassische Partikelmechanik" wäre dann z.B. dadurch zu charakterisieren, daß sich in jeder konkreten Anwendung dieser Theorie die Ermittlung gewisser Funktionswerte von *f* auf die Annahme stützen muß, daß das zweite Gesetz von NEWTON gilt bzw. daß dieses Gesetz und mindestens ein weiteres Kraftgesetz gelten.

(VIII) *Ein zweiter potentieller Einwand: das Verfahren ist zirkulär.* Dieser Einwand würde folgendermaßen lauten: Einerseits beruht die Preisgabe des statement view durch SNEED ganz auf der mit theoretischen Begriffen verbundenen Schwierigkeit. Auf der anderen Seite ist der Begriff *T-theoretisch* selbst in einer Sprache abgefasst, welche die Preisgabe des statement view bereits voraussetzt.

Darauf wäre zu erwidern: Die zweite Hälfte dieses Einwandes ist unrichtig. Zwar stimmt es, daß zunächst der Übergang zum verbesserten Ramsey-Satz und dann die Preisgabe des statement view durch das Problem der theoretischen Begriffe begründet wird. Was jedoch die Definition von *T-theoretisch* betrifft, so erfolgt diese nur aus Zweckmäßigkeitsgründen in der ‚Sprache der mengentheoretischen Prädikate'. Wie soeben angedeutet worden ist, wäre die Übersetzung in die herkömmliche Sprechweise zwar umständlicher, aber jederzeit möglich.

(IX) Da es SNEED allein um physikalische Theorien geht, deren Grundbegriffe stets metrische Begriffe sind, wurde die Definition von „*T*-theoretisch" *nur für Funktionen* vorgenommen. Das Theoretizitätskriterium *könnte* sich aber auch für andere Theorien als fruchtbar erweisen, deren begriffliche Apparatur noch nicht den Status quantitativer Begriffe erreicht hat. Für solche Fälle wäre der Begriff der $T$-abhängigen Meßbarkeit zu ersetzen durch den der $T$-abhängigen Bestimmung des Wahrheitswertes oder kurz: der $T$-abhängigen Bestimmung. Unter Zugrundelegung einer parallelen Unterscheidung zu der für Funktionen, nämlich der Unterscheidung zwischen der abstrakten Relation $R$ und der unter sie zu subsumierenden konkreten Relationen $R_i$, würden die Definitionen im zweistelligen Fall etwa zu lauten haben:

(1) Der *Wahrheitswert* der Klasse der $R_i$-Sätze *wird T-abhängig ermittelt* gdw es mindestens ein Paar von Objekten $\langle a, b \rangle$ aus dem Bereich der $i$-ten Anwendung der Theorie gibt, so daß in jeder existierenden Darstellung von $T_i$ die Gültigkeit der Feststellung $\langle a, b \rangle \in R_i$ auf der Voraussetzung beruht, daß eine Anwendung $T_j$ von $T$ zutrifft.

(2) Die Relation $R$ ist *T-theoretisch* gdw in jeder Anwendung $T_i$ der Wahrheitswert der Klasse der $R_i$-Sätze $T$-abhängig ermittelt wird.

Die anderen Varianten in der Formulierung dieses Begriffs können mutatis mutandis von früher her übernommen werden.

(X) *Theorienhierarchien.* Es ist bereits darauf hingewiesen worden, daß wegen der Relativierung des Begriffs *theoretisch* auf eine Theorie $T_1$-theoretische Begriffe in der Regel zu $T_2$-nicht-theoretischen werden, wenn $T_2$ eine ‚der Ordnung nach spätere‘ Theorie in dem Sinn ist, daß $T_2$ Begriffe von $T_1$ benützt, während $T_1$ ohne die Begriffe von $T_2$ auskommt. Die klassische Partikelmechanik ist in diesem Zusammenhang als eine besonders grundlegende Theorie zu bezeichnen. Doch wäre vermutlich der Eindruck irrig, daß sie die elementarste Theorie darstellt, relativ auf welche theoretische Begriffe vorkommen.

*Allen physikalischen Theorien liegen nämlich Theorien der Messung* (bzw. genauer: *der Metrisierung) zugrunde.* Wenn die logische Rekonstruktion dieser Theorien, insbesondere der Geometrie und der Zeitmetrik, weitergediehen sein wird als dies heute der Fall ist, werden sich vermutlich Begriffe wie der der *Länge* als *theoretisch in bezug auf eine metrische Theorie* erweisen. Wird sich dieser theoretische Charakter auf die sich darüber erhebenden physikalischen Theorien übertragen, d. h. werden sie sich als theoretisch erweisen relativ auf diese Theorie selbst? Die sich zunächst aufdrängende spontane Verneinung könnte leicht ins Gegenteil umschlagen, sobald man sich genauere Gedanken über die räumlichen und zeitlichen Meßverfahren macht. So etwa stützen sich die meisten herkömmlichen Verfahren zur Bestimmung räumlicher Entfernungen auf die Mechanik, einschließlich der genaueren Methoden zur Überprüfung der Starrheit von Maßstäben. Ebenso waren alle Uhren, die vor den erst seit kurzem benützten Atomuhren bekannt waren, mechanische Systeme.

Derartige Überlegungen scheinen die Hypothese von SNEED erschüttern zu können, daß die Ortsfunktion eine bezüglich der klassischen Partikelmechanik nicht-theoretische Funktion ist. Doch könnte man einem solchen Einwand folgendes entgegenhalten: Raum-zeitliche Metrisierungstheorien liegen *verschiedenen* Theorien der Physik zugrunde, insbesondere auch solchen, die in dem Sinn voneinander unabhängig sind, daß keine auf die andere reduzierbar ist. $T^1$ und $T^2$ seien zwei solche Theorien (z. B. Mechanik und Optik). Man kann annehmen, daß es Anwendungen von $T^1$ gibt, in denen z. b. die Methoden der Längenmessung höchstens auf Gesetzen von $T^2$ beruhen (z. B. Gesetzen der Optik), und Anwendungen von $T^2$, in denen die Längenmessung Gesetze von $T^1$ voraussetzt. Gemäß der Definition von *T-theoretisch* wäre dann die Länge *weder* eine *$T^1$-theoretische noch* eine *$T^2$-theoretische* Größe. Die Vermutung dürfte daher begründet sein, daß kein Grundbegriff der Raum-Zeit-Metrik in bezug auf eine spezielle *physikalische* Theorie $T$ den Status einer $T$-theoretischen Größe hat. Dies ist natürlich damit verträglich, daß diese Begriffe theoretisch sind in bezug auf eine Theorie, welche die Metrisierung räumlicher und zeitlicher Relationen adäquat rekonstruiert.

Eine spezielle Problemklasse bilden hier allerdings die *Korrekturformeln* bei Meßverfahren, in denen zweifellos auf spezielle Theorien zurückgegriffen wird. Eine genaue logische Analyse der Korrekturmethoden *könnte* zu einer Revision der eben ausgesprochenen Vermutung führen. Es scheint mir allerdings, daß eine zutreffende Rekonstruktion des ‚Korrekturverfahrens‘, ebenso wie des Verfahrens der sukzessiven Approximation, besser vom Gedanken einer *Rückkopplung von Theorien Gebrauch macht*, wonach ganze Theorien wechselseitig aufgrund von Resultaten und Präzisierungen, die in anderen erreicht worden sind, verbessert werden.

(XI) *Voraussetzung im transzendental-analytischen Sinn.* Die von SNEED in [Mathematical Physics] S. 31, gegebene Definition der $T$-abhängigen Meßbarkeit der Funktion $f_i$ besagt, daß es ein Individuum $x$ aus $D_i$ gibt, so daß die existierende Exposition der Anwendung $i$ der Theorie $T$ keine Beschreibung einer Methode der Messung von $f_i(x)$ enthält, welche nicht voraussetzt, daß eine Anwendung von $T$ erfolgreich ist.

Der dabei benützte Ausdruck „setzt voraus" erinnert an die notorischen Schwierigkeiten zur korrekten Interpretation von KANTS seltsamer Wendung „Bedingung der Möglichkeit von". Wenn KANT z. B. die ‚metaphysischen Voraussetzungen der Erfahrung‘, d. h. die synthetisch-apriorischen Prinzipien, welche er in der Transzendentalen Analytik zu begründen versucht, als Bedingungen der Möglichkeit der (wissenschaftlichen, aber auch bereits der vorwissenschaftlichen) Erfahrung bezeichnet, so läßt sich die Schwierigkeit in folgender Weise bündig formulieren: Nach wissenschaftlichem Standardgebrauch kann man unter Bedingungen entweder *notwendige Bedingungen* oder *hinreichende Bedingungen* oder solche Bedingungen verstehen, die *sowohl notwendig als auch hinreichend* sind. Alle drei Deutungen scheinen jedoch inadäquat zu sein. Im ersten Fall wäre KANT gezwungen zu behaupten, daß seine Metaphysik der Erfahrung eine logische Folgerung von NEWTONs Physik ist; im zweiten Fall, daß die Newtonsche Physik aus seiner Metaphysik der Erfahrung gefolgert werden kann; und im dritten Fall, daß seine Metaphysik der Erfahrung mit der Newtonschen Theorie logisch äquivalent ist. Alle diese Deutungen scheinen gleichermaßen absurd zu sein, wenn man sie im Lichte von KANTs Intention betrachtet.

Die prinzipielle Lösung dieser Schwierigkeit dürfte die sein, welche ich in [KANTs Metaphysik der Erfahrung], auf S. 27ff. vorgeschlagen habe. (An dieser Stelle kann nicht auf die zusätzlichen Komplikationen eingegangen werden, die sich daraus ergeben, daß KANT zwei verschiedene in ‚konträren Richtungen‘ verlaufende Argumente vorgetragen hat: das ‚regressive‘ und das ‚progressive‘.) Dann lautet das entsprechend vereinfachte Lösungsschema: *Transzendental-analytische Bedingungen der Möglichkeit sind notwendige Bedingungen für eine bestimmte metatheoretische Aussage*, nämlich für die Aussage: „Es gibt eine Erfahrungswissenschaft“ (*E*). Die scheinbare Paradoxie verschwindet also dadurch, daß man von der Ebene der Objektsprache in die der Metasprache hinüberwechselt. Die Prinzipien, welche zur Metaphysik der Erfahrung gehören, sind danach *als logische Folgerungen von* (*E*) aufzufassen. Eine transzendental-analytische Voraussetzung (‚Bedingung der Möglichkeit‘) ist also tatsächlich als *logische Folgerung* zu rekonstruieren.

In Analogie zu diesem Vorgehen wurde die Wendung „voraussetzen“ (“to presuppose”) bei SNEED im Sinne einer transzendental-analytischen Voraussetzung verstanden. Dem wurde innerhalb der dritten Variante der ersten Definition in der Weise Rechnung getragen, daß darin die Wendung „daß *A* der Fall ist, setzt voraus, daß *B* der Fall ist“ übersetzt wird durch „‚*B*‘ folgt logisch aus ‚*A*‘“. Der Leser wird aufgefordert, sich hinreichend klar zu machen, daß das, was *Voraussetzung* heißt, nicht etwa *Prämisse*, sondern *logische Folgerung* ist.

Wir knüpfen wieder an die Miniaturtheorie *m* von 2.b an und geben ihr eine anschauliche Deutung. Es handelt sich um eine sehr einfache statische Spezialanwendung der klassischen Mechanik, deren mathematische Struktur durch das mengentheoretische Prädikat *V* wiedergegeben wird. Innerhalb eines solchen Bereiches der Erdoberfläche, in dem das Schwere-

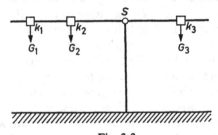

Fig. 3-3

feld als ‚quasi-konstant' angesehen werden kann, betrachten wir eine Balkenwaage von der in Fig. 3-3 schematisch abgebildeten Art. Der Balken der Waage sei im Schwerpunkt $S$ drehbar gelagert. Auf den beiden Balken sind die drei verstellbaren Körper $k_1$, $k_2$ und $k_3$ so angebracht, daß sich die Waage im Gleichgewicht und in Ruhe befindet.

Streng genommen handelt es sich bei diesem System um ein System der *Mechanik starrer Körper*, das erst durch Zerlegung des Balkens in hinreichend kleine Teile (Partikel) mit Hilfe der Partikelmechanik beschreibbar ist. Einbezogen werden muß dabei das Gravitationsgesetz sowie die Stützkraft $f_s$, die von gleicher Größe wie das Gesamtgewicht des Systems ist und gleiche Richtung, jedoch umgekehrten Richtungssinn hat wie die Summe der Gewichte.

Da der Waagenbalken im Schwerpunkt gelagert ist, verschwindet sein Drehmoment. Wenn $G_i$ das Gewicht des Körpers $k_i$ und $l_i$ sein Abstand vom Drehpunkt ist, so kann das System mit dem aus der Mechanik ableitbaren Hebelgesetz folgendermaßen beschrieben werden:

$$G_3 \cdot l_3 = G_1 \cdot l_1 + G_2 \cdot l_2.$$

Für $r$ Körper aus $D = \{k_1, \ldots, k_r\}$ erhalten wir mit den Funktionen:

(1) $n(k_i) = \begin{cases} +l_i, \text{ wenn } k_i \text{ rechts von } S \text{ liegt;} \\ -l_i, \text{ wenn } k_i \text{ links von } S \text{ liegt,} \end{cases}$

(2) $t(k_i) = G_i$

die beiden Aussagen:

(3) $t(k_i) > 0$,

(4) $\sum_{i=1}^{r} n(k_i) \cdot t(k_i) = 0$,

also gerade die Bestimmungen (4) und (5) von **D1**.

Ferner sei bereits jetzt darauf hingewiesen, daß die beiden später diskutierten Nebenbedingungen[13] $\langle \approx, = \rangle$ sowie die Additivität bzw. Extensivität für die Funktion $t$ erfüllt sind.

## 4. „Theoretischer Term": ein paradoxer Begriff?

**4.a Das Problem der theoretischen Terme.** Im folgenden sei $T$ eine beliebige Theorie mit der mathematischen Struktur $S$, d.h. diese Struktur werde durch das mengentheoretische Prädikat „$x$ ist ein $S$" beschrieben. Es soll nun eine Schwierigkeit *für die herkömmliche Vorstellung vom empirischen Gehalt einer Theorie* geschildert werden, die zwar nicht auftreten *muß*, die jedoch immer auftreten *kann*, falls in der Theorie $T$-theoretische Terme vorkommen. Die vage Wendung „die Schwierigkeit kann auftreten" ist unvermeidlich, da sie streng genommen im *Kontext der Prüfung* bzw. im

---

[13] Bezüglich dieses Begriffs vgl. 5.c und 5.d.

*Kontext der Bestätigung* von Hypothesen auftritt und wir hier keine detaillierten Aussagen über die Natur der Prüfung und der Bestätigung machen.

Für die Formulierung des Problems genügen zwei Feststellungen über die Prüfung von (Anwendungen von) Theorien, die nur metrische Begriffe enthalten:

(1) Um sich davon zu überzeugen, daß die $i$-te Anwendung $T_i$ einer Theorie $T$ zutrifft, müssen die Werte der in $T_i$ vorkommenden Funktionen für *gewisse* Argumente (= Elemente aus $D_i$) ermittelt werden. Außerdem ist nachzuprüfen, ob diese Werte die in der Definition von $S$ enthaltenen Bedingungen erfüllen.

(2) Wenn der Bereich der $i$-ten Anwendung der Theorie $D_i$ nicht endlich ist, so kann diese Ermittlung und Nachprüfung nicht für alle Argumente vorgenommen werden. (Nichtverifizierbarkeit der Anwendung einer Theorie für einen nicht endlichen Bereich.)

Eine Untersuchung (der vorhandenen Darstellungen) von $T$ habe ergeben, daß diese Theorie die $T$-theoretische (abstrakte) Funktion $t$ enthalte. Die übrigen in $T$ vorkommenden Funktionen seien $T$-nicht-theoretisch. Angenommen nun, der empirische Gehalt der Anwendung einer Theorie werde in der traditionellen Weise ausgedrückt. Greifen wir die $k$-te Anwendung von $T$ heraus, so ist die empirische Behauptung, daß $T$ korrekt angewendet wird, ein Satz von der Gestalt: „$c_k$ ist ein $S$". $c_k$ bezeichnet dabei ein potentielles Modell von $S$. Was geschieht, wenn wir versuchen, uns von der Richtigkeit derartiger Aussagen zu überzeugen? Wegen (1) müssen wir Werte der in $T$ vorkommenden Funktionen ermitteln und nachprüfen, ob sie die Axiome erfüllen (d. h. ob sie der durch $S$ beschriebenen mathematischen Struktur genügen). Wie kann dies geschehen? Für $T$-nicht-theoretische Funktionen tritt kein prinzipielles Problem auf. Im Fall der $T$-theoretischen Funktion $t$ jedoch könnte es sich ergeben, daß die Ermittlung der Werte *die Richtigkeit gewisser physikalischer Gesetze* voraussetzt.

Wir könnten zwar Glück haben und nicht auf solche Argumente von $t$ stoßen, bei denen eine derartige ‚Rückverweisung' stattfindet. Aber wir haben keinerlei Gewähr dafür, daß wir bei der Gewinnung der ‚empirischen Bestätigungsbasis' für die Annahme von „$c_k$ ist ein $S$" *nicht* derartige Argumente antreffen. Und wir können es als zugestanden annehmen, daß man sich um die Frage nach den entsprechenden Werten ‚nicht einfach durch Außerbetrachtlassung so rumdrücken kann'.

Außerdem ist folgendes zu beachten. In der Definition von $T$-theoretisch wurde nur die schwächste Bedingung formuliert. Wenn — wie vermutlich im Fall der Kraftfunktion innerhalb der klassischen Partikelmechanik — die stärkere Bedingung erfüllt ist, daß *jede* Wertmessung auf der Voraussetzung beruht, daß eine anderweitige Anwendung der Theorie erfolgreich ist (‚daß bestimmte Gesetze der Theorie gelten'), so ist uns selbst die eingangs erwähnte Chance des Glücks versperrt.

Nach unserer generellen Voraussetzung ist aber jede Annahme der Gültigkeit von Gesetzen durch einen Satz von der Gestalt „$c$ ist ein $S$" wiederzugeben. *Wir können also die Begründung dafür, daß „$c_k$ ist ein $S$" vermutlich richtig ist, nur dann zu Ende führen, wenn wir imstande sind zu zeigen, daß es gute Gründe dafür gibt, an die Richtigkeit einer Aussage von der Gestalt „$c_j$ ist ein $S$" für ein $j \neq k$ zu glauben.* Anders ausgedrückt: Wir können keine empirischen Daten zugunsten der Behauptung, daß $c_k$ ein $S$ ist, anführen, es sei denn, wir haben empirische Daten zugunsten der Behauptung, daß $c_j$ ein $S$ ist. Oder nochmals anders formuliert: Die Beantwortung der Frage, ob die $k$-te Anwendung der Theorie erfolgreich ist, muß sich auf die Beantwortung der Frage stützen, ob eine andere Anwendung dieser Theorie erfolgreich ist.

Wenn die Zahl der Anwendungen einer Theorie endlich ist, so geraten wir damit in einen *circulus vitiosus*. Wenn die Zahl der Anwendungen dagegen unendlich ist, so landen wir in einem *unendlichen Regress*.

**4.b Die Ramsey-Lösung des Problems der theoretischen Terme.** Wir greifen zunächst auf die Miniaturtheorie $m$ von 2.b zurück, die in der Einführung des Prädikates „$x$ ist ein $V$" bestand. Angenommen, die Funktion $t$ habe sich als $m$-theoretisch erwiesen. Dann erscheint es als zweckmäßig, zu dem Begriff des potentiellen Modells $V_p$ von $V$ zusätzlich den des *partiellen potentiellen Modells* $V_{pp}$ einzuführen:

**D3** $x$ ist ein $V_{pp}$ gdw es ein $D$ und ein $n$ gibt, so daß gilt:

(1) $x = \langle D, n \rangle$;

(2) $D$ ist eine endliche, nicht leere Menge;

(3) $n$ ist eine Funktion von $D$ in $\mathbb{R}$.

So wie früher führen wir auch jetzt den Abstraktionsterm $\hat{V}_{pp}$ ein als Abkürzung für: $\{x \mid x$ ist ein $V_{pp}\}$. Analog wie wir die Modelle von $V_p$ potentielle Modelle von $V$ nannten, so bezeichnen wir die Modelle von $V_{pp}$ als *partielle potentielle Modelle* von $V$. Diese Redeweise soll auch für den allgemeinen Fall gelten. Intuitiv gesprochen, handelt es sich um folgendes: Den Ausgangspunkt bilde jeweils eine in axiomatisierter Gestalt vorliegende Theorie. Sofern die Axiomatisierung in ‚üblicher Form' erfolgt ist, schreiben wir sie so um, daß sie die Form der Definition eines mengentheoretischen Prädikates $S$ annimmt[14]. Die *Modelle* der axiomatisierten Theorie sind die Entitäten, welche dieses Prädikat erfüllen. Diejenigen Entitäten $x$, welche nur die schwächere Bedingung erfüllen, daß es *sinnvoll* ist, die Frage aufzuwerfen: „ist $x$ ein $S$?" nennen wir *potentielle Modelle* von $S$. Sie mögen durch ein Prädikat $S_p$ charakterisiert werden.

---

[14] Hier wie an vielen anderen Stellen machen wir von der autonymen Redeweise Gebrauch: das Prädikat „$S$" wird als Name für sich selbst verwendet, daher fehlen die Anführungstriche.

(Dieser Übergang wurde für die Miniaturtheorie illustriert durch die Abschwächung des mittels **D1** eingeführten Prädikates $V$, in welchem die mathematische Struktur der Theorie in der Gestalt eines mengentheoretischen Prädikates festgehalten ist, zum Prädikat $V_p$ von **D2**). Die *partiellen potentiellen Modelle* werden daraus durch nochmalige Abschwächung gewonnen. Sie sind, grob gesprochen, dasjenige, was übrig bleibt, wenn man die theoretischen Funktionen ‚hinausgeworfen‘ hat. Ein partielles potentielles Modell ist eine ‚beobachtbare Tatsache‘, d.h. etwas, das mittels $T$-nicht-theoretischer Terme allein beschrieben werden kann und das mit Hilfe der teilweise $T$-theoretischen Apparatur der Theorie ‚erklärt‘ werden soll. Das mengentheoretische Prädikat, welches die partiellen potentiellen Modelle von $S$ charakterisiert, heiße $S_{pp}$. (Eine Illustration für diese zweite Abschwächung innerhalb der Miniaturtheorie bildet die Ersetzung von $V_p$ durch das in **D3** eingeführte Prädikat $V_{pp}$.)

Wir wenden uns jetzt derjenigen Lösungsmethode des Problems der theoretischen Begriffe zu, welche SNEED als die *Ramsey-Lösung* bezeichnet.

Als Hilfsbegriff führen wir eine zweistellige Relation „$xEy$“ ein, zu lesen als: „$x$ *ist eine Ergänzung von* $y$“. Um technische Komplikationen für die exakte Fassung im allgemeinen Fall zu vermeiden, soll dieser Begriff nur für die obige Miniaturtheorie scharf definiert werden. Der Leser wird keine Mühe haben, daraus das Schema für den allgemeinen Fall zu abstrahieren. Die Relation $E$ soll auf solche Weise eingeführt werden, daß das erste Relationsglied ein potentielles Modell ist, sofern das zweite Relationsglied ein partielles potentielles Modell darstellt, das aus dem ersten durch ‚Streichung‘ der theoretischen Funktionen hervorgegangen ist. Genauer definieren wir:

**D4**  $xEy$ (lies: „$x$ *ist eine Ergänzung von* $y$“ oder: „$y$ *wird zu* $x$ *ergänzt*“[15]) gdw es ein $D$ und ein $n$ gibt, so daß gilt:

(1) $y = \langle D, n \rangle$;

(2) $y \in \hat{V}_{pp}$;

(3) es gibt eine Funktion $t$ von $D$ in $\mathbb{R}$, so daß gilt:
$x = \langle D, n, t \rangle$.

Der Satz **(I)** (bzw. **(I\*)**) werde jetzt ersetzt durch den folgenden Existenzsatz:

**(II)**  $\vee x(xEa \wedge x \text{ ist ein } S)$

oder:

**(II\*)**  $\vee x(xEa \wedge x \in \hat{S})$

(In unserer Miniaturtheorie tritt $\hat{V}$ an die Stelle von $\hat{S}$ und $b$ an die Stelle von $a$.)

---

[15] Genauer sollte von *theoretischer* Ergänzung gesprochen werden.

Man beachte, daß die Aussage: „$a$ ist ein partielles potentielles Modell von $S$" aufgrund der Definition des Ergänzungsbegriffs bereits in (II) enthalten ist, so daß (II*) logisch äquivalent ist mit der Aussage:

$$\vee x (a \in \hat{S}_{pp} \wedge x E a \wedge x \in \hat{S})$$

(„es gibt eine Ergänzung des partiellen potentiellen Modells $a$ von $S$, welche ein $S$ ist".)

Das Verhältnis von (II) zu (I) wird deutlicher, wenn man die mengentheoretische Schreibweise verwendet und dann, analog wie dies eben geschehen ist, das an sich überflüssige Glied mit $\hat{S}_{pp}$ im zweiten Fall nochmals anführt. Wir haben dann die beiden Mengen:

$$K_1 = \{y \mid y \in \hat{S}_{pp}\},$$
$$K_2 = \{y \mid y \in \hat{S}_{pp} \wedge \vee x (x E y \wedge x \in \hat{S})\}.$$

Die Aussage (II) besagt, daß

$$a \in K_2,$$

d.h. $a$ ist Element der Klasse derjenigen partiellen potentiellen Modelle von $S$, die sich zu Modellen von $S$ ergänzen lassen. Wenn wir wieder auf unsere Miniaturtheorie zurückgreifen und $V$ statt $S$ und $b$ statt $a$ einsetzen, so können wir diese Aussage inhaltlich in der folgenden Weise deuten: *b ist eine jener ‚beobachtbaren‘* (d.h. ohne Benützung theoretischer Funktionen beschreibbaren) *Tatsachen, die sich durch Hinzufügung einer theoretischen T-Funktion zu einem Modell der Theorie ergänzen läßt*, nämlich jener Theorie, deren mathematische Struktur durch das mengentheoretische Prädikat „$x$ ist ein $V$" wiedergegeben wird.

Ist ein Satz von der Gestalt (II) ein besserer Kandidat dafür, um empirische Behauptungen einer Theorie aufzustellen, als der Satz (I)? Diese Frage ist in zwei Teilfragen aufzusplittern, nämlich erstens: „Kann (II) überhaupt für die Zwecke empirischer Behauptungen verwendet werden?", und zweitens: „Tritt auch hier das Problem der theoretischen Terme wieder auf?"

Die Antwort auf die erste Frage ist prinzipiell bejahend. Allerdings kann sich für gewisse Prädikate $S$ ergeben, daß entweder für *jedes a*, welches ein $S_{pp}$ ist, eine Aussage der Gestalt (II) *nachweislich* zutrifft oder daß eine derartige Aussage für *kein $a \in \hat{S}_{pp}$* zutrifft. Dann kann offenbar (II) nicht dafür verwendet werden, um eine empirische Behauptung aufzustellen. Im Fall der Miniaturtheorie kann man dagegen sogar eine genaue Aussage darüber machen, unter welchen Umständen (II) zu einer empirisch verifizierbaren bzw. empirisch falsifizierbaren Behauptung führt. Dazu schicken wir den folgenden Satz voran, dessen Beweis trivial ist:

**Satz 1.** Es sei $\langle D_i, n_i \rangle \in \hat{V}_{pp}$. Dann gibt es ein $x \in \hat{V}$, welches eine Ergänzung von $\langle D_i, n_i \rangle$ ist gdw gilt: entweder ist für alle $z \in D_i$

$n_i(z) = 0$ oder es gibt ein $y$ und ein $z$ mit $y, z \in D$, so daß $n_i(y) > 0$ und $n_i(z) < 0$.

*Hinweis:* Im ersten Fall wähle man $t$ so, daß die Bedingung (4) von **D1** erfüllt ist, d.h. daß die $t$-Werte stets positiv sind; im übrigen kann $t$ ganz beliebig sein. Im zweiten Fall benütze man die Tatsache, daß man unter dieser Voraussetzung stets eine die Bedingung (4) für $t$ erfüllende Lösung der Gleichung (5) finden kann. Sollte der Individuenbereich $D_i$ *nur* die beiden Elemente $y$ und $z$ enthalten, so sind in diesem zweiten Fall zwar nicht die $t$-Werte, jedoch deren *Verhältnisse* durch die Verhältnisse der $n_i$-Werte bestimmt; denn es gilt dann:

$$t(y)/t(z) = -n_i(z)/n_i(y).$$

Wenn $D_i$ weitere Elemente enthält, so sind nicht einmal die Verhältnisse der $t$-Werte zueinander durch die der $n_i$-Werte bestimmt, dagegen werden gewisse Verhältnisse von $t$-Werten durch die $n_i$-Werte ausgeschlossen.

Angenommen, mittels empirischer Untersuchungen findet man zwei Objekte $x$ und $y$ aus $D$, so daß $n_i(x) > 0$ und $n_i(y) < 0$. Wegen des obigen Satzes könnte man sagen: die Aussage (**II**) wurde *empirisch verifiziert*. Sollte man dagegen *alle Objekte* aus $D$ untersucht und dabei festgestellt haben, daß ihre $n$-Werte stets positiv oder stets negativ sind, so läge eine *empirische Falsifikation* der Behauptung (**II**) vor. (Es darf natürlich nicht übersehen werden, daß die Ausdrücke „Verifikation" und „Falsifikation" insofern mit Vorsicht zu gebrauchen sind, als bei der Ermittlung der $n$-Werte *hypothetische* Annahmen benützt werden.)

In vielen Fällen wird man sich mit einer *vorläufigen Bestätigung* von (**II**) zufrieden geben müssen. Sie liegt dann vor, wenn Forscher durch ‚hinreichend oftmalige' empirische Bestimmungen von $n$-Werten[16] *vergeblich* versucht haben, solche $n$-Werte zu finden, welche eine Ergänzung des partiellen potentiellen Modells $\langle D, n \rangle$ zu einem Modell von $S$ ausschließen. Sneed weist in diesem Zusammenhang auf den *rein rechnerischen Gesichtspunkt* im Umgang mit den theoretischen $t$-Funktionen hin: Wie immer auch die empirischen Untersuchungen verlaufen mögen, um den Wahrheitswert von (**II**) zu entdecken, *es wird darin nichts vorkommen, was man Messung von $t$-Werten nennen könnte*. Denn die $t$-Funktionen kommen im Rahmen derartiger Untersuchungen erst dann ins Spiel, ‚*nachdem alle empirische Arbeit bereits geleistet ist*'.

Im augenblicklichen Zusammenhang soll aber weder das Problem der Prüfung von Aussagen dieser Gestalt weiter verfolgt noch die Frage erörtert werden, ob (**II**) vielleicht *in anderen Hinsichten* gegenüber (**I**) Nachteile aufweist. Da das Sneedsche Kriterium für $T$-theoretisch zum Problem der theoretischen Terme führte, ist für uns vor allem die folgende Feststellung wichtig:

*Mit Sätzen der Art (**II**) wird eine mögliche Lösung des Problems der theoretischen Terme geliefert.*

---

[16] Wir beziehen uns hier natürlich nicht auf das Beispiel unserer Miniaturtheorie. In allgemeinen Bemerkungen dieser Art repräsentieren $n$-Werte stets Werte von beliebigen $T$-nicht-theoretischen Funktionen, während die $t$-Funktionen für beliebige $T$-theoretische Funktionen stehen.

Dieses Problem entstand dadurch, daß zunächst der empirische Gehalt einer Theorie versuchsweise mit Hilfe von Sätzen der Art (I) wiedergegeben worden ist: Wenn man sich von der Richtigkeit eines Satzes „$c$ ist ein $S$" überzeugen will, wird man bei Vorliegen $T$-theoretischer Funktionen auf einen anderen Satz *von eben dieser Gestalt* zurückverwiesen, dessen Wahrheitswert man zuerst überprüfen müßte usw. *In bezug auf Sätze der Gestalt (II) tritt keine analoge Schwierigkeit auf.* Denn für die Untersuchung der Richtigkeit von (II) benötigt man keine Berechnungen theoretischer Funktionswerte. Die Untersuchung verläuft vielmehr *auf rein empirischer Ebene.* Wir nennen dabei alle Untersuchungen, welche sich auf nicht-theoretische Größen beziehen, empirisch. Im Fall unserer Miniaturtheorie z. B. handelt es sich darum, erstens aufgrund von *empirischen* Untersuchungen festzustellen, ob bestimmte Objekte Elemente von $D$ sind, zweitens mittels weiterer *empirischer* Nachforschungen herauszubekommen, wie die $n$-Werte für diese Individuen lauten, und schließlich drittens zu prüfen, ob (II) dafür gilt. *Auch dies ist ohne Rückgriff auf Berechnungen von Werten irgendwelcher theoretischer Funktionen möglich ; denn die Behauptung (II) ist äquivalent mit einer Bedingung, die den empirischen n-Werten auferlegt wird.*

Was für dieses elementare Beispiel gilt, das gilt auch für den allgemeinen Fall. Das Problem, ob (II) gilt, bzw. in der mengentheoretischen Übersetzung, ob:

$$a \in K_2$$

eine richtige Aussage ist, kann in *zwei Teilaufgaben* zerlegt werden, in eine *rein empirische Aufgabe*, die sich auf die Zugehörigkeit zum empirischen Bereich sowie auf die Werte empirischer Funktionen bezieht, und in eine *rein rechnerische Aufgabe*, von deren Lösung es abhängt, ob die Antwort bejahend ausfällt oder nicht. Die wissenschaftstheoretische Bedeutung der beiden Modellbegriffe wird dadurch unterstrichen: Bei der ersten Aufgabe handelt es sich um die Frage, *ob etwas ein partielles potentielles Modell einer Theorie ist.* Bei der zweiten Frage geht es um das Problem, *ob ein bestimmtes partielles potentielles Modell der Theorie zu einem Modell dieser Theorie ergänzt werden kann.* Die ,Theorie' ist dabei durch ihre mathematische Struktur $S$ gegeben (und die partiellen potentiellen Modelle sind gegeben als jene Entitäten, die ein wesentlich schwächeres Prädikat erfüllen, nämlich dasjenige, welches übrig bleibt, wenn man aus $S$ die ,eigentlichen Axiome' entfernt und überdies die theoretischen Terme herausstreicht).

SNEED nennt den Vorschlag, Sätze von der Gestalt (II) (anstelle von Sätzen der Gestalt (I)) zur Wiedergabe des empirischen Gehaltes einer Theorie zu verwenden, *die Ramsey-Lösung des Problems der theoretischen Terme (theoretischen Begriffe).*

Diese Bezeichnung könnte allerdings den Anlaß für ein Mißverständnis geben. Sie darf *nicht* so gedeutet werden, als handle es sich um die *von*

RAMSEY *vorgeschlagene Lösung* des Problems der theoretischen Terme. Für RAMSEY trat das Problem in der angegebenen Form nicht auf, da er ja nicht das Theoretizitätskriterium von SNEED verwendete (obwohl ihm dieses oder ein ähnliches vielleicht bereits vorschwebte). Die Bezeichnung muß vielmehr verstanden werden als Abkürzung für die folgende längere Wendung: „*diejenige Lösung des Problems der theoretischen Terme, welche sich ergibt, wenn man den empirischen Gehalt einer Theorie statt durch eine Aussage von der Gestalt* (I) *durch das Ramsey-Substitut wiedergibt.*"

Wir werden Aussagen von der Gestalt (II) auch *Ramsey-Darstellungen des empirischen Gehaltes von Theorien* bzw. kürzer einfach *Ramsey-Darstellungen von Theorien* nennen. Dabei ist auf eine geringfügige technische Modifikation gegenüber der Schilderung des Ramsey-Satzes in Kap. VII zu achten: Die Existenzquantifikation läuft in (II) *über ganze Ergänzungen* von partiellen potentiellen Modellen *und nicht bloß über theoretische Begriffe*. Diese Modifikation ist deshalb geringfügig, weil die Existenzquantifikation über die theoretischen Begriffe darin implizit enthalten ist, wie aus der Definition der Ergänzungsrelation $x E y$ unmittelbar hervorgeht.

Damit, daß die Wiedergabe des empirischen Gehaltes einer Theorie durch einen Satz von der Gestalt (II) einen möglichen Lösungsansatz für das Problem der theoretischen Terme liefert, ist noch nicht gewährleistet, daß im Rahmen dieser andersartigen Rekonstruktion die Eigentümlichkeit $T$-theoretischer Funktionen *in verständlicher Weise* widergespiegelt wird, nämlich daß die Verfahren zu ihrer Messung die Wahrheit empirischer Gesetze von $T$ voraussetzen. Es müßten dann zumindest gewisse Aussagen dieser Form (II) — nämlich jene, welche diesen Gesetzen entsprechen — eine Grundlage oder Rechtfertigung für die Berechnung von $T$-theoretischen Funktionen mit Hilfe von ,beobachteten Meßwerten' liefern. Dies ist tatsächlich der Fall: Wenn immer ein Meßapparat benützt wird, von dem man gute Gründe hat anzunehmen, *daß er ein Modell für S ist*, so kann man (in der Sprache der Miniaturtheorie) bei gegebenen $n$-Funktionswerten die $t$-Funktionswerte berechnen, die ihn zu einem solchen Modell machen. Eine Eindeutigkeit der $t$-Werte wird dabei gar nicht verlangt. (Vgl. das obige Beispiel eines Individuenbereiches aus zwei Elementen, für den nur die $t$-*Verhältnisse* durch die $n$-*Verhältnisse* widergespiegelt werden.)

Daß trotz allem die Ramsey-Methode zu inadäquaten Resultaten führt, *wenn sie unmodifiziert übernommen wird*, soll an späterer Stelle gezeigt werden.

**4.c Ramsey-Darstellung und Ramsey-Eliminierbarkeit. Die unverzichtbare Leistung theoretischer Begriffe bei fehlender Ramsey-Eliminierbarkeit.** Wir beginnen mit einem nochmaligen Vergleich zwischen der prädikativen Formulierung des empirischen Gehaltes einer Theorie (I) und der entsprechenden Ramsey-Darstellung (II), also mit einem Vergleich zwischen „$c$ ist ein $S$" und „es gibt ein $x$, so daß $x$ eine Erweiterung des partiellen potentiellen Modells $a$ von $S$ ist und daß gilt: $x$ ist ein $S$". Die Beziehung zwischen diesen beiden Aussagen wird deutlicher, wenn man untersucht, wie sich der Term „$c$" des ersten Satzes zum Term „$a$" des zweiten Satzes verhält[17].

Dazu wollen wir wieder annehmen, daß die Anwendungen der fraglichen Theorie in einer geeigneten Numerierung vorliegen. Die beiden Aussagen sollen dazu dienen, die $i$-te empirische Anwendung der Theorie sprachlich zu formulieren. Der Term „$c$" bezeichnet eine Entität, welche wir auch durch „$\langle D_i, n_i, t_i \rangle$" wiedergeben können, da gemäß Behauptung (I) diese Entität ein Modell von $S$ (und zwar das $i$-te Modell von $S$) ist. Der Term „$a$" bezeichnet demgegenüber die entsprechende Entität, welche aus $c$ durch Weglassung der Bezeichnung für die theoretische Funktion $t_i$ entsteht, also jene Entität, von der nach unserer Annahme durch (II) behauptet wird, daß sie das $i$-te partielle potentielle Modell von $S$ ist, welches zu einem Modell von $S$ ergänzt werden kann. Wir können also statt „$a$" anschaulicher „$\langle D_i, n_i \rangle$" schreiben. Die beiden Sätze lauten dann:

(I')    $\langle D_i, n_i, t_i \rangle$ ist ein $S$

und:

(II') es gibt ein $x$, so daß $x$ eine Ergänzung von $\langle D_i, n_i \rangle$ ist, und $x$ ist ein $S$.

Die Aussage (II') entspricht ungefähr dem, was in Kap. VII Ramsey-Satz einer Theorie genannt worden ist.

Das Wort „ungefähr" wurde eingefügt, weil eine Abweichung in zwei Hinsichten vorliegt, nämlich erstens, wie bereits erwähnt, bezüglich der Existenzquantifikation, die über Ergänzungen und nicht bloß über theoretische Terme läuft, und zweitens in bezug darauf, daß die Aussage (II') nicht beansprucht, den empirischen Gehalt der ganzen Theorie $T$ wiederzugeben, sondern nur den empirischen Gehalt der $i$-ten Anwendung $T_i$ dieser Theorie.

Daß immer wieder einerseits von *ein und derselben Theorie*, andererseits von *verschiedenen Anwendungen* dieser Theorie gesprochen wurde, sollte nicht als ein Zeichen übertriebener Pedanterie gewertet werden. Die Unterscheidung verschiedener Anwendungen einer Theorie wird sich sowohl im Rahmen der Verbesserung der Ramsey-Methode als auch bei der endgültigen Beantwortung der Frage: „was ist eine Theorie?" als außerordentlich wichtig erweisen.

Im siebenten Kapitel wurde die Ramsey-Methode als das Verfahren der quantorenlogischen Elimination theoretischer Begriffe bezeichnet. Die Betrachtungen über den ‚ontologischen Status' des Ramsey-Satzes haben gezeigt, daß dadurch die theoretischen Entitäten als solche nicht eliminiert werden. SNEED versteht jedoch unter der *Ramsey-Elimination theoretischer*

---

[17] Der Text bei SNEED ist insofern irreführend, als er für *beide* Konstanten dasselbe Symbol „$Q$" verwendet.

*Begriffe* etwas vollkommen anderes[18]. Wir wollen von nun an seinen Begriff der Ramsey-Elimination übernehmen. Zur Klärung dieses Begriffs greifen wir zweckmäßigerweise wieder die mengentheoretische Symbolik auf[19]. Die definierende Aussageform „$y \in S_{pp} \wedge \vee x(xEy \wedge x \in \hat{S})$" der Klasse $K_2$ nennen wir $\Phi(y)$, so daß $K_2$ also darstellbar ist als: $\{y \mid \Phi(y)\}$. Wir bezeichnen diese Aussageform $\Phi(y)$, aber *nur* im gegenwärtigen Zusammenhang, auch als das *Ramsey-Prädikat der Theorie*. Man kann nun die folgende Frage aufwerfen: Ist es möglich, die Extension von $K_2$ festzulegen, *ohne dabei auf T-theoretische Terme zurückzugreifen?* Die Frage läßt sich auch so formulieren: $K_2$ ist eine Teilmenge von $K_1$ (nämlich die Menge derjenigen partiellen potentiellen Modelle, die zur Menge der Modelle ergänzt werden können). Kann *diese selbe Teilmenge* von $K_1$ ohne Prädikate festgelegt werden, die *T*-theoretische Terme enthalten? Kurz ausgedrückt: Kann man diese Teilmenge von $K_1$ in *T*-nicht-theoretischer Weise festlegen? Die positive Beantwortung dieser Frage läuft auf die Lösung des Problems hinaus, ein Prädikat zu finden, welches zwei Bedingungen erfüllt: (1) dieses Prädikat darf nur *T*-nicht-theoretische Terme enthalten; (2) dieses Prädikat muß extensionsgleich sein mit $K_2$.

Angenommen, $\Psi(y)$ sei ein derartiges Prädikat, so daß die Identität gilt: $K_2 = \{y \mid \Psi(y)\}$. Wir bezeichnen das neue Prädikat als ein *empirisches Prädikat*. Es ist in dem Sinn empirisch, daß es nur ‚aus *T*-nicht-theoretischen Begriffen aufgebaut' ist. Wir können es ein *empirisches Äquivalent* des teilweise *T*-theoretischen Ramsey-Prädikates nennen, also desjenigen Prädikates, welches ursprünglich benützt wurde, um die Extension von $K_2$ festzulegen. Den Ausdruck „empirisches Äquivalent" benützen wir auch für die mittels des Prädikates gebildeten Aussageformen. Wenn immer ein derartiges empirisches Äquivalent gefunden werden kann, soll gesagt werden, *daß eine Ramsey-Elimination der theoretischen Terme gefunden worden sei.* Dies überträgt sich dann auf die empirischen Behauptungen der Theorie. Denn an die Stelle des Satzes „$a \in \{y \mid \Phi(y)\}$" kann jetzt *die rein empirische Aussage* treten: „$\Psi(a)$".

Der Begriff der Ramsey-Elimination mit Hilfe eines empirischen Äquivalentes läßt sich am Beispiel unserer Miniaturtheorie gut veranschaulichen. Wie wir in 4.b gesehen haben, ist hier bei vorgegebener intendierter Anwendung $b$ die Behauptung

(II$^m$) $\vee x(xEb \wedge x \in \hat{V})$

logisch äquivalent mit der Aussage, daß das Zweitglied $n_1$ von $b$ entweder für alle Elemente des Bereiches den Wert 0 ergibt oder nicht für alle diese Elemente Werte mit demselben Vorzeichen liefert. Wenn der Bereich $D_1$ ist, so möge die Definition des Prädikates „$\langle D_1, n_1 \rangle$ ist ein $P_1$" lauten: „entweder ist $n_1(y) = 0$ für alle $y \in D_1$, oder es gilt für alle $y \in D_1$: wenn $n_1(y) > 0$ $(n_1(y) < 0)$, dann existiert ein $z \in D_1$, so daß $n_1(z) < 0$ $(n_1(z) > 0)$." Dieses Prädikat ist wegen *Satz 1* nach-

---

[18] Vgl. SNEED, [Mathematical Physics], S. 49 f. und S. 52 f.
[19] Vgl. oben S. 67.

weislich ein empirisches Äquivalent des Prädikates, das aus (II$^m$) durch Substitution von „$\langle D_1, n_1 \rangle$" für „$b$" entsteht. Die $m$-theoretische Funktion $t$ ist also nachweislich Ramsey-eliminierbar: (II$^m$) *kann vollständig durch die rein empirische Aussage „$b$ ist ein $P_1$" ersetzt werden.* Diese Aussage ist deshalb eine rein empirische Feststellung, weil wir ja voraussetzten, daß die Größe $n_1$ eine empirische, d.h. eine $m$-nicht-theoretische Größe ist.

Um den Sachverhalt etwas genauer zu schildern, müssen wir eine Differenzierung vornehmen. Es lohnt sich, dabei zu verweilen und dieser Komplikation bereits jetzt nachzugehen. Denn der Begriff der Ramsey-Eliminierbarkeit wird es gestatten, eine klarere Vorstellung von der Leistung theoretischer Begriffe zu gewinnen, als dies in den vor-Sneedschen Diskussionen der Fall war. *Die Leistung theoretischer Begriffe tritt nämlich dann ganz klar zutage, wenn nachweislich keine Ramsey-Eliminierbarkeit besteht.*

Wenn wir bislang von verschiedenen Anwendungen einer Theorie sprachen, so haben wir uns stillschweigend einer Übervereinfachung bedient. Wir haben nämlich so getan, als sei das mengentheoretische Prädikat $S$ stets dasselbe und als werde dieses gleichbleibende Prädikat nur auf verschiedene Entitäten angewendet. Dies trifft jedoch im allgemeinen nicht zu. Mit der Anwendung einer Theorie auf einen Bereich ist in der Regel die Einbeziehung spezieller Gesetzmäßigkeiten verknüpft, *die nur für diesen einen Bereich gelten.* In der mengentheoretischen Darstellung äußert sich dies darin, daß zwar stets von ein und demselben Grundprädikat $S$ (welches die mathematische Struktur der Theorie repräsentiert) ausgegangen wird, daß jedoch dieses Prädikat *von Anwendung zu Anwendung variierende Verschärfungen* erfährt[20]. Wenn wir diese Verschärfungen durch obere Indizes kennzeichnen, die jeweils mit der Nummer der Anwendung identisch sind, so wird z.B. in der $j$-ten Anwendung das Prädikat $S^j$ und in der $k$-ten Anwendung das Prädikat $S^k$ benützt. Wie lautet dann die *Aussageform*, aus welcher der Satz (II') gebildet worden ist (der, wie wir uns erinnern, der $i$-ten Anwendung der Theorie entsprach)? Offenbar so:

(II$^i$) $\bigvee x (x E y \wedge x$ ist ein $S^i$).

Wenn wir für diese Aussageform $\Phi^i(y)$ ein empirisches Äquivalent gefunden haben, so sagen wir: *Es hat sich herausgestellt, daß die theoretischen Terme aus der i-ten Anwendung der Theorie Ramsey-eliminierbar sind.* Im Fall unserer Miniaturtheorie würde es sich um die Ramsey-Elimination der $t$-Funktion aus der $i$-ten Anwendung handeln.

Solange wir uns auf einzelne Anwendungen beschränken, wollen wir von Ramsey-Eliminierbarkeit *im schwachen Sinn* sprechen. Es könnte sich ja erweisen, daß die theoretischen Terme für *gewisse* empirische Behauptungen

---

[20] Es empfiehlt sich für den Leser, sich bereits jetzt mit dem Gedanken anzufreunden, *spezielle Naturgesetze als Attribute zu verstehen, die durch Verschärfungen desjenigen mengentheoretischen Prädikates bezeichnet werden, welches die mathematische Struktur der Theorie charakterisiert.*

der Theorie, d.h. für *gewisse* Anwendungen, Ramsey-eliminierbar sind, für andere hingegen nicht. Sollte es hingegen möglich sein, ein *allgemeines* Verfahren anzugeben, um empirische Prädikate zu erzeugen, welche es für *jede* Anwendung der Theorie gestatten, ein empirisches Äquivalent der Theorie zu konstruieren, so sagen wir, daß eine *Ramsey-Elimination der T-theoretischen Terme im starken Sinn* vorliegt. Falls $N$ die Anzahl der Anwendungen der Theorie ist, so liegt eine Ramsey-Elimination der $T$-theoretischen Funktionen erst dann vor, wenn für jedes $i$ $(i = 1, 2, ..., N)$ ein empirisches Äquivalent zu $\Phi^i(y)$ gefunden worden ist. Die eben erörterte Differenzierung ergibt sich daraus, daß wir den verschiedenen Anwendungen einer Theorie verschiedene Ramsey-Prädikate zuordnen müssen. Eine Ramsey-Elimination im schwachen Sinn liegt genau dann vor, wenn für *mindestens eines* dieser Ramsey-Prädikate ein empirisches Äquivalent gefunden worden ist. Kann dagegen *für alle* Ramsey-Prädikate einer Theorie ein empirisches Äquivalent angegeben werden, so liegt eine Ramsey-Elimination im starken Sinn vor.

Angenommen, es lasse sich beweisen, daß die $T$-theoretischen Terme für eine bestimmte, etwa für die $k$-te Anwendung der Theorie nicht Ramsey-eliminierbar sind. Dann kann man mit Recht behaupten, *daß der ‚empirische Gehalt‘ der fraglichen Theorie T mehr enthält als was durch die ‚beobachtungsmäßigen‘ (d.h. die nicht-theoretischen) Folgerungen der Theorie ausdrückbar ist.* Diese Behauptung würde sich dann nämlich auf die Erkenntnis stützen, daß die theoretischen Terme in dem Sinn *eine wirkliche, unverzichtbare Leistung* erbringen, *daß mit ihrer Hilfe mögliche beobachtbare Sachverhalte* — d.h. wieder: Sachverhalte, die mittels $T$-nicht-theoretischer Terme allein beschrieben werden können — *ausgeschlossen werden, die nicht mit Hilfe von Bedingungen auszuschließen sind, welche sich in der ‚Sprache des Beobachtungsvokabulars‘* (= in der Sprache der $T$-nicht-theoretischen Terme) *allein formulieren lassen.*

Daraus darf nicht etwa geschlossen werden, daß theoretische Terme im Fall ihrer Ramsey-Eliminierbarkeit *überhaupt keine Leistung vollbringen.* Auch wenn ihrer Ramsey-Elimination nichts im Wege steht, können sie erheblich zur Vereinfachung der Theorie beitragen. Die wichtige Erkenntnis liegt in der Feststellung, daß die theoretischen Terme im Fall des Nichtbestehens einer Ramsey-Eliminierbarkeit *nicht nur zur Ökonomie der empirischen Anwendung einer Theorie beitragen.* (Eine genauere Aussage über die ‚Natur ökonomischer Leistungen‘, die auch im Fall der Ramsey-Elimination besteht, erfolgt an späterer Stelle.)

SNEED gibt auf S. 52ff. von [Mathematical Physics] eine Skizze davon, wie Untersuchungen über das Bestehen einer Ramsey-Eliminierbarkeit für deduktive Theorien durchzuführen sind, die in Sprachen der ersten Stufe mit Identität formalisiert sind. Es wird dort das Beispiel einer Theorie $T$ mit einem einzigen, einen $T$-theoretischen Term $\tau$ enthaltenden außerlogischen Axiom angeführt, so daß $\tau$ nicht Ramsey-eliminierbar ist, sofern der Individuenbereich unendlich ist.

Für endliche Bereiche läßt sich dagegen die Ramsey-Eliminierbarkeit stets beweisen, wie aus einem Theorem von CRAIG und VAUGHT folgt[21].

Nennen wir für den Augenblick den Satz, der bei Bestehen einer Ramsey-Eliminierbarkeit mittels eines empirischen Äquivalentes zum Satz (II) gebildet wurde, *eine Ramsey-Reduktion* der (*i*-ten) Anwendung der Theorie. Dann lautet ein anderes Resultat von SNEED, *daß die Craigsche Bildtheorie* (im Sinn von Kap. VI, 1. Halbbd., S. 384) *einer Originaltheorie nicht als Ramsey-Reduktion dieser Theorie dienen kann;* denn die Ramsey-Eliminierbarkeit ist etwas Stärkeres als die Craig-Eliminierbarkeit. (Vgl. SNEED a.a.O. S. 56 und 57. Wir haben soeben auf die frühere Terminologie zurückgegriffen. Statt „Theorie" müßte es jetzt streng genommen immer heißen: „Anwendung einer Theorie".)

Eine letzte Frage betrifft *das Verhältnis von Ramsey-Eliminierbarkeit und expliziter Definierbarkeit.* Vom intuitiven Standpunkt aus würde man erwarten, daß die erstere die letztere impliziert; denn eine Ramsey-Elimination mit Erfolg durchführen, heißt ja nichts anderes als ,*den theoretischen Überbau auf das empirische Fundament reduzieren*', welches gänzlich in *T*-nicht-theoretischen Termen beschreibbar ist. Trotzdem ist die Antwort negativ. Dieser Umstand hängt, in der Sprache unserer Miniaturtheorie formuliert, mit dem Problem zusammen, inwieweit die *t*-Funktionen durch die *n*-Funktionen *eindeutig bestimmt* sind. Nur dann, wenn in *jeder* Anwendung eine solche *eindeutige* Bestimmung vorliegt, darf man annehmen, daß die *t*-Funktion mittels der *n*-Funktion *explizit definierbar* ist. In allen anderen Fällen ist ein solcher Schluß nicht zulässig. Insbesondere ist eine explizite Definierbarkeit sicherlich nicht gegeben, wenn bloß eine Ramsey-Eliminierbarkeit im schwachen Sinn vorliegt. Aber nicht einmal im Fall einer Ramsey-Eliminierbarkeit im starken Sinn darf auf Definierbarkeit geschlossen werden, da die Eindeutigkeitsforderung nicht erfüllt zu sein braucht.

Die explizite empirische Definierbarkeit *T*-theoretischer Terme ist also mit Ramsey-Eliminierbarkeit *nicht* gleichwertig. Dies ist eine wichtige Erkenntnis: *Neben der expliziten Definierbarkeit theoretischer Terme liefert die Ramsey-Elimination eine in der Regel davon verschiedene genuine Reduktionsmöglichkeit des theoretischen Überbaus auf das empirische (nicht-theoretische) Fundament einer Theorie.*

SNEED bringt a.a.O. auf S. 59 f. sowie in Kap. VI ein interessantes historisches Beispiel zu diesem Thema, das im ersten Halbband bereits erwähnt wurde (vgl. Kap. II, S. 135 ff.). In der gegenwärtigen Terminologie könnte man sagen, daß MACH in fehlerhafter Weise *von der schwachen Ramsey-Eliminierbarkeit der Massenfunktion* — nämlich in einem 2-Elemente-Bereich — *auf die explizite Definierbarkeit der Massenfunktion mittels der Ortsfunktion geschlossen hat.*

# 5. Eine dreifache Verbesserung der Ramsey-Methode

## 5.a Die Grenzen der Ramsey-Darstellung.
Läßt sich das Ramsey-Substitut der empirischen Anwendung einer Theorie für Voraussagen ver-

---

[21] Vgl. CRAIG u. VAUGHT, [Finite Axiomatizability].

wenden? Die Antwort lautet: „teils ja, teils nein". Zur Verdeutlichung greifen wir wieder auf unsere Miniaturtheorie zurück. Dafür hatten wir die Aussage

(II$^m$)   $\bigvee x(x\,Eb \wedge x \in \hat{V})$,

wobei wir uns daran erinnern, daß darin die Teilaussage „$b \in \hat{V}_{pp}$" bereits implizit enthalten ist. $b$ ist das partielle potentielle Modell $\langle D_1, n_1 \rangle$. Wir setzen voraus, daß (II$^m$) empirisch hinlänglich gestützt ist, so daß wir ‚gute Gründe' zu haben glauben, daß (II$^m$) wahr ist.

SNEED führt zwei Arten von Prognosen an, die man unter diesen Umständen machen kann:

(a) Wenn alle bisher bekannten Elemente von $D_1$ $n_1$-Werte haben, die eine Ergänzung von $\langle D_1, n_1 \rangle$ zu einem Modell von $V$ ausschließen, so kann man *voraussagen*, daß es noch unentdeckte Elemente von $D_1$ gibt.

(b) Wenn man gute Gründe für die Annahme hat, daß $r$ die Anzahl der Elemente von $D_1$ ist, und wenn außerdem $l$ $n_1$-Werte bekannt sind, so kann man gewisse *Voraussagen* über die $n_1$-Werte der restlichen $r - l$ Elemente von $D_1$ machen.

Beide Feststellungen folgen aus dem Satz 1 auf S. 54. Je nach der Wissenssituation bezüglich der Anzahl der für $D_1$ angenommenen Objekte ist der Fall (a) oder der Fall (b) z.B. dann gegeben, wenn bisher $k$ Objekte aus $D_1$ beobachtet wurden und sich für alle nur positive $n_1$-Werte oder nur negative $n_1$-Werte ergeben haben.

Ein historisches Beispiel für den Falltyp (a) bildet die Voraussage der Existenz des Planeten Neptun aufgrund von zweierlei hypothetischem Wissen: erstens einer Kenntnis der Wege aller Planeten, die vor 1846 entdeckt waren, zweitens der Annahme, daß eine Aussage von der Art (II) für eine bestimmte Form der Newtonschen Mechanik richtig sei[22]. $D_1$ ist hier die Klasse der Objekte, die zum Sonnensystem gehören. Es hatte sich nämlich als unmöglich erwiesen, die bis 1846 bekannten Planeten und ihre Bahnen zu einem Modell der erwähnten Form der Newtonschen Mechanik zu ergänzen.

Praktische Beispiele vom Typ (b) bilden alle diejenigen Anwendungen der klassischen Mechanik, in denen aus einer Kenntnis der Ausgangslage von Partikeln auf deren spätere Positionen geschlossen wird. Die Ausgangspositionen der Partikel entsprechen in diesem Beispiel den $l$ bekannten Elementen $D_1$, während die späteren Positionen den $r - l$ *unbekannten* $n_1$-Werten entsprechen.

Die angeführten Beispiele prognostischer Verwertungsmöglichkeiten der Ramsey-Darstellung sind allerdings dürftig. Dies ist kein Zufall. Man kann sich leicht klarmachen, daß die meisten *nicht trivialen* Verwendungen

---

[22] Für Details siehe Abschnitt 6; vgl. auch IX,5.b.

gewonnener Meßwerte theoretischer Funktionen *nicht* mit Hilfe von Aussagen der Gestalt (II) erfolgen können. Solche nicht trivialen Verwendungen treten in drei Kontexten auf: bei der Benützung von Hypothesen für *Erklärungen,* bei ihrer Benützung für *Voraussagen* sowie bei der *Prüfung* von Hypothesen.

An dieser Stelle genügt es, auf eine Gemeinsamkeit aller dieser Kontexte hinzuweisen, die wir im Auge haben und welche mit der Darstellung (II) nicht in Einklang zu bringen ist: In allen nicht trivialen Fällen dieser Art sind *in bestimmten Anwendungen* gemessene Werte $T$-theoretischer Funktionen *für andere Anwendungen* eben derselben Theorie von Relevanz. Im Fall der klassischen Partikelmechanik sind dies die gemessenen Werte von Massen und Kräften. Man beachte, daß ein Übergang von einer bestimmten zu einer anderen Anwendung bereits dann vorliegt, wenn die mittels einer Meßvorrichtung gewonnenen Werte *außerhalb eben dieses Meßapparates* benützt werden, also wenn z. B. das durch eine Waage bestimmte Massenverhältnis zweier Körper dazu benützt wird, um eine Voraussage darüber zu machen, wie sie sich als Glieder eines kombinierten Pendelsystems verhalten werden. Wir wollen hier vom *Problem des Überganges von einer Anwendung der Theorie zu einer anderen Anwendung* sprechen.

Es dürfte klar sein, *daß dieses Problem des Überganges von einer Anwendung zu einer anderen im bisherigen begrifflichen Rahmen nicht gelöst werden kann.* Angenommen, eine Aussage von der Gestalt (II) sei in der am Ende von 4.b geschilderten Weise dazu benützt worden, um aus ‚beobachteten‘ $n_i$-Werten $t_i$-Werte zu berechnen. Keines dieser Meßergebnisse gibt uns irgendeinen Aufschluß darüber, welche Werte die nicht-theoretischen oder die theoretischen Funktionen $n_k$ und $t_k$ in einer von der $i$-ten Anwendung verschiedenen $k$-ten Anwendung besitzen. Dies gilt sogar für den Fall, daß sich die Bereiche $D_i$ und $D_k$ überschneiden sollten. Denn weder für die beiden konkreten nicht-theoretischen Funktionen $n_i$ und $n_k$ noch für die beiden konkreten theoretischen Funktionen $t_i$ und $t_k$ braucht der Funktionswert für ein und dasselbe Argument $x \in D_i \cap D_k$ derselbe zu sein, d. h. es kann gelten: $n_i(x) \neq n_k(x)$ sowie $t_i(x) \neq t_k(x)$. Selbst wenn wir also Gründe haben, Annahmen von der Art (II) als richtig anzusehen, so können sie doch bestenfalls als eine nur sehr beschränkte und partielle Wiedergabe des empirischen Gehaltes von Theorien angesehen werden. Denn alle wichtigen und interessanten Verwendungen wissenschaftlicher Erkenntnisse werden bei diesem Vorgehen blockiert: *die Übertragung von Meßwerten,* die in bestimmten Situationen gewonnen wurden, *auf andere Situationen,* sei es dazu, um etwas zu erklären oder vorauszusagen, sei es dazu, um die Hypothese zu testen, ‚daß die Theorie auch in diesen anderen Situationen gilt‘.

**5.b Erste Verallgemeinerung der Ramsey-Darstellung: Einführung mehrerer ‚intendierter Anwendungen‘ einer Theorie.** Der erste naheliegende Vorschlag, die erwähnten Schwierigkeiten zu vermeiden, besteht darin, den Gedanken an verschiedene Anwendungen einer und derselben Theorie fallenzulassen und stattdessen einen einzigen ‚universellen Anwendungsbereich‘ für die Theorie anzunehmen. Eine derartige Annahme dürfte die bisherigen wissenschaftstheoretischen Analysen des Theorienbegriffs weitgehend beherrscht haben. Vor allem hinsichtlich der klassischen Partikelmechanik ist ein solcher Gedanke sehr verführerisch, scheint diese doch ‚auf alles‘ anwendbar zu sein. Die dabei vorherrschende intuitive Vorstellung dürfte etwa folgendermaßen wiederzugeben sein: „Wenn die Wege aller materiellen Körper im Universum für alle Zeiten gegeben sind, so gibt es Massen- und Kraftfunktionen, deren Hinzufügung zu den durch jene Wege festgelegten Ortsfunktionen ein Modell einer adäquaten Axiomatisierung der klassischen Partikelmechanik erzeugt, sofern diese durch geeignete Kraftgesetze ergänzt wird. Also gibt es nur einen einzigen Anwendungsbereich dieser Theorie, nämlich den Kosmos in seiner ganzen raum-zeitlichen Erstreckung".

Gegen diesen ‚kosmischen Aspekt der Theorienanwendung‘ sprechen verschiedene Gründe. Der wichtigste Einwand dürfte der sein, daß wir überhaupt keine Vorstellung davon haben, wie man einen derartigen Gedanken präzisieren sollte. Ein radikales Abweichen von dem, was die Physiker wirklich tun, wäre unausweichlich und damit auch die Gefahr des Abgleitens in eine wirklichkeitsfremde metascience of science fiction. Selbst wenn jedoch dieses Programm im Prinzip realisierbar wäre, würde man vermutlich auf kaum überwindbare Schwierigkeiten stoßen, wenn man die Theorie für relativ elementare Erklärungs- und Voraussagezwecke verwenden wollte, wie für die Erklärung der Planetenbahnen oder, um etwas noch viel Banaleres zu nehmen: für die Voraussage des Verhaltens zweier elastischer Kugeln, die auf einer ebenen Tischplatte zusammenstoßen. Schließlich dürfte es auf dieser Grundlage nicht möglich sein, die Eigentümlichkeit theoretischer Funktionen verständlich zu machen, nämlich daß die Bestimmung ihrer Werte mit Hilfe von empirischen Gesetzen gerechtfertigt wird. Die Klärung dieses Punktes dürfte auch bei Verwendung einer ‚universellen‘ Behauptung von der Gestalt (II) nicht möglich sein, da für eine solche Klärung der Gedanke des Überganges von einer Anwendung der Theorie zu einer anderen einen unverzichtbaren Bestandteil der Analyse bildet.

Bedenken dieser Art sind geeignet, den radikalen Vorschlag zu provozieren, die Ramsey-Methode vollkommen fallenzulassen und sich nach etwas gänzlich Neuem umzusehen. Doch dies würde bedeuten, das Kind mit dem Bade auszuschütten. Die Vorteile dieser Methode, die bisher nur teilweise zur Sprache kamen, sind zu groß, als daß man einen solchen Beschluß gutheißen könnte, zumal bisher keine andere Methode bekannt zu sein scheint, um mit dem Problem der theoretischen Terme fertigzuwerden.

Es liegt daher nahe, SNEED zu folgen und statt einer Preisgabe der Ramsey-Methode einige allerdings *sehr wesentliche Modifikationen* an dieser Methode vorzunehmen. Das Ergebnis der bisherigen Überlegungen können wir mit SNEED folgendermaßen festhalten: *Die unmodifizierte Ramsey-Methode löst nur eine Hälfte des Problems.* Sie zeigt, wie ,uninterpretierte' theoretische Terme für empirische Behauptungen einer Theorie verwendet werden können (und zwar bei Nichtbestehen einer Ramsey-Elimination nicht nur für eine Verbesserung der ,Ökonomie', sondern sogar auf solche Weise verwendet werden können, daß mögliche ,beobachtbare Sachverhalte' ausgeschlossen werden, die sich sonst unter alleiniger Benützung nicht-theoretischer Begriffe nachweislich *nicht* ausschließen lassen). *Dagegen versagt diese Methode bei der Bewältigung der Aufgabe, die Rolle theoretischer Terme in allen Sätzen aufzuzeigen, die Erklärungen, Voraussagen und Hypothesenprüfungen dienen.*

Das Sneedsche Vorgehen dürfte an Verständlichkeit und Durchsichtigkeit gewinnen, wenn man in ihm drei verschiedene Komponenten — man könnte auch sagen: drei verschiedene Verbesserungsvorschläge an der Ramsey-Methode — unterscheidet und diese getrennt behandelt. Die erste Modifikation besteht darin, daß mit dem Gedanken *verschiedener Anwendungen einer und derselben Theorie* Ernst gemacht und eine präzisierte Form dieses Gedankens in die Ramsey-Methode eingebaut wird.

Alle bisherigen Bemerkungen, in denen von verschiedenen Anwendungen einer Theorie gesprochen worden ist, waren durch eine intuitive Vagheit gekennzeichnet, die jetzt zu beheben ist. Der Grundgedanke ist folgender: Statt von *einem* Individuenbereich auszugehen, beginnen wir mit einer *Menge von* solchen Bereichen; analog werden die theoretischen wie die nicht-theoretischen Funktionen durch *Mengen von* solchen ersetzt; Ähnliches gilt auch für die partiellen potentiellen Modelle, die potentiellen Modelle und die Modelle. Der *erweiterte Ramsey-Satz* (III$_a$) wird dann zum Unterschied vom ,einfachen' Ramsey-Satz (II) inhaltlich nicht bloß besagen, daß ein bestimmtes partielles potentielles Modell zu einem Modell der Theorie ergänzt werden kann, sondern vielmehr, *daß für die Elemente einer Menge von partiellen potentiellen Modellen eine Menge von Ergänzungen existiert, deren jede ein Modell der Theorie ist.* Kurz also: Eine vorgegebene Menge von partiellen potentiellen Modellen ist ergänzungsfähig zu einer Menge von Modellen. Zur besseren Unterscheidung sollen für Mengen von Entitäten Frakturbuchstaben verwendet werden und zwar jeweils dieselben Buchstaben, die als lateinische Buchstaben zur Bezeichnung der Entitäten selbst, also der Elemente dieser Mengen, benützt werden. Den ,fiktiven' pragmatischen Ausgangspunkt bilde eine beliebige physikalische Theorie mit ihren Anwendungen. Aus Einfachheitsgründen werden die folgenden Begriffe wieder nur für unsere Miniaturtheorie eingeführt. Das allgemeine Verfahren kann daraus unmittelbar entnommen werden.

Der Individuenbereich der $i$-ten Anwendung der Theorie sei $D_i$. Die Menge der Individuenbereiche aller Anwendungen sei

$$\mathfrak{D} = \{D_1, D_2, \ldots, D_i, \ldots\}.$$

Diese Klasse kann endlich *oder unendlich* sein. Es wird *nicht* vorausgesetzt, daß die Mengen $D_i$ disjunkt sind. Beispiele dreier nicht disjunkter Mengen, die zu verschiedenen Anwendungen der klassischen Partikelmechanik gehören, sind: das Planetensystem, das System Jupiter plus Jupitermonde, das Erde-Mond-System. Nur die zweite und dritte dieser Mengen sind zueinander disjunkt; die erste und die zweite Menge enthalten als gemeinsames Element den Planeten Jupiter; die erste und dritte Menge enthalten als gemeinsames Element den Planeten Erde.

Für spätere Anwendungen sei auch noch die Vereinigung

$$\Delta = \mathsf{U} D_i, \quad D_i \in \mathfrak{D}$$

eingeführt. Es kann, braucht jedoch nicht zu gelten: $\Delta \in \mathfrak{D}$; d. h. die *Möglichkeit* eines ,universellen' Anwendungsbereiches soll nicht von vornherein ausgeschlossen werden.

Die *Indexmenge* von $\mathfrak{D}$ (die Menge der unteren Indizes von Elementen aus $\mathfrak{D}$) werde $Ix(\mathfrak{D})$ genannt. Für jedes $i \in Ix(\mathfrak{D})$ sei $t_i$ eine Funktion von $D_i$ in $\mathbb{R}$. Dann sei

$$\mathsf{t} = \{t_1, t_2, \ldots, t_i, \ldots\}.$$

Auch hier empfiehlt es sich, bereits jetzt die Vereinigung einzuführen:

$$\tau = \mathsf{U} t_i, \quad t_i \in \mathsf{t}.$$

Der Argumentbereich von $\tau$ ist $\Delta$. Es möge jedoch beachtet werden, *daß $\tau$ keine Funktion zu sein braucht.* Eine analoge Festsetzung gilt für die nicht-theoretischen Funktionen

$$\mathfrak{n} = \{n_1, n_2, \ldots, n_i, \ldots\}.$$

Schließlich werden wir noch die Klasse

$$\{\langle D_1, n_1 \rangle, \langle D_2, n_2 \rangle, \ldots, \langle D_i, n_i \rangle, \ldots\}$$

benötigen. Die Elemente dieser Klasse mögen *die intendierten Anwendungen der Theorie* genannt werden.

In Analogie zu **D4** führen wir jetzt einen *verallgemeinerten* Ergänzungsbegriff durch die folgende Definition ein:

**D5** $\mathfrak{x}\mathfrak{E}\mathfrak{y}$ (,,$\mathfrak{x}$ *ist eine Ergänzungsmenge von* $\mathfrak{y}$") gdw es ein $\mathfrak{D} = \{D_1, D_2, \ldots, D_i, \ldots\}$ und ein $\mathfrak{n} = \{n_1, n_2, \ldots, n_i, \ldots\}$ gibt, so daß gilt:

(1) $\mathfrak{y} = \{\langle D_1, n_1 \rangle, \langle D_2, n_2 \rangle, \ldots, \langle D_i, n_i \rangle, \ldots\}$;

(2) für alle $y \in \mathfrak{y}$ ist $y \in \hat{V}_{pp}$[23];

---

[23] Statt (2) könnten wir auch schreiben $\mathfrak{y} \subseteq \hat{V}_{pp}$.

(3) es gibt eine Klasse $t = \{t_1, t_2, ..., t_i, ...\}$, so daß für alle
$i \in I\varkappa(t)$ $t_i$ eine Funktion von $D_i$ in $\mathbb{R}$ ist;

(4) $\varkappa = \{\langle D_1, n_1, t_1 \rangle, \langle D_2, n_2, t_2 \rangle, ..., \langle D_i, n_i, t_i \rangle, ...\}$.

Inhaltlich besagt diese Definition: $\varkappa$ ist eine Menge von Ergänzungen der Menge $\mathfrak{y}$ von partiellen potentiellen Modellen von $V$ (so daß also $\mathfrak{y}$ eine Menge von potentiellen Modellen dieses Prädikates bildet).

Größerer Übersichtlichkeit halber halten wir die folgende Relation in der (an sich überflüssigen) Definition fest:

**D6** $\varkappa \subseteq \hat{V}$ gdw es drei Klassen $\mathfrak{D}$, $\mathfrak{n}$, $t$ mit

$\mathfrak{D} = \{D_1, D_2, ..., D_i, ...\}$,

$t = \{t_1, t_2, ..., t_i, ...\}$ und

$\mathfrak{n} = \{n_1, n_2, ..., n_i, ...\}$

gibt, so daß gilt:

(a) $\varkappa = \{\langle D_1, n_1, t_1 \rangle, \langle D_2, n_2, t_2 \rangle, ..., \langle D_i, n_i, t_i \rangle, ...\}$.

(b) für alle $x \in \varkappa$ ist $x$ ein $V$ (d.h. $x \in \hat{V}$).

Für den allgemeinen Fall ist $V$ durch $S$, $\hat{V}$ durch $\hat{S}$, $V_{pp}$ durch $S_{pp}$ zu ersetzen usw.

Die erste Variante des *verallgemeinerten Ramsey-Satzes* lautet:

$(\text{III}_a^m)$ $\bigvee \varkappa(\varkappa \mathfrak{E} \mathfrak{b} \wedge \varkappa \subseteq \hat{V})$

bzw. in der allgemeinen Fassung:

$(\text{III}_a)$ $\bigvee \varkappa(\varkappa \mathfrak{E} \mathfrak{a} \wedge \varkappa \subseteq \hat{S})$.

$(\text{III}_a)$ drückt die folgende Behauptung aus: „Zu der Menge $\mathfrak{a}$ (in der Miniaturtheorie: zu der Menge $\mathfrak{b}$) von partiellen potentiellen Modellen derjenigen Theorie, deren mathematische Struktur durch das mengentheoretische Prädikat $S(V)$ beschrieben wird, existiert eine Menge von Ergänzungen aller zu $\mathfrak{a}$ ($\mathfrak{b}$) gehörenden partiellen potentiellen Modelle, so daß jede einzelne dieser Ergänzungen ein Modell von $S(V)$ ist".

**5.c Zweite Verallgemeinerung der Ramsey-Darstellung: Nebenbedingungen als ‚einschränkende Querverbindungen' zwischen den intendierten Anwendungen der Theorie.** Würden wir bei der Darstellung $(\text{III}_a)$ stehenbleiben, so wäre diese Modifikation der Ramsey-Darstellung sofort einem grundlegenden Einwand ausgesetzt, nämlich: Es ist überhaupt nicht einzusehen, warum $(\text{III}_a)$ als Anwendung *einer* Theorie bezeichnet werden soll. Wenn z.B. die Anzahl der Anwendungen endlich und zwar gleich $N$ ist, so beinhaltet $(\text{III}_a)$ nichts anderes als *eine symbolische Zusammenfassung der Anwendungen von $N$ verschiedenen Theorien*, von denen allerdings zusätzlich ausgesagt werden kann, daß sie in bezug auf die mathematische Struktur isomorph sind. Die durch $(\text{III}_a)$ bewerkstelligte Verallgemeinerung ist nach diesem Einwand *eine bloße Pseudo-Verallgemeinerung,* die in nichts weiter besteht als in einer symbolischen Abkürzung.

Dieser Einwand ist an sich berechtigt. Er wird erst hinfällig, nachdem die beiden noch zu erörternden Modifikationen der Ramsey-Darstellung angeführt worden sind.

Eine zweite Modifikation der Ramsey-Darstellung besteht darin, *daß zwischen den verschiedenen intendierten Anwendungen* (= partiellen potentiellen Modellen[24]) *bestimmte Arten von Verknüpfungen hergestellt werden,* die von vornherein die Klasse der zu Modellen ergänzungsfähigen partiellen potentiellen Modelle der Theorie erheblich reduziert. Diese Verknüpfungen mögen *einschränkende Bedingungen* oder *Nebenbedingungen (Constraints)* genannt werden. Wir erläutern diesen Begriff zunächst an zwei wichtigen Beispielen. Eine besonders einfache Nebenbedingung besteht in der folgenden Forderung:

(*a*) $\tau = \mathsf{U} t$ *ist eine Funktion von* $\Delta$ *in* $\mathbb{R}$.

Die Bedeutung dieser Bedingung wird klar, wenn man sie mit unserer früheren Feststellung konfrontiert, daß die ursprüngliche Ramsey-Darstellung *nicht* $t_i(x) = t_k(x)$ impliziert, wenn $x$ zum Durchschnitt $D_i \cap D_k$ der Bereiche der $i$-ten und der $k$-ten Anwendung gehört. Eine solche Möglichkeit wird jetzt ausgeschlossen: die Forderung (*a*) läuft darauf hinaus, *daß ein und dasselbe Individuum, sofern es in verschiedenen Anwendungen der Theorie vorkommt, denselben Wert ,derselben' theoretischen Funktion erhält.* (Erst durch diese Zusatzbestimmung ist man berechtigt, von *derselben* theoretischen Funktion zu sprechen; denn es wird verlangt, daß die verschiedenen *konkreten Funktionen,* die aus ein und derselben abstrakten Funktion hervorgehen, für dasselbe Individuum denselben Wert liefern müssen.) Wenn man als theoretische Funktion die Massenfunktion der klassischen Partikelmechanik wählt, so würde dies in bezug auf das obige Beispiel besagen: In der ersten und dritten Anwendung der klassischen Partikelmechanik wird dem Planeten Erde und in der ersten und zweiten Anwendung dem Planeten Jupiter dieselbe Masse zugeordnet. Ist die Bedingung (*a*) erfüllt, so drückt man dies gelegentlich in der Weise aus, daß man sagt, die fragliche Funktion charakterisiere eine *innere Eigenschaft* ("intrinsic property") (oder: *konstante Eigenschaft, konservative Größe*) der Individuen. Daß Nebenbedingungen *theoretische* Funktionen betreffen, ist zwar der wichtigste und interessanteste Fall, es ist aber selbstverständlich nicht notwendig: auch die

---

[24] SNEED bemerkt in [Mathematical Physics] auf S. 66 unten, daß er die einzelnen Individuenbereiche $D_1, D_2, \ldots$ als *intendierte Anwendungen der Theorie* bezeichnen werde. Dies ist ein irreführender Hinweis, da er tatsächlich den Ausdruck „intendierte Anwendungen" später *niemals* in diesem Sinn verwendet. Vielmehr versteht er darunter stets „Individuenbereiche *plus nicht-theoretische Funktionen*"; vgl. insbesondere S. 180 ff. seines Werkes.

nicht-theoretischen Funktionen können durch Nebenbedingungen einge-schränkt werden.

Weitere Arten von Nebenbedingungen erhält man, *wenn man die Werte der Funktion τ Einschränkungen unterwirft.* Eine der wichtigsten derartigen Einschränkungen, die sich überdies am Beispiel der Massenfunktion gut veranschaulichen läßt, ist *die Forderung, daß durch die theoretische Funktion eine extensive Größe festgelegt wird.* Wesentlich ist dabei, daß man nicht an die einzelnen *konkreten* theoretischen Funktionen anknüpft, sondern an deren *Vereinigung* τ, für welche überdies bereits die obige Forderung (*a*) gelten muß, also die Forderung, daß es sich um eine Funktion handelt.

Gegeben sei eine auf $\Delta$, also auf der Vereinigung aller $D_i \in \mathfrak{D}$, definierte Kombinationsoperation $\circ$ (im Sinn von Kap. I, 4.b). Für zwei beliebige Elemente $x, y \in \Delta$ (die *nicht* zu derselben Anwendung $D_i$ zu gehören brau-chen!) soll gelten:

(*b*) $\tau(x \circ y) = \tau(x) + \tau(y)$.

Mit Hilfe dieser beiden Nebenbedingungen kann der verallgemeinerte Ramsey-Satz (**III**$_a$) auf solche Weise verbessert werden, daß er in inhalt-licher Deutung etwa folgendes besagt: „Gegeben sei eine Menge von Ge-genstandsbereichen und von nicht-theoretischen Funktionen auf jedem dieser Bereiche, zusammenfassend dargestellt als eine Menge $\mathfrak{a}$ von partiel-len potentiellen Modellen einer Theorie $T$, deren mathematische Struktur durch das Prädikat $S$ beschrieben wird. Dann gibt es eine Klasse $\mathfrak{t}$ von theoretischen Funktionen auf den Gegenstandsbereichen dieser partiellen potentiellen Modelle, deren Vereinigung τ eine *innere Eigenschaft* der Indi-viduen dieser Bereiche charakterisiert (d.h. die eine Funktion auf der Ver-einigung $\Delta$ von $\mathfrak{D}$ ist) und die außerdem *extensiv* bezüglich $\circ$ ist (d.h. welche außerdem die Bedingung (*b*) erfüllt), so daß die Elemente $t_i \in \mathfrak{t}$ die Tripel $\langle D_i, n_i, t_i \rangle$ zu Modellen von $S$ machen".

Der Funktionalcharakter von τ sowie die Extensivität von τ waren bloße Beispiele von Nebenbedingungen. Bevor wir die *verbesserte Form des verallgemeinerten Ramsey-Satzes* explizit formulieren, sei der *allgemeine* Begriff der Nebenbedingung definiert. Genau genommen handelt es sich um ein Definitions*schema*, in welchem je nach Bedarf die Variable $R$ durch eine feste Nebenbedingung ersetzt werden kann. Man beachte, daß die Reihen-folge der Indizierung wesentlich ist, so daß wir in dieser Definition $\mathfrak{D}$ und $\mathfrak{t}$ zum Unterschied von der obigen inhaltlichen Erläuterung statt als Klassen *als Folgen* konstruieren müssen. Dadurch ist gewährleistet, daß jedem $D_i$ ein ganz bestimmtes $t_i$ zugeordnet wird[25].

---

[25] Ohne diese Festsetzung wäre man genötigt, eine Funktion ‚höherer Ord-nung' einzuführen, welche jedem Element $D$ aus $\mathfrak{D}$ eine Funktion von $D$ in $\mathbb{R}$ zu-ordnet. Dies würde die Darstellung unnötig komplizieren. Für jedes $k \in Ix(\mathfrak{D}) \cap Ix(\mathfrak{t})$ sagen wir, daß die Funktion $t_k$ dem Bereich $D_k$ *zugeordnet* ist.

**D7** Es seien die folgenden Bedingungen erfüllt:

(a) $\mathfrak{D}$ ist eine Folge $\langle D_1, D_2, \ldots, D_i, \ldots \rangle$[26];

(b) $\Delta = U\mathfrak{D}$;

(c) t ist eine Folge $\langle t_1, t_2, \ldots, t_i, \ldots \rangle$, so daß jedes Glied $t_k \in$ t eine Funktion von $D_k$ in $\mathbb{R}$ ist;

(d) $Ix(\mathfrak{D}) = Ix(t)$ und für jedes $k$ aus dieser Indexmenge sei das Glied $t_k$ dem Glied $D_k$ von $\mathfrak{D}$ zugeordnet.

Dann soll gesagt werden, daß t *durch die Nebenbedingung* $\langle R, \varrho \rangle$ *eingeschränkt* wird gdw

(1) $R$ ist eine $n$-stellige Relation auf $\Delta$;

(2) $\varrho$ ist eine $n$-stellige Relation auf $\mathbb{R}$;

(3) für alle $x_1, \ldots, x_n \in \Delta$ und alle $D_{i1}, \ldots, D_{in} \in \mathfrak{D}$, so daß $x_j \in D_{ij} (1 \leq j \leq n)$ gelte: wenn $R(x_1, \ldots, x_n)$, dann $\varrho(t_{i1}(x_1), \ldots, t_{in}(x_n))$[27].

Die Definition sei am Beispiel der beiden erwähnten Nebenbedingungen erläutert. Die Gleichheit zwischen Individuen in $\Delta$ werde durch „$\approx$" symbolisiert, damit keine Verwechslung mit der Zahlengleichheit entsteht, die durch „$=$" symbolisiert wird. Die Nebenbedingung, welche garantiert, daß $\tau =$ Ut eine Funktion auf $\Delta$ ist, wäre in der Sprechweise dieser Definition so auszudrücken: „t *wird durch die Nebenbedingung* $\langle \approx, = \rangle$ *eingeschränkt*". (Denn aus $\tau(x) = y_1$ und $\tau(x) = y_2$ folgt: $y_1 = y_2$.) Im Fall der Masse würde dies besagen: Wenn ein und dasselbe Individuum in Bereichen verschiedener Anwendung vorkommt, so müssen die beiden diesen Bereichen zugeordneten konkreten Massenfunktionen denselben reellen Zahlenwert liefern; kurz: Gleiche Objekte haben stets dieselbe Masse, unabhängig von der Anwendung, in der sie vorkommen.

Die Forderung, daß $\tau$ bezüglich o extensiv ist, wird garantiert durch: „t *wird durch die Nebenbedingung* $\langle R_1, \varrho_1 \rangle$ *eingeschränkt*", wobei $R_1$ eine dreistellige Relation auf $\Delta$ ist, welche für alle Tripel $x, y, z \in \Delta$ der Bedingung genügt, daß $R_1(x, y, z)$ gdw $x \circ y \approx z$ und $\varrho_1$ eine dreistellige Relation auf $\mathbb{R}$ ist, welche die Bedingung erfüllt: $\varrho_1(u, v, w)$ gdw $u + v = w$".

Wie diese Beispiele zeigen, werden in der Regel den theoretischen Funktionen *mehrere* Nebenbedingungen auferlegt. Um den Symbolismus nicht zu stark anschwellen zu lassen, sollen die Wendungen „$\langle R, \varrho \rangle$ ist eine Nebenbedingung für t" sowie „t erfüllt die Nebenbedingung $\langle R, \varrho \rangle$" als miteinander äquivalente ,stenographische Abkürzungen' einer Aussage von

---

[26] $D_i \in \mathfrak{D}$ sei im folgenden eine Abkürzung für die Aussage, daß $D_i$ ein Element derjenigen Klasse ist, welche genau die Glieder von $\mathfrak{D}$ als Elemente enthält; eine analoge Festsetzung gelte für die Schreibweise $t_i \in$ t.

[27] Man beachte, daß für jedes $k$ mit $1 \leq k \leq n$ die Funktion $t_{ik}$ genau dem Bereich $D_{ik}$ zugeordnet ist.

der Art benützt werden, daß $t$ durch mehrere Nebenbedingungen eingeschränkt wird. Dieses eine Paar fungiert also sozusagen als ‚symbolischer
Repräsentant' für sämtliche Nebenbedingungen. Eine weitere Abkürzung sei
die folgende: Es gelte $\mathfrak{x} \mathfrak{C} \mathfrak{y}$. Dann soll

$$C(\mathfrak{x}, R, \varrho)$$

dasselbe bedeuten wie: „die Menge $t$ der $t$-Funktionen, nämlich die Menge
der Drittglieder der Elemente von $\mathfrak{x}$, wird durch $\langle R, \varrho \rangle$ eingeschränkt"[28].
(In dieser letzten Wendung wurde bereits die soeben eingeführte Abkür-
zung benützt.)

Wie bereits die Bedingung $\langle \approx, = \rangle$ zeigt, beziehen sich die Nebenbedingungen streng genommen nicht auf Funktionen, sondern auf *Mengen von*
Funktionen. Im speziellen Fall $\langle \approx, = \rangle$ besagt die Bedingung z.B., daß sich
die Menge der aus einer bestimmten abstrakten Funktion durch Spezialisierungen zu gewinnenden konkreten Funktionen *zu einer einzigen konkreten
Funktion ‚zusammenfügen'* läßt, die auf der Vereinigung der Individuenbereiche definiert ist.

Als zweite, verbesserte Variante des verallgemeinerten Ramsey-Satzes
kann nun die folgende gewählt werden:

(III$_b$) $\bigvee \mathfrak{x}(\mathfrak{x} \mathfrak{C} a \wedge C(\mathfrak{x}, R, \varrho) \wedge \mathfrak{x} \subseteq \hat{S})$

Die inhaltliche Erläuterung haben wir bereits oben vorweggenommen
(für den speziellen Fall der dort angeführten Nebenbedingungen); $a$ ist
wieder eine vorgegebene Klasse von partiellen potentiellen Modellen der
Theorie, und $C(\mathfrak{x}, R, \varrho)$ ist eine Zusammenfassung der geforderten Nebenbedingungen im eben angegebenen Sinn.

Wir haben oben die dreistellige Relation $C$ durch eine bedingte Defini-
tion eingeführt. Stattdessen hätte man die *vierstellige* Relation $C(\mathfrak{x}, \mathfrak{y}, R, \varrho)$
durch eine *unbedingte Definition* einführen können, deren Definiens, um-
gangssprachlich formuliert, lautet: „$\mathfrak{x}$ ist eine Ergänzungsmenge von $\mathfrak{y}$;
und die Menge derjenigen $t$, für die es ein $D$ und ein $n$ gibt, so daß
$\langle D, n, t \rangle \in \mathfrak{x}$, wird eingeschränkt durch $\langle R, \varrho \rangle$". Unter Verwendung dieses Begriffs könnte das erste Konjunktionsglied in der obigen Aussage weg-
gelassen werden, so daß der verallgemeinerte Ramsey-Satz die folgende
Gestalt erhielte:

(III$_b$) $\bigvee \mathfrak{x}(C(\mathfrak{x}, a, R, \varrho) \wedge \mathfrak{x} \subseteq \hat{S})$

Wir werden an späteren Stellen je nach Bedarf $C$ als dreistelligen oder
als vierstelligen Relationsausdruck verwenden.

SNEED weist darauf hin, daß es fehlerhaft ist zu behaupten, wir würden
*entdecken*, daß die Massenfunktion eine extensive Größe ist. Wir *postulieren*

---

[28] Der Buchstabe „$C$" steht für das englische Äquivalent zu „Nebenbedingung", nämlich für "Constraint".

vielmehr, daß dies der Fall sei. Betrachtet man überdies das Postulat im Kontext der gegenwärtigen Rekonstruktion von Theorienanwendungen, so stellt sich der Sachverhalt noch wesentlich abstrakter dar als in den herkömmlichen Schilderungen. Was wir postulieren, ist — in etwas vereinfachter und vergröberter Sprechweise formuliert — die Existenz einer ‚inneren‘ quantitativen Eigenschaft physischer Objekte, genannt „Masse“, welche in bezug auf die Verknüpfungsoperation extensiv ist und welche es uns gestattet, die Bewegungen physikalischer Systeme zu Modellen der klassischen Partikelmechanik zu ergänzen. ‚Abstrakt‘ ist dieser Aspekt insofern, *als man sich*, wie SNEED hervorhebt, *gar kein experimentum crucis vorstellen kann, welches einen schlüssigen Beweis dafür liefern würde, daß die Masse keine extensive Größe ist.* Erst wenn man *eine große Zahl erfolgloser Versuche* unternommen haben sollte, eine die eben angegebenen Bedingungen erfüllende Massenfunktion zu finden, wird man vielleicht zu dem Schluß gelangen, daß die Annahme falsch sei, wonach eine solche Funktion existiert.

Die letzte Bemerkung ist auch von Bedeutung für den Problemkontext „Prüfung und Bestätigung“: Es stellt sich heraus, daß bei *t*-theoretischen Begriffen im Sinn von SNEED eine ähnliche Situation Platz greift wie im Fall statistischer Hypothesen[29]: es besteht keine Asymmetrie zwischen Verifizierbarkeit und Falsifizierbarkeit, *sondern eine Symmetrie bezüglich Nichtverifizierbarkeit und Nichtfalsifizierbarkeit.* Relativ auf ‚anerkannte Beobachtungsdaten‘ gibt es keine ‚definitiven Widerlegungen‘. Dieser Sachverhalt wird in IX,7 und 8 noch ausführlich zur Sprache kommen und im dortigen Zusammenhang durchsichtiger werden.

Wenn der verallgemeinerte Ramsey-Satz Nebenbedingungen enthält, also die Form (III$_b$) und nicht die Form (III$_a$) hat, *so wird der Einwand, daß der Ramsey-Satz nichts weiter darstelle als eine symbolische Zusammenfassung von N Theorien, hinfällig.* Die verschiedenen intendierten Anwendungen der Theorie stehen jetzt nicht mehr beziehungslos nebeneinander, *sondern werden durch ‚Querverbindungen‘, hergestellt durch die Nebenbedingungen, aneinandergekettet.*

In der späteren, rein modelltheoretischen Behandlung (vgl. Abschnitt 7) wird noch deutlicher werden, daß dadurch die Klasse der zu Modellen ergänzungsfähigen partiellen potentiellen Modelle — in der Regel sehr stark — verkleinert wird, und zwar auf eine Weise, *die nicht durch andere Bedingungen erzielt werden könnte, die den intendierten Anwendungsbereichen, jeden für sich genommen, auferlegt werden.*

Mittels des Begriffs der Nebenbedingung kann man ferner eine Doppeldeutigkeit des Wortes „*Naturgesetz*“ erkennen. Naturgesetzen im üblichen Wortsinn werden wir uns erst im folgenden Unterabschnitt zuwenden. *Auch dasjenige, was in Nebenbedingungen gefordert wird, könnte man ein Naturgesetz nennen.* Das Merkmal der Extensivität der Massenfunktion bildet dafür wieder ein gutes Illustrationsbeispiel. Wie bereits erwähnt, wäre es fehlerhaft zu behaupten, *man entdecke auf empirischem Wege, daß die Masse eine*

---

[29] Vgl. Bd. IV, zweiter Halbband, Teil III, 1.d.

*extensive Größe ist.* „Also", ist man geneigt zu schließen, „kann es sich nur um *ein hypothetisch angenommenes Naturgesetz* handeln". Gegen diese Sprechweise als solche ist nichts einzuwenden. Doch darf dabei nicht übersehen werden, daß dieses ,Naturgesetz' *einen vollkommen anderen logischen Status* hat als z. B. spezielle Kraftgesetze. Während Gesetze dieser letzteren Art dadurch ausgezeichnet sind, daß sie *in bestimmten intendierten Anwendungen* der Theorie *gelten und in anderen nicht gelten,* also ,spezifische Eigentümlichkeiten' bestimmter partieller potentieller Modelle beschreiben, ist das erstgenannte ,Naturgesetz' gerade *nichts für irgendeine intendierte Anwendung Eigentümliches,* sondern kennzeichnet *eine bestimmte Art der Beziehung zwischen allen intendierten Anwendungen.* Darum muß es mittels des Begriffs der *Nebenbedingung* charakterisiert werden. Naturgesetze im Sinne spezieller Kraftgesetze (z. B. das Gravitationsgesetz, das Hookesche Gesetz usw.) können demgegenüber bei der hier gewählten Art von formaler Darstellung *durch Verschärfungen des Grundprädikates* eingeführt werden, *welches die mathematische Struktur der Theorie charakterisiert.*

Mit dem Wegfall des speziellen, gegen die Variante (III$_a$) gerichteten Einwandes ist noch nicht gezeigt, daß auch das grundsätzliche Bedenken fortfällt, das sich gegen die ,Urfassung' (II) des Ramsey-Satzes richtete und welches das Motiv für die Verallgemeinerung der Ramsey-Methode bildete. Man kann sich jedoch sofort davon überzeugen, *daß ein verallgemeinerter Ramsey-Satz von der Gestalt* (III$_b$) *dafür benützt werden kann, um aus bereits ermittelten Funktionswerten in einer Anwendung der Theorie auf Funktionswerte in anderen Anwendungen dieser Theorie zu schließen.*

Eine derartige *nicht triviale* Verwendung von Meßwerten theoretischer Funktionen ist sogar bereits dann möglich, wenn eine Klasse $T$-theoretischer Funktionen durch keine weiteren Nebenbedingungen als durch $\langle \approx, = \rangle$ eingeschränkt wird: Die in einer Anwendung gewonnenen Funktionswerte sind bei Geltung dieser Nebenbedingung auf *andere* Anwendungen übertragbar und zwar für alle diejenigen Individuen, die zum Durchschnitt des Bereiches der ursprünglichen und der neuen Anwendung gehören. Aufgrund des Zusammenhanges mit $T$-nicht-theoretischen Funktionen können diese Resultate dann für *Voraussagen* ,beobachtbarer' Werte und damit fallweise auch für *Prüfungszwecke* verwendet werden.

**5.d Diskussion der zweifach modifizierten Ramsey-Darstellung am Beispiel der Miniaturtheorie m.** Dieser Sachverhalt möge wieder am Beispiel unserer Miniaturtheorie von 2.b erläutert werden. $\mathfrak{D}$ habe eine endliche Zahl $q$ von Elementen $D_1, D_2, \ldots, D_q$, so daß wir es also mit $q$ Anwendungen zu tun haben. Die einzige Nebenbedingung sei $\langle \approx, = \rangle$, d. h. die $t$-Funktion diene zur Messung einer konstanten Eigenschaft der Individuen. „$\mathfrak{b}$" bezeichne die Klasse der intendierten Anwendungen der Theorie, also die Klasse $\{\langle D_1, n_1 \rangle, \ldots, \langle D_q, n_q \rangle\}$ partieller potentieller Modelle (also $\mathfrak{b} \subseteq \hat{V}_{pp}$). Wir erhalten somit den Satz:

($\text{III}_F^m$) $\bigvee \mathfrak{x}(\mathfrak{x} \mathfrak{E} \mathfrak{b} \wedge C(\mathfrak{x}, \approx, =) \wedge \mathfrak{x} \subseteq \hat{V})$[30].

Es geht um die Frage, *ob es denkbar ist, daß diese Aussage den empirischen Gehalt der Theorie vollständig ausdrückt.*

Es sei $\mathfrak{t} = \langle t_1, \ldots, t_q \rangle$ die Folge der $t$-Funktionen, die bei der Konstruktion der Ergänzungen benützt werden. Die Nebenbedingung verlangt, daß $t = \mathsf{U}\mathfrak{t}$ eine *Funktion auf* $\varDelta = \mathsf{U}\mathfrak{D}$ ist. Die Anzahl der Individuen in $\varDelta$ sei $N$. Notwendig und hinreichend dafür, daß die Funktion $t$ auf $\varDelta$ Werte annimmt, die ($\text{III}_F^m$) erfüllen, ist die Gültigkeit von **D1**(4) und (5) für $t$ bezüglich *jeden* Elementes $D_i$ aus $\mathfrak{D}$. Wenn wir die auf $D_i$ definierten, vorgegebenen $n$-Funktionen mit $n_i$ bezeichnen, so erhalten wir aufgrund der Bestimmung (5) dieser Definition auf diese Weise $q$ homogene lineare Gleichungen mit unbekannten $t(x)$:

$$\sum_{[x \in D_1]} n_1(x)\, t(x) = 0 \,[31]$$

$$\cdot \quad \cdot \quad \cdot$$
$$\cdot \quad \cdot \quad \cdot$$
$$\cdot \quad \cdot \quad \cdot$$

$$(G) \qquad \sum_{[x \in D_i]} n_i(x)\, t(x) = 0$$

$$\cdot \quad \cdot \quad \cdot$$
$$\cdot \quad \cdot \quad \cdot$$
$$\cdot \quad \cdot \quad \cdot$$

$$\sum_{[x \in D_q]} n_q(x)\, t(x) = 0$$

Da die Zahl der Individuen von $\varDelta$ genau $N$ beträgt, ist $N$ auch die Zahl der Unbekannten. (Es möge nicht übersehen werden, daß für $i \neq j$ *nicht* zu gelten braucht: $n_i(x) = n_j(x)$; *denn für die n-Funktionen haben wir keine Nebenbedingung aufgestellt, die der für die Funktionen $t_i$ analog ist.*) Nach der Bestimmung (4) der Definition wird verlangt, daß die $t$-Werte alle positiv sind. Dies läuft auf die Forderung hinaus, *daß das Gleichungssystem (G) eine nicht triviale Lösung besitzt.* Nach der Theorie der linearen Gleichungen ist dafür notwendig und hinreichend, *daß der Rang s der Koeffizientenmatrix kleiner ist als N* (Bedingung *A*). (Diese Matrix besteht außer aus den Werten $n_i(x)$ aus Nullen, letzteres deshalb, weil in der $i$-ten Gleichung die Argumente $x$ ja nicht über *alle* $N$ Individuen laufen, *sondern nur über diejenigen,*

---

[30] Der obere Index „$m$" an „III" soll daran erinnern, daß es sich um eine Spezialisierung auf unsere Miniaturtheorie handelt, der untere Index „$F$" daran, daß die ‚Funktionalbedingung' die *einzige* Nebenbedingung ist.

[31] Die Anzahlen der Individuen in den einzelnen Bereichen haben wir nicht festgelegt; daher wird die Summation über die einzelnen Bereiche in der obigen Weise angegeben. Man beachte, daß diese Bereiche nicht gleichzahlig zu sein brauchen, so daß man ihre Individuenzahlen nicht einfach mit $N/q$ gleichsetzen darf.

*welche Elemente von $D_i$ sind.* Unabhängig von der eben formulierten Spezialbedingung muß natürlich in *jedem* Fall für den Rang $s$ gelten: $s \leq q$ und $s \leq N$. Dies wird bei der weiter unten angeführten Klassifikation der Fälle benützt.)

Die eben formulierte Forderung bezüglich des Ranges der Matrix ist eine *notwendige* Bedingung dafür, um ($\text{III}_F^m$) wahr machen zu können. Wegen der Bestimmung (4) von **D1** besagt eine andere, ebenfalls *notwendige* Bedingung für die Wahrheit von ($\text{III}_F^m$), daß für ein vorgegebenes $D_j \in \mathfrak{D}$ *die $n_i$-Werte nicht für alle Individuen aus $D_j$ dasselbe Vorzeichen haben können.* (Bedingung *B*). (Der uninteressante Grenzfall, daß alle *n*-Werte 0 sind, soll außer Betracht bleiben.)

Während in (*G*) für *jedes Element* aus $\mathfrak{D}$, also für jeden Individuenbereich der einzelnen intendierten Anwendungen, eine eigene Gleichung vorkommt, enthalten die Bedingungen *A* und *B* Aussagen über *jede Teilklasse* von $\mathfrak{D}$. (Diese letztere Tatsache würde eine analoge Behandlung der Miniaturtheorie für eine unendliche Zahl von Anwendungen nahelegen; man müßte hier einfach fordern, daß diese beiden Bedingungen für jede endliche Teilmenge von $\mathfrak{D}$ gelten.)

Um aus den beiden Bedingungen weitere Folgerungen abzuleiten, muß das Verhältnis der beiden Zahlen $N$ (Gesamtzahl der Individuen) und $q$ (Gesamtzahl der Anwendungen) betrachtet werden. Die drei logisch möglichen Fälle sind:

$$(a)\ N > q; \quad (b)\ N = q; \quad (c)\ N < q.$$

Im Fall (*a*) ist die Bedingung *A* stets erfüllt[32], so daß nur mehr die Bedingung *B* für die Werte der nicht-theoretischen $n_i$-Funktionen relevant bleibt, die bereits für die Aussage ($\text{II}^m$) gilt. In den Fällen (*b*) und (*c*) läuft die Bedingung *A* auf die Forderung hinaus, daß zwischen den Werten dieser $n_i$-Funktionen bestimmte arithmetische Beziehungen bestehen. Der Grund für diesen Unterschied von Fall (*a*) einerseits, den Fällen (*b*) und (*c*) andererseits ist leicht zu ersehen: Bei (*a*) *könnten* die Individuenbereiche wechselseitig disjunkt sein. Dann beinhaltet die verallgemeinerte Ramsey-Darstellung überhaupt nichts weiter als eine Konjunktion von einfachen Ramsey-Darstellungen der Gestalt (**II**), je eine für einen Bereich, und die Nebenbedingung ist inhaltsleer. Die Bereiche *könnten* sich allerdings auch im Fall (*a*) überschneiden. Dann ist jedoch unsere Nebenbedingung zu schwach, um den Werten der *n*-Funktionen einschränkende Bedingungen aufzuerlegen. Ganz anders in den beiden anderen Fällen: hier *müssen* sich die Bereiche überschneiden. (Im Fall (*b*) gilt dies deshalb, weil die Bedingungen (4) und (5) von **D1** nicht in Bereichen mit nur einem Element erfüllt sein können: Das Produkt zweier positiver Zahlen kann nicht 0 sein;

---

[32] $s \leq q$ gilt ja in *jedem* Fall!

denn der Körper der reellen Zahlen ist nullteilerfrei[33]). Die Nebenbedingung $\langle \approx, = \rangle$, die zwar nur für die theoretischen Funktionen gilt, erlegt in diesen Fällen auch den $n_t$-Funktionen Einschränkungen auf, welche Voraussagen gestatten, die ohne diese Nebenbedingung nicht möglich wären. Bevor diese etwas vage Bemerkung quantitativ präzisiert wird, soll nochmals das Problem der Ramsey-Eliminierbarkeit aufgegriffen werden.

SNEED weist a.a.O. S. 77 auf einen weiteren Unterschied zwischen (II) und (III$_b$) hin, der sich ebenfalls am Beispiel der Miniaturtheorie illustrieren läßt: Es könnte der Fall sein, daß (II) in dem Sinn trivial richtig ist, daß sich *jedes* partielle potentielle Modell zu einem Modell von $S$ erweitern läßt. Dann braucht (III$_b$) trotzdem *nicht* in derselben Weise trivial zu gelten; denn die Nebenbedingungen könnten die Möglichkeit ausschließen, für gewisse Modelle von $S_{pp}$ $t$-Funktionen zu finden, die zu einer Erfüllung von (III$_b$) führen.

**5.e Das Problem der Ramsey-Eliminierbarkeit bei verallgemeinerter Ramsey-Darstellung.** Im Fall der einfachen Ramsey-Darstellung hat man nach Definition eine Ramsey-Elimination der theoretischen Terme gefunden, sobald es einem geglückt ist, ein empirisches Äquivalent des Ramsey-Prädikates zu finden. Es liegt nahe, eine analoge Begriffsbestimmung im Fall der verallgemeinerten Ramsey-Darstellung zu wählen. Zum Zwecke terminologischer Unterscheidung nennen wir von jetzt an die ursprüngliche, auf Sätze der Gestalt (II) bezogene Form der Ramsey-Eliminierbarkeit mit den beiden früher erwähnten Unterarten *Ramsey$_1$-Eliminierbarkeit*.

Für das Beispiel der Miniaturtheorie $m$ ist die Analogie im Fall ($a$) $N > q$ unmittelbar gegeben. Dafür hat man nur zu beachten, daß die Bedingungen $A$ und $B$ nicht nur notwendig, sondern *zusammen auch hinreichend* für die Richtigkeit von (III$_F^m$) sind. Da die Bedingung $A$, wie wir gesehen haben, im Fall ($a$) automatisch erfüllt sein muß, ist die *rein empirische Bedingung B* mit dieser Ramsey-Behauptung gleichwertig. *Man kann daher diese Bedingung als empirisches Äquivalent von* (III$_F^m$) *ansehen.* Eine Ramsey-Eliminierbarkeit besteht jedoch auch in den beiden anderen Fällen. Denn die Bedingung $A$, nämlich $s < N$, ist ja ebenfalls ohne Zuhilfenahme theoretischer Terme verifizierbar.

Präzise ausgedrückt, besteht die *Ramsey-Eliminierbarkeit* der $m$-theoretischen Funktionen darin, daß man zum Ramsey-Prädikat $\bigvee \mathfrak{x}(\mathfrak{x} \mathfrak{S} \mathfrak{y}$ $\wedge C(\mathfrak{x}, \approx, =) \wedge \mathfrak{x} \subseteq \hat{V})$ ein *empirisches Äquivalent* anzugeben vermag. Es ist in dem Sinn ein *Äquivalent*, daß es auf genau dieselben Klassen (bzw. Folgen) von partiellen potentiellen Modellen zutrifft wie dieses Ramsey-Prädikat. Es ist in dem Sinn *empirisch*, daß es nur auf Eigenschaften der nicht-theoretischen $n$-Funktionen Bezug nimmt; insbesondere sind auch die darin erwähnten Nebenbedingungen nur solche von nicht-theoretischen Funktionen.

---

[33] Den trivialen Fall, daß *alle* $n$-Werte 0 sind, haben wir wieder außer Betracht gelassen.

Dieser Begriff kann von dem betrachteten Spezialfall auf den allgemeinen Fall ($III_b$) übertragen werden. Wir sprechen dann von *Ramsey$_2$-Eliminierbarkeit.*

Man kann sich leicht klarmachen, daß die Zulassung von Nebenbedingungen für theoretische Funktionen den Begriff der Ramsey-Eliminierbarkeit theoretischer Terme bezüglich ($III_b$) *zu einem schärferen Begriff* macht als die Ramsey-Eliminierbarkeit theoretischer Terme bezüglich (II): Die Ramsey-Eliminierbarkeit aus Sätzen der Gestalt (II) impliziert *nicht* die Ramsey-Eliminierbarkeit aus den dasselbe mengentheoretische Prädikat benützenden Sätzen der Gestalt ($III_b$).

**5.f Drei Leistungen theoretischer Funktionen: Ökonomie, Gehaltsverschärfung, Prognosenbildung. ‚Bedingte Verifikation' der Braithwaite-Ramsey-Vermutung für die verallgemeinerte Ramsey-Darstellung.** Die bisherigen Analysen legen es nahe, drei verschiedene Arten von Leistungen theoretischer Funktionen zu unterscheiden. Die erste Art umfaßt alle mit ihrer Hilfe erzielten *Vereinfachungen* der Theorie. Dies kann man eine *ökonomische Leistung* nennen. Um sie von den beiden anderen Aufgaben theoretischer Terme klar abgrenzen zu können, ist es zweckmäßig, hierfür nur solche Fälle zu betrachten, in denen eine Ramsey-Eliminierbarkeit besteht, *wo also diese Terme prinzipiell nicht notwendig wären.*

Von dieser Art von Leistungen kann man sich am raschesten, *auch ohne Benützung eines präzisierten Begriffs der Einfachheit,* am Beispiel der Miniaturtheorie *m* für die empirische Behauptung ($III_F^m$) überzeugen. Wie wir gesehen haben, können hier die theoretischen Terme Ramsey-eliminiert werden. Es besteht aber in praktischer Hinsicht ein großer Unterschied zwischen dem Fall, wo der empirische Satz der Theorie mit Hilfe der *m*-theoretischen Funktion *t* formuliert wird, und dem Fall, wo das empirische Äquivalent dazu unter alleiniger Verwendung der nicht-theoretischen Funktion $n_i$ behauptet wird. Im ersten Fall wird nur die einfachste Nebenbedingung für theoretische Funktionen benützt, die man sich überhaupt vorstellen kann, nämlich die Bedingung $\langle \approx, = \rangle$, welche besagt, daß die Vereinigung der Funktionen $t_i$ auf der Vereinigung der Individuenbereiche eine Funktion darstellt. Im zweiten Fall hingegen mußten ziemlich komplizierte Nebenbedingungen für die nicht-theoretischen Funktionen $n_i$ angegeben werden, von deren Erfüllung man sich in den konkreten Situationen nur durch mehr oder weniger mühsame und zeitraubende Untersuchungen überzeugen kann: die Ermittlung des Ranges einer mit den $n_i$-Werten gebildeten Koeffizientenmatrix und die Feststellung, daß es für jeden Bereich $D_i$ zwei $n_i$-Werte mit verschiedenem Vorzeichen gibt. (Im letzteren Fall muß die Untersuchung jedesmal wenigstens soweit vorangetrieben werden, bis man auf einen Meßwert mit umgekehrtem Vorzeichen stößt als die vorangehenden Werte. Wenn man Pech hat, gelingt dies erst für das zuletzt untersuchte Individuum des Bereichs.)

Was die *unverzichtbaren* Leistungen theoretischer Terme betrifft, so hatten wir *einen Typ* davon bereits in 5.a bei der Diskussion empirischer Behauptungen von der Gestalt (II) kennengelernt: Liegt keine Ramsey$_1$-Eliminierbarkeit (und damit a fortiori keine Ramsey$_2$-Eliminierbarkeit) vor, so können unter Zuhilfenahme theoretischer Terme ‚mögliche beobachtbare Sachverhalte' ausgeschlossen werden, die sich ohne ihre Hilfe nicht ausschließen lassen.

Dies hat eine gewisse formale Ähnlichkeit mit dem Unvollständigkeitstheorem von Gödel für die elementare Arithmetik. Was die theoretischen Terme bewerkstelligen, kann mit dem verglichen werden, was der Tarskische Wahrheitsbegriff, spezialisiert zum Begriff der elementar-arithmetischen Wahrheit, leistet, während in diesem Analogiebild die nicht-theoretischen Terme den axiomatischen Kalkülen entsprechen. So wie das Theorem von Gödel lehrt, daß es unmöglich ist, die Grenze zwischen arithmetischer Wahrheit und arithmetischer Falschheit mit axiomatischen Mitteln nachzuzeichnen, so ist es in jenen Fällen, wo die Ramsey-Darstellung kein empirisches Äquivalent besitzt, ausgeschlossen, genau diejenigen *möglichen* empirischen Sachverhalte mittels nicht-theoretischer Begriffe ‚zu verbieten', welche durch die mittels theoretischer Terme formulierte Ramsey-Darstellung eliminiert werden. *Jedes empirische Prädikat, durch welches man das Ramsey-Prädikat zu approximieren versucht, erweist sich entweder als zu liberal oder als zu scharf*; denn die mit seiner Hilfe gebildeten empirischen Aussagen verbieten entweder weniger als der Ramsey-Satz — also verglichen mit dem, was die empirische Behauptung der Theorie zu sagen intendiert, *zu wenig* — oder er verbietet mehr — also *zu viel*, wenn man das, was die Theorie zu behaupten trachtet, als Norm nimmt.

Diese erste Art von genuiner, d.h. unverzichtbarer Leistung theoretischer Terme besteht somit in einer Form von *empirischer Gehaltverschärfung*, die anderweitig nicht zu erzielen ist. Die Gehaltverschärfung besteht relativ zu demjenigen Prädikat, welches die Klasse partieller potentieller Modelle der Theorie festlegt.

Um Klarheit über einen vielleicht noch wichtigeren *zweiten Typ von unverzichtbaren Leistungen* theoretischer Terme zu gewinnen, greifen wir den Faden vom Ende von 5.d wieder auf. Wir beschäftigen uns also weiter mit der Miniaturtheorie $m$ und der ihr entsprechenden verallgemeinerten Ramsey-Darstellung (III$_F^m$). Um zu numerischen Resultaten zu gelangen, nehmen wir mit Sneed an, daß $\mathfrak{D}$ die drei Bereiche $D_1 = \{x, y\}$, $D_2 = \{x, z\}$, und $D_3 = \{y, z\}$ enthalte; es ist also $q = N = 3$. Da jede Aussage der Gestalt (III) für jeden einzelnen Bereich eine entsprechende Aussage der Gestalt (II) zur Folge hat, können wir an das frühere Ergebnis für zwei Elemente enthaltende Bereiche anknüpfen (vgl. den Hinweis im Anschluß an Satz 1 in 4.b). Wir erhalten somit:

(a) $\dfrac{n_1(x)}{n_1(y)} = -\dfrac{t_1(y)}{t_1(x)}$ ;   $\dfrac{n_2(x)}{n_2(z)} = -\dfrac{t_2(z)}{t_2(x)}$ ;   $\dfrac{n_3(y)}{n_3(z)} = -\dfrac{t_3(z)}{t_3(y)}$ .

Aus der Nebenbedingung $\langle \approx, = \rangle$, die für die $m$-theoretischen Funktionen $t_i$ gilt, erhalten wir als spezielle Fälle:

(b) $t_1(x) = t_2(x)$ ;   $t_1(y) = t_3(y)$ ;   $t_2(z) = t_3(z)$ .

Aus ($b$) folgt:

$$(c) \quad \frac{t_1(y)}{t_1(x)} \cdot \frac{t_3(z)}{t_3(y)} = \frac{t_2(z)}{t_2(x)},$$

und daraus wieder wegen ($a$):

$$(d) \quad \frac{n_1(x)}{n_1(y)} \cdot \frac{n_3(y)}{n_3(z)} = - \frac{n_2(x)}{n_2(z)} \; [34].$$

*Angenommen, wir haben es zunächst mit den beiden Bereichen $D_1$ und $D_3$ zu tun.* In beiden Fällen prüfen wir, ob der Bereich $D_i (i = 1, 3)$ zusammen mit dem vorgegebenen $n_i$, also das partielle potentielle Modell $\langle D_i, n_i \rangle$ von $V$, durch Wahl einer geeigneten Funktion $t_i$ zu einem Modell $\langle D_i, n_i, t_i \rangle$ von $V$ erweitert werden kann. (Diese Prüfung ist eine elementare Aufgabe; denn da die Funktionen $n_i$ gemäß Voraussetzung nicht-theoretische Funktionen sind, können wir ihre Werte *auf empirischem Wege* ermitteln und haben nur nachzusehen, ob die beiden $n_i$-Werte entweder 0 sind oder entgegengesetztes Vorzeichen haben.)

Mittels ($c$) kann man das Verhältnis der $t$-Werte für den dritten, bisher überhaupt noch nicht betrachteten Bereich $D_2$, berechnen, nämlich: $t_2(z)/t_2(x)$. *Dies kann man als eine Prognose der Verhältnisse der theoretischen Werte in diesem dritten Bereich auffassen.* Diese Prognose wurde allein infolge der Gültigkeit der Nebenbedingung $\langle \approx, = \rangle$ möglich; denn für die Herleitung von ($c$) benötigten wir diese Bedingung.

Statt Prognosen könnten wir natürlich andere Fälle von ‚Systematisierungsleistungen‘ heranziehen, wie bestimmte Typen von Erklärungen und Retrodiktionen. Die ‚prognostische Leistung theoretischer Terme‘ ist für uns einfach das ‚Paradigma‘ für alle derartigen Systematisierungsleistungen.

Unter Heranziehung von ($a$) können wir mittels des eben gewonnenen Ergebnisses schließlich das Verhältnis der empirischen $n$-Werte für den zweiten Bereich $D_2$ berechnen: $n_2(x)/n_2(z)$. *Damit haben wir eine empirische Prognose gewonnen.* Die $n_2$-Werte sind zwar ‚beobachtbar‘, wurden jedoch von uns *als nicht bekannt* vorausgesetzt, da nur $D_1$ und $D_3$ die vorgegebenen, einer empirischen Untersuchung unterzogenen Bereiche waren.

*Es ist klar, daß auf diese beiden Bereiche bezogene Ramsey-Behauptungen von der Gestalt* (II) *diese prognostische Leistung niemals zu erbringen vermöchten.* Sie würden sich ausschließlich auf diese Bereiche als ihre jeweils einzigen Anwendungen beziehen. $D_2$ wäre ein ‚ganz anderer‘ Bereich, über den sie überhaupt nichts auszusagen vermöchten (so wie sie ja auch untereinander in keiner Relation stünden).

---

[34] Diese letzte Gleichung gewinnt man auch aus der Bedingung $A$ für das Gleichungssystem ($G$) mit der jetzigen Zusatzbedingung, daß $q = N = 3$. Denn die obige Gleichung ist nichts anderes als das Resultat, welches man durch Nullsetzen der Koeffizientendeterminante erhält.

Im gegenwärtigen Fall ist diese prognostische Leistung *allein der Nebenbedingung für die theoretischen Funktionen* zuzurechnen. Denn aus dieser Nebenbedingung folgte (*b*) und damit über den dadurch ermöglichten Zwischenschritt (*c*) die ,eigentliche' *empirische Prognose* des Wertes auf der rechten Seite von (*d*).

Damit ist in einem gewissen Sinn die *Braithwaite-Ramsey-Vermutung* von IV.5 *verifiziert*, allerdings nur für den Fall, daß der empirische Gehalt einer Theorie durch die *verallgemeinerte* Ramsey-Darstellung wiedergegeben wird. Denn, wie wir eben feststellten, wurde die prognostische Leistung — und damit natürlich auch die Leistung bei der Prüfung einer Hypothese — allein dadurch ermöglicht, daß erstens mehrere, sich nur teilweise überschneidende ,intendierte Anwendungen' (partielle potentielle Modelle) der Theorie *T* unterschieden wurden und daß zweitens mindestens eine den *T*-theoretischen Funktionen auferlegte Nebenbedingung diese ,intendierten Anwendungen' miteinander verknüpft. Nur in derartigen Fällen erwies es sich als möglich, daß in bestimmten Bereichen *tatsächlich beobachtete* Meßwerte relevant werden können für *beobachtbare* Meßwerte in *anderen* Bereichen, die bislang noch gar keiner empirischen Untersuchung unterzogen worden waren.

Die Einschränkung „in einem gewissen Sinn" wurde deshalb eingeschoben, weil die prognostische Leistung im vorliegenden Beispielsfall *nicht nur* auf dem Weg über die *T*-theoretischen Funktionen erbracht werden könnte. Diese stärkere Behauptung könnte man erst dann aufstellen, wenn außerdem auch keine Ramsey-Eliminierbarkeit vorliegt, eine Bedingung, die nach den früheren Ergebnissen hier nicht erfüllt ist. Wo immer jedoch keine Ramsey-Eliminierbarkeit besteht, da kann man diese Tatsache mit der jetzigen Analyse verbinden und von einem zweiten Typ von unersetzlichen Leistungen theoretischer Terme sprechen: *Die T-theoretischen Terme ermöglichen es, Voraussagen sowie Erklärungen zu liefern und Methoden der Hypothesenprüfung zu finden, die ohne sie nicht möglich wären*[35].

Wir sind somit zu drei Arten von Leistungen theoretischer Terme gelangt. Sie gestatten es in vielen Fällen, den *empirischen Gehalt* einer Theorie in einer *wesentlich vereinfachten Form* darzustellen, als es ohne ihre Hilfe möglich wäre; sie ermöglichen es bisweilen — nämlich bei fehlender Ramsey$_1$-Eliminierbarkeit — überhaupt erst, diesen empirischen Gehalt in solcher Weise abzugrenzen, daß die intendierten Anwendungen *genau* zu Modellen der Theorie werden; und sie gewährleisten in denjenigen Fällen, wo nicht einmal eine Ramsey$_2$-Eliminierbarkeit besteht, meist auch die Ab-

---

[35] Für eine prognostische Verwertung theoretischer Funktionen *in ein und demselben Bereich*, die jedoch den Umweg über *andere* Bereiche nehmen muß, vgl. SNEED, a.a.O., S. 79f. Es handelt sich hier um den Spezialfall, in dem der fragliche Bereich die übrigen als Teilbereiche einschließt.

leitung von *Voraussagen*, zu denen man ohne ihre Mitwirkung nicht gelangt wäre[36].

Alle diese Resultate lassen sich bereits unter der denkbar schwächsten Voraussetzung gewinnen, nämlich daß $\langle \approx, = \rangle$ *die einzige* Nebenbedingung ist, der die *T*-theoretischen Funktionen unterworfen sind. Diese Voraussetzung ist so schwach, daß ihre explizite Formulierung fast als überflüssig erscheinen kann. Doch dies ist sie zweifellos nicht. Es ist nur teils die übliche Sprechweise, teils die nicht vollständig rationalisierte Intuition, die diesen Anschein erwecken kann. Zur *Sprechweise*: Wenn man aus der abstrakten Funktion (z.B. *Kraft, Masse*) durch Spezialisierung konkrete Funktionen (Gravitationskraft, Masse der Planeten usw.) gewinnt, so erscheint es als selbstverständlich, daß man eben ‚zu nichts anderem als zu Funktionen' gelangen kann. Doch dies ist keineswegs selbstverständlich, d.h. es ist nicht *logisch* zwingend. Zur *Intuition*: Wenn der Planet Erde in *einer* Anwendung der Partikelmechanik als Bestandteil des Sonnensystems angesehen wird und in einer *anderen* Anwendung als Bestandteil des Systems Erde—Mond, so täuscht uns die ‚anschauliche Vorstellung' dieser beiden Anwendungen ein und derselben Theorie den gar nicht existenten logischen Zwang vor, unserer Erde beide Male *dieselbe* Masse zuschreiben zu müssen.

Zusätzliche nicht triviale Berechnungen erhält man, wenn die Theorie über diese elementare Einschränkung hinaus weitere Nebenbedingungen enthält. Die Forderung, daß die theoretische Funktion eine extensive Größe darstellt, wäre ein Beispiel für eine solche. Unter Benützung der im Anschluß an **D7** eingeführten Symbolik geben wir diese Nebenbedingung durch $\langle R_1, \varrho_1 \rangle$ wieder. In die verallgemeinerte Ramsey-Formel für die Miniaturtheorie $m$ wäre also als Konjunktionsglied $C(r, R_1, \varrho_1)$ einzufügen. Diese Formel werde ($\mathbf{III}^m_{FE}$) genannt („*F*" steht wieder für die Funktionalbedingung, „*E*" steht für die Bedingung der Extensivität.) Als Beispiel nehmen wir den Fall $\mathfrak{D} = \{D_1, D_2, D_3\}$ mit $D_1 = \{x, y\}$, $D_2 = \{x, z\}$, $D_3 = \{x, y \circ z\}$. Aufgrund der beiden Nebenbedingungen ergibt sich:

$$(e) \quad \frac{n_3(x)}{n_3(y \circ z)} = \frac{n_1(x)}{n_1(y)} + \frac{n_2(x)}{n_2(z)} \, .$$

*Beweis.* Wegen der für den jetzigen Bereich $D_3$ geltenden Analogie zur Bedingung (*a*) ist die linke Seite von (*e*) identisch mit:

$$- \frac{t_3(y \circ z)}{t_3(x)} \, .$$

Wegen der Nebenbedingung $\langle R_1, \varrho_1 \rangle$ (Extensivität) ist dies identisch mit:

$$- \frac{t_3(y)}{t_3(x)} - \frac{t_3(z)}{t_3(x)} \, .$$

---

[36] Alle diese intuitiven Formulierungen sind mit einer Vagheit behaftet, die entweder dadurch beseitigt werden kann, daß man auf die genauen Bedingungen und den genauen Kontext der vorangehenden Erörterungen zurückgeht oder aber dadurch, daß für die dabei benützten inhaltlichen Begriffe die modelltheoretischen Präzisierungen von Abschnitt 7 substituiert werden.

Die Nebenbedingung $\langle \approx, = \rangle$ erlaubt Feststellungen, die zu (b) analog sind, so daß der letzte Ausdruck umgeformt werden kann in:

$$- \frac{t_1(y)}{t_1(x)} - \frac{t_2(z)}{t_2(x)} \, ,$$

woraus man wieder durch die Analogien zu (a) die rechte Seite von (e) gewinnt.

Wenn die beiden *gegebenen* Bereiche $D_1$ und $D_2$ sind, so gestattet es die neue Nebenbedingung also, auch in diesem Fall aus der Kenntnis der Werte von $n_1$ und $n_2$ *Voraussagen* über die Verhältnisse der $n_3$-Werte im dritten Bereich zu machen. Ohne diese Bedingung würden diese beiden Klassen von Werten ohne jede Beziehung zueinander bleiben und diese Beziehungs-losigkeit bestünde auch dann noch, wenn nur die Bedingung $\langle \approx, = \rangle$ und keine weitere für die $t$-Funktionen hinzukäme.

Im allgemeineren Fall mit $n$ Individuen würde es die Zusatzbedingung $\langle R_1, \varrho_1 \rangle$ gestatten, zur Berechnung von $t$-Werten für alle Zahlen $m \leq n$ die folgenden Gleichungen heranzuziehen:

$$t(\ldots (x_1 \circ x_2) \circ x_3) \ldots \circ x_m) = \sum_{i=1}^{m} t(x_i).$$

**5.g Dritte Verallgemeinerung der Ramsey-Darstellung: Einführung spezieller Gesetze mit Hilfe von Verschärfungen des Grundprädikates. Der zentrale empirische Satz (Ramsey-Sneed-Satz) einer Theorie.** Der Gedanke, den empirischen Gehalt einer Theorie $T$ durch einen Satz von der Gestalt $(\text{III}_b)$ wiederzugeben, beruht auf der folgenden Überlegung: Gegeben sind zwei Prädikate, ein relativ inhaltsarmes und ein wesentlich inhaltsreicheres. Das erste Prädikat dient zu nichts weiter als dazu, *die möglichen intendierten Anwendungen der Theorie*, d. h. die Klasse der partiellen potentiellen Modelle, *festzulegen*. Das zweite Prädikat, nämlich das *Grundprädikat*, beschreibt *die mathematische Struktur der Theorie $T$* selbst. Die mit einer Theorie verknüpfte empirische Behauptung $(\text{III}_b)$ besagt dann, daß es eine durch den singulären Term $\mathfrak{a}$ bezeichnete Teilklasse der Klasse aller jener Entitäten gibt, welche das erste Prädikat erfüllen — also der Klasse aller partiellen potentiellen Modelle oder aller möglichen intendierten Anwendungen —, so daß diese Teilklasse $\mathfrak{a}$ auf solche Weise zu einer Klasse $\mathfrak{x}$ erweitert werden kann, daß erstens die Elemente von $\mathfrak{x}$ der mathematischen Struktur von $T$ genügen (also das Grundprädikat erfüllende Modelle sind) und daß zweitens die in den Erweiterungen vorkommenden $T$-theoretischen Funktionen sämtliche Nebenbedingungen $C(\mathfrak{x}, R, \varrho)$ erfüllen.

Bei dieser Rekonstruktion von „empirischer Gehalt einer Theorie" ist noch nicht dem Umstand Rechnung getragen worden, daß in den einzelnen Anwendungen einer und derselben Theorie $T$ *verschiedene spezielle Gesetze* gelten können. Uns interessieren derartige Gesetze insoweit, als sie die $T$-theoretischen Funktionen betreffen. Ein ,theoretisches' Gesetz kann als

eine den $T$-theoretischen Funktionen auferlegte Zusatzbedingung aufgefaßt werden. Die Forderung geht dann dahin, daß die theoretischen Funktionen nicht nur zusammen mit den nicht-theoretischen Funktionen in
*allen* Anwendungen das *Grundprädikat* erfüllen, sondern *daß sie darüber
hinaus in bestimmten Anwendungen bestimmte Formen annehmen, die sie in anderen
Anwendungen nicht besitzen.* Auch hierfür liefert wieder die Newtonsche
Theorie ein gutes Illustrationsbeispiel. Das Sonnensystem ist eine spezielle
Anwendung der klassischen Partikelmechanik. NEWTON postulierte, daß
*in dieser Anwendung* jede ‚Partikel' auf jede andere eine Kraft ausübt, die
erstens eine Anziehung ist, zweitens entlang der Geraden zwischen den
beiden Partikeln wirkt und drittens umgekehrt proportional dem Quadrat
der Entfernung ist.

Wie kann ein oder können mehrere derartige *Spezialgesetze* in unserem
Formalismus ausgedrückt werden? Die Antwort liegt auf der Hand: Das
Grundprädikat, welches die mathematische Struktur der Theorie *für alle
Anwendungen* festlegt, muß für jene Anwendungen, für welche in den vorsystematischen Darstellungen der Theorie spezielle Gesetze gefordert
werden, *durch Zusatzbestimmungen verschärft* werden. Die adäquate Behandlung spezieller Gesetze besteht also in der Einführung von *Verschärfungen*
(“restrictions”) *des Grundprädikates.* Damit ist noch nicht die andere prinzipielle Frage geklärt, in welcher Weise derartige Verschärfungen verwendet werden sollen, um eine Aussage von der Gestalt (**III$_b$**) zu verbessern.

Zur Vereinfachung der Darstellung treffen wir eine Festsetzung für
symbolische Abkürzungen: Nichtleere Verschärfungen mengentheoretischer Prädikate „$P$" sollen durch Anfügung eines oberen Index an „$P$"
kenntlich gemacht werden. So ist z.B. $S^i$ eine Verschärfung von $S$. Wir
sagen dann: $S^i$ ist eine *Prädikatverschärfung* von $S$. Inhaltlich gesprochen
entsteht $S^i$ aus $S$ dadurch, daß im Definiens des mengentheoretischen Prädikates $S$ mindestens ein zusätzliches Axiom hinzugefügt wird. Es soll zugelassen sein, daß verschiedene Prädikatverschärfungen untereinander in
der Beziehung der Prädikatverschärfung stehen. Dies wäre z.B. dann der
Fall, wenn $S^i$ und $S^j$ beide Prädikatverschärfungen von $S$ sind, außerdem
aber $S^j$ zusätzlich eine Prädikatsverschärfung von $S^i$ ist.

Damit die Sache nicht zu kompliziert wird, nehmen wir zunächst an, es
werde nur für eine Teilklasse $\mathfrak{a}^1$ von partiellen potentiellen Modellen aus $\mathfrak{a}$
gefordert, daß für die Elemente von $\mathfrak{a}^{1\,37}$ spezielle Gesetze gelten, die durch
die Prädikatverschärfung $S^1$ wiedergegeben werden. Die beiden Alternati-
ven ergeben sich aus der folgenden Frage: Soll dieser vorsystematische Gedanke in der Weise präzisiert werden, daß *zusätzlich* zu der ‚allgemeinen
empirischen Behauptung' (**III$_b$**) eine spezielle Behauptung mit $\mathfrak{a}^1$ statt $\mathfrak{a}$
und $S^1$ statt $S$ aufgestellt, also diese spezielle Behauptung zur allgemeinen

---

[37] $\mathfrak{a}^1$ kann natürlich auch eine *Einerklasse* sein. Dann sollen die fraglichen
Spezialgesetze nur in dieser einen Anwendung gelten.

Behauptung konjunktiv hinzugefügt wird? Oder soll diese Spezialbehauptung *in den Satz* (**III**$_b$) *eingebaut,* dieser also selbst durch die Spezialbehauptung modifiziert *werden?* Nach dem ersten Vorschlag hätten wir es mit einer *Konjunktion* der folgenden beiden Aussagen zu tun:

$$(\mathbf{III}_b) \quad \bigvee \mathfrak{x}(\mathfrak{x} \mathfrak{E} a \wedge C(\mathfrak{x}, R, \varrho) \wedge \mathfrak{x} \subseteq \hat{S})$$

und

$$(\mathbf{III}_c) \quad \bigvee \mathfrak{y}(\mathfrak{y} \mathfrak{E} a^1 \wedge C(\mathfrak{y}, R, \varrho) \wedge \mathfrak{y} \subseteq \hat{S^1})$$

(Dabei soll, bezogen auf unsere Miniaturtheorie, im zweiten Fall $C(\mathfrak{y}, R, \varrho)$ natürlich bedeuten, daß die Menge der theoretischen Funktionen $\mathfrak{t}^1$, die dazu benützt werden, um die Elemente von $a^1$ zu Modellen von $S^1$ zu ergänzen, die Nebenbedingungen $\langle R, \varrho \rangle$ erfüllen.)

Der zweite Vorschlag läuft hingegen darauf hinaus, mittels der Prädikatverschärfung $S^1$ von $S$ für ein $a^1 \subset a$ eine Aussage von folgender Gestalt zu bilden:

$$(\mathbf{IV}) \quad \bigvee \mathfrak{x}[\mathfrak{x} \mathfrak{E} a \wedge C(\mathfrak{x}, R, \varrho) \wedge \mathfrak{x} \subseteq \hat{S} \wedge \{y | y \in \mathfrak{x} \wedge \bigvee z (z \in a^1 \wedge y E z)\} \subseteq \hat{S^1}]$$

Gegen die erste Wahl spricht zunächst im Prinzip derselbe Grund, den wir gegen die Fassung (**III**$_a$) vorgebracht hatten: Analog wie dort die *eine* Theorie in eine Menge von *verschiedenen* Theorien zerfallen würde (die bloß noch symbolisch zusammengefaßt wären), würden wir es jetzt mit *zwei angewandten Theorien* (**III**$_b$) und (**III**$_c$) zu tun haben. Nur im Fall (**IV**) ist man berechtigt, von *der* empirischen Behauptung zu sprechen, welche *mit ein und derselben Theorie* verknüpft ist.

Entscheidend aber ist der Einwand, daß die Konjunktion von (**III**$_b$) und (**III**$_c$) eine zu schwache Aussage liefert. Dies wird klar, wenn man bedenkt, *daß* (**IV**) *die beiden Sätze* (**III**$_a$) *und* (**III**$_b$) *logisch impliziert, aber nicht vice versa die Konjunktion dieser letzten beiden Aussagen* (**IV**) *zur Folge hat.* (**IV**) besagt nämlich, daß es eine Klasse $\mathfrak{x}$ von Ergänzungen der Elemente von $a$ gibt, die alle Modelle von $S$ sind; daß ferner diejenige Teilklasse von $\mathfrak{x}$, deren Elemente Ergänzungen der Elemente von $a^1$ bilden, nicht nur Modelle für $S$, sondern sogar Modelle für $S^1$ sind; und daß schließlich die $T$-theoretischen Funktionen, mit deren Hilfe diese Menge von Ergänzungen $\mathfrak{x}$ erzeugt wurde, die Menge der Nebenbedingungen $\langle R, \varrho \rangle$ erfüllt.

Die Konjunktion von (**III**$_b$) und (**III**$_c$) besagt demgegenüber etwas Schwächeres. Diese beiden Aussagen könnten nämlich in solcher Weise erfüllt werden, daß gilt: erstens daß eine Menge $\mathfrak{t}$ von $T$-theoretischen Funktionen angebbar ist, mit deren Hilfe sich alle Elemente von $a$ zu Modellen von $S$ ergänzen lassen, so daß die Nebenbedingungen $\langle R, \varrho \rangle$ erfüllt sind (Gültigkeit von (**III**$_b$)); zweitens daß eine Menge $\mathfrak{t}^1$ von $T$-theoretischen Funktionen angebbar ist, mit deren Hilfe alle Elemente von $a^1$ zu Modellen von $S^1$ (und damit automatisch auch zu Modellen von $S$) ergänzt werden können, so daß außerdem die Nebenbedingungen $\langle R, \varrho \rangle$ erfüllt sind (Gültigkeit von $(III_c)$); drittens daß $t^1$ *keine Teilklasse von* $t$ ist. Das Letztere würde **(IV)** *ungültig* machen, denn hier wird gerade ein solches Teilklassenverhältnis gefordert. Anders ausgedrückt: **(IV)** *enthält zusätzlich zur Konjunktion von* $(III_b)$ *und* $(III_c)$ *die Forderung, daß die Klasse der T-theoretischen Funktionen, die* $(III_c)$ *erfüllt, eine Teilklasse jener T-theoretischen Funktionen ist, die* $(III_b)$ *erfüllen.* Nur wenn **(IV)** gültig ist, nicht jedoch, wenn bloß die beiden anderen Aussagen gültig sind, kann man in der Weise verfahren, daß man zunächst mit einer Menge $T$-theoretischer Funktionen beginnt, um die Elemente von $a^1$ zu Modellen von $S^1$ zu machen; dann *zu diesen T-theoretischen Funktionen weitere hinzufügt* — nämlich solche, die auf den Elementen von $\mathfrak{D} - \mathfrak{D}^1$ definiert sind —, um die Elemente von $a - a^1$ zu Modellen von $S$ zu machen; und schließlich die Gewähr hat, daß *alle* gewählten $T$-theoretischen Funktionen die Nebenbedingungen $\langle R, \varrho \rangle$ erfüllen. Die Nebenbedingungen könnten so geartet sein, daß sie dieses Vorgehen ausschließen, wenn nur die Aussagen $(III_b)$ und $(III_c)$ gelten *und nichts weiter.*

Ein Beispiel hierfür aus unserer Miniaturtheorie ist folgendes: $\mathfrak{D}^1 = \{D_1\}$; $\mathfrak{D} = \{D_1, D_2\}$, also $D_2 \in \mathfrak{D} - \mathfrak{D}^1$; $x \in D_1 \cap D_2$. $S$ und $S^1$ seien vorgegeben. Als einzige Nebenbedingung gelte $\langle \approx, = \rangle$. Die letztere Forderung besagt, daß $t_1(x) = t_2(x)$. Es könnte sich jedoch als undurchführbar erweisen, dem Individuum $x$ *ein und denselben* Wert $t_1(x)$ und $t_2(x)$ zuzuordnen, so daß $\langle D_1, n_1, t_1 \rangle$ ein Modell für $S^1$ und $\langle D_2, n_2, t_2 \rangle$ ein Modell für $S$ ist. Sollten die letzten beiden Bedingungen jedoch für ein $t_1(x) \neq t_2(x)$ gelten, so hätten wir es mit einem jener Fälle zu tun, in denen die Konjunktion von $(III_b)$ und $(III_c)$ zutrifft, **(IV)** dagegen falsch ist.

Es ist somit erst der zusätzliche Aussagegehalt von **(IV)**, welcher die in die zwei ,verschiedenen empirischen Theorien' $(III_b)$ und $(III_c)$ zerfallenen Behauptungen zu der *einen* ,empirischen Theorie' **(IV)** zusammenzwingt. Man macht sich auch leicht klar, daß **(IV)** *für neue Voraussage- und Prüfungszwecke* verwendet werden kann, welche mit $(III_b)$ nicht zu bewerkstelligen sind[38].

Eine Aussage der Gestalt **(IV)** betrifft nur den Spezialfall, daß für *eine* Menge intendierter Anwendungen die theoretischen Funktionen spezielle Formen annehmen. Der allgemeine Fall, wonach $T$-theoretische Funktionen in verschiedenen Klassen intendierter Anwendungen verschiedene Formen haben, läßt sich daraus abstrahieren. Wir erhalten dafür eine Aussage von folgender Gestalt:

$$\textbf{(V)} \quad \bigvee \mathfrak{r} [\mathfrak{r} \mathfrak{E} a \wedge C(\mathfrak{r}, R, \varrho) \wedge \mathfrak{r} \subseteq \hat{S} \wedge \{y \mid y \in \mathfrak{r} \wedge \bigvee \mathfrak{z}(\mathfrak{z} \in a^1 \wedge y E \mathfrak{z})\} \subseteq \hat{S}^1$$

$$\vdots$$

$$\wedge \{y \mid y \in \mathfrak{r} \wedge \bigvee \mathfrak{z}(\mathfrak{z} \in a^n \wedge y E \mathfrak{z})\} \subseteq \hat{S}^n]$$

---

[38] Vgl. Sneed [Mathematical Physics], S. 104.

(Diese Aussage entspricht dem Satz (5) bei Sneed, a.a.O. S. 106. Bei der hier gewählten Darstellung ist die von Sneed benützte mehrfache Indizierung an den Prädikaten überflüssig, ebenso die Indizierung an „$x$". Dies ist u.a. eine Folge dessen, daß wir den Fall zulassen, daß die Prädikate $S^i$ Verschärfungen voneinander sein können, also z.B. $S^2$ eine Verschärfung von $S^1$.)

Der Inhalt dieser Aussage kann ungefähr mit den folgenden Worten wiedergegeben werden: „Es existiert eine Menge $T$-theoretischer Funktionen, die eine Klasse von vorgegebenen Nebenbedingungen erfüllt und mit deren Hilfe alle zur Menge $a$ gehörenden partiellen potentiellen Modelle (‚physikalischen Systeme') der Theorie auf solche Weise zu Modellen des Grundprädikates $S$ theoretisch ergänzt werden können, daß sich die Elemente bestimmter Teilmengen $a^1$ bis $a^n$ von $a$ zu Modellen geeigneter Verschärfungen $S^1$ bis $S^n$ des Grundprädikates ergänzen lassen."

Wir nennen (V) einen *Ramsey-Sneed-Satz* einer Theorie oder auch: einen *zentralen empirischen Satz einer Theorie*. Die Bezeichnung ist dadurch gerechtfertigt, daß die Ramsey-Methode zwar den Ausgangspunkt für die gesamten Betrachtungen bildete, daß diese Methode aber von Sneed in drei wesentlichen Hinsichten modifiziert und verbessert worden ist: durch die Zulassung *mehrerer Anwendungsbereiche*, durch die Einführung von *Nebenbedingungen*, die den $T$-theoretischen Funktionen auferlegt werden, und schließlich durch die Verwendung von *Verschärfungen des Grundprädikates*, welche als Mittel zur Formulierung spezieller, nur in gewissen Anwendungen geltender Gesetze dienen. Die *Verbesserung* liegt vor allem darin, daß der Ramsey-Sneed-Satz, zum Unterschied vom ursprünglichen Ramsey-Satz (II), *nichttriviale Berechnungen von Funktionswerten* gestattet, welche diesen Satz zu einem geeigneten Instrument bei der Voraussage und Hypothesenprüfung machen.

Je nach Lage des Falles kann auch (III$_b$) oder ein Satz von der noch zu schildernden Art (VI) ein zentraler empirischer Satz einer Theorie sein.

Eigentlich sollte man hier nicht den bestimmten Artikel verwenden, da man einen derartigen Satz auf unendlich viele verschiedene Weisen formulieren kann. Es liegt jedoch Eindeutigkeit *bis auf logische Äquivalenz* vor, so daß man jeweils einen Satz von dieser Gestalt als Repräsentanten der ganzen Äquivalenzklasse ansehen kann.

Die Gesamtheit der in einer physikalischen Theorie steckenden empirischen Behauptungen (im Englischen würde man sagen: aller 'empirical claims') wird *durch die einzige unzerlegbare Aussage* (V) ausgedrückt. Dies ist nur der erste Schritt der Abweichung vom 'statement view', wonach Theorien *Klassen von* Sätzen sind. *Es wird hier nicht behauptet, daß der Ramsey-Sneed-Satz einer Theorie für die ganze Theorie selbst stehen soll!* Der Frage, was *eine Theorie* ist, oder besser: als was sie rekonstruiert werden soll, haben wir uns noch gar nicht zugewendet. Der *empirische Gehalt* einer Theorie kann zwar durch (V) oder durch eine ähnliche Aussage dargestellt werden. Wie wir noch sehen werden, *wäre es außerordentlich unzweckmäßig, eine Theorie mit diesem empirischen Gehalt selbst zu identifizieren.*

Der Grund dafür ist, vorwegnehmend angedeutet, der folgende: Es kann sich ergeben, daß spezielle, nur für bestimmte Anwendungen geltende Gesetze erst gefunden werden, nachdem die Theorie, charakterisiert durch das Grundprädikat $S$, längst aufgestellt worden ist. Umgekehrt können sich derartige spezielle Gesetze, die zunächst aufgestellt wurden, später als falsch erweisen. (Weitere Änderungen, welche die intendierten Anwendungen betreffen, werden in IX, 6 und 7 zur Sprache kommen.) In solchen Fällen erscheint es als zweckmäßig zu sagen, *daß die Theorie selbst konstant bleibt, während sich die mit dieser Theorie gemachten empirischen Behauptungen,* jeweils repräsentiert durch einen zentralen empirischen Satz, *ständig ändern.* Obwohl wir im Augenblick noch ganz in der *statischen* Betrachtung von Theorien und ihren Anwendungen stecken, ist es im Hinblick auf den späteren Begriff des Verfügens über eine Theorie (Kap. IX, 3 und 6) zweckmäßig, *den zentralen empirischen Satz mit einem Zeitindex zu versehen,* der den Zeitraum angibt, während dessen dieser Satz von einer Person oder von einer Forschergruppe angenommen wird. Bei späterem Übergang zu einem *anderen* zentralen empirischen Satz ist ein *neuer* Zeitindex anzufügen. Die *Theorie selbst* wird von diesem zeitlichen Wandel nicht berührt, solange für die verschiedenen und miteinander unverträglichen zentralen empirischen Sätze dasselbe Grundprädikat $S$ benützt wird: sie bleibt der ruhende Pol in der (Satz-) Erscheinungen Flucht. Einen expliziten Gebrauch von der zeitlichen Indizierung werden wir an späterer Stelle immer dann machen, wenn wir auf das in Abschnitt 6 eingeführte *propositionale Gegenstück* zum zentralen empirischen Satz zurückgreifen, das ganz in modelltheoretischer Sprache formuliert ist und den Vorteil hat, den Gehalt eines solchen Satzes in einer sehr einfachen und übersichtlichen Weise darzustellen.

Mit (V) ist noch immer nicht die allgemeinste Form der empirischen Behauptung einer Theorie gewonnen. Zusätzlich zu den Nebenbedingungen, welche bestimmte Funktionsklassen *generell* zu erfüllen haben, können *spezielle Nebenbedingungen* vorkommen, welche bloß *diejenigen theoretischen Funktionen betreffen, die in speziellen, nur für bestimmte Anwendungen geltenden Gesetzen vorkommen.* Es empfiehlt sich diesmal, die in 5.c im Anschluß an (III$_b$) angeführte Möglichkeit zu benützen, Nebenbedingungen mittels einer *vierstelligen* Relation $C$ zu formulieren. Dadurch wird es nämlich möglich, die allgemeinen und die speziellen Nebenbedingungen in derselben Weise zu symbolisieren. Das Bestehen der *allgemeinen* Nebenbedingungen kann dann wie dort durch $C(\mathfrak{x}, \mathfrak{a}, R, \varrho)$ ausgedrückt werden, während die Behauptungen des Vorliegens von speziellen Nebenbedingungen oder von ,Gesetzes-Constraints' $\langle R^i, \varrho^i \rangle$, welche die theoretischen Funktionen in Ergänzungen $\mathfrak{x}^i \subset \mathfrak{x}$ von $\mathfrak{a}^i$ (mit $\mathfrak{a}^i \subset \mathfrak{a}$) Einschränkungen unterwerfen, in ganz analoger Weise durch $C(\mathfrak{x}^i, \mathfrak{a}^i, R^i, \varrho^i)$ wiedergegeben werden können.

Wegen der Tatsache, daß es höchstens $n$ derartige Klassen von speziellen Nebenbedingungen geben kann, sofern $n$ die Anzahl der Prädikatverschärfungen $S^1, \ldots, S^n$ von $S$ ist, erhalten wir so die folgende Verallgemeinerung von **(V)** mit $\mathfrak{a}^1, \ldots, \mathfrak{a}^n \subset \mathfrak{a}$[39]:

**(VI)** $\bigvee \mathfrak{x} \{ \mathfrak{x} \subseteq \hat{S} \wedge C(\mathfrak{x}, \mathfrak{a}, R, \varrho) \wedge \bigvee \mathfrak{x}^1 [\mathfrak{x}^1 \subseteq \mathfrak{x} \wedge \mathfrak{x}^1 \subseteq \hat{S}^1 \wedge C(\mathfrak{x}^1, \mathfrak{a}^1, R^1, \varrho^1)]$

$$\cdot \qquad \cdot$$
$$\cdot \qquad \cdot$$
$$\cdot \qquad \cdot$$

$$\wedge \bigvee \mathfrak{x}^n [\mathfrak{x}^n \subseteq \mathfrak{x} \wedge \mathfrak{x}^n \subseteq \hat{S}^n \wedge C(\mathfrak{x}^n, \mathfrak{a}^n, R^n, \varrho^n)]\}$$

(Erläuterung: In dieser Aussage wird ebenso wie in **(IV)** und **(V)** zugelassen, daß verschiedene Prädikatverschärfungen untereinander wieder in der Relation der Prädikatverschärfung stehen. Die $\mathfrak{x}^i$ hier entsprechen den Klassen $\{y \mid y \in \mathfrak{x} \wedge \bigvee \mathfrak{z} (\mathfrak{z} \in \mathfrak{a}^i \wedge y\, E\, \mathfrak{z})\}$ von **(V)**. Für diejenigen $\mathfrak{x}^i$, in denen zwar spezielle Gesetze, *aber keine speziellen Nebenbedingungen gelten*, ist die Definition von $\langle R^i, \varrho^i \rangle$ so einzurichten, daß sie tautologisch richtig wird und $C(\mathfrak{x}^i, \mathfrak{a}^i, R^i, \varrho^i)$ keine zusätzliche Einschränkung bewirkt.)

Selbst eine sehr abgekürzte umgangssprachliche Wiedergabe des Inhaltes dieser Aussage, deren Verständnis nicht bereits ein Verständnis von **(VI)** voraussetzt, ist kaum möglich. Wir wollen sie dennoch versuchen. Danach besagt **(VI)** für eine Theorie $T$ mit dem mathematischen *Fundamentalprädikat* $S$ ungefähr folgendes: „Es gibt eine Menge $T$-theoretischer Funktionen, die eine Klasse von vorgegebenen Nebenbedingungen $\langle R, \varrho \rangle$ erfüllt und mit deren Hilfe alle zur Klasse $\mathfrak{a}$ gehörenden partiellen potentiellen Modelle der Theorie zu Modellen des Grundprädikates $S$ theoretisch ergänzt werden können und zwar auf solche Weise, daß dabei erstens die Elemente bestimmter echter Teilmengen $\mathfrak{a}^1$ bis $\mathfrak{a}^n$ von $\mathfrak{a}$ zu Modellen der Prädikatverschärfungen $S^1$ bis $S^n$ von $S$ theoretisch ergänzt werden und zweitens gegebenenfalls einige der bei diesen speziellen Ergänzungen benützten Teilmengen von $T$-theoretischen Funktionen die speziellen Nebenbedingungen $\langle R^i, \varrho^i \rangle$ erfüllen.“

Unter Vorgriff auf Abschnitt 6 können Aussagen von der Gestalt **(V)** bzw. **(VI)** spezielle Deutungen gegeben werden, indem für das Grundprädikat das Prädikat *„ist eine klassische Partikelmechanik"* gewählt wird. Die partiellen potentiellen Modelle, insbesondere auch alle zu $\mathfrak{a}$ gehörenden, sind dann *Partikelkinematiken*, deren theoretische Ergänzungen *Partikelmechaniken* bilden. Es wird dann erstens behauptet, daß eine derartige Menge von Ergänzungen existiert, die außerdem *klassische* Partikelmechaniken sind (d. h. in denen das zweite Gesetz von Newton gilt), wobei die in diesen Ergänzungen benützten theoretischen Funktionen *Masse* und *Kraft* gewisse Nebenbedingungen erfüllen. Zweitens wird behauptet, daß es echte Teilmengen von $\mathfrak{a}$ gibt, die durch theoretische Ergänzungen zu Modellen von Verschärfungen der klassischen Partikelmechanik gemacht wer-

---

[39] Es sei nochmals daran erinnert, daß bei Benützung der vierstelligen Relation $C$ die Teilglieder der Gestalt $\mathfrak{x}\, \mathfrak{E}\, \mathfrak{y}$ wegbleiben können, da sie bereits in die Definition der Relation $C$ eingebaut sind.

den können. Diese Verschärfungen bestehen darin, daß außerdem gewisse weitere Gesetze, wie z.B. das dritte Gesetz von NEWTON oder das Hookesche Gesetz, gelten. Schließlich kann verlangt werden, daß die bei diesen Ergänzungen von Teilmengen von $a$ benützten theoretischen Funktionen jeweils spezielle Nebenbedingungen erfüllen.

Zur Erleichterung des späteren Verständnisses der modelltheoretischen Analysen möge beachtet werden, daß $a$ ein Element der *Potenzklasse* der Menge aller partiellen potentiellen Modelle designiert, und daß analog die gebundene Variable $x$ über Elemente der *Potenzklasse* der Menge aller Modelle läuft.

**5.h Bemerkungen über empirischen Gehalt, Prüfung, Falsifikation und Bewährung von Theorien.** Der Ramsey-Sneed-Satz (**VI**) einer Theorie $T$ bildet vermutlich die adäquateste Methode, *um den empirischen Gehalt von $T$ vollständig und zugleich auf solche Weise wiederzugeben, daß dabei das Problem der theoretischen Terme bewältigt wird.*

In der Regel kann und wird der Übergang zu jeweils komplexeren Ramsey-Darstellungen von *empirischen Gehaltverschärfungen* begleitet sein. Davon kann man sich am raschesten in der Weise überzeugen, daß man *zwei Schritte von ‚Enttrivialisierungen‘* betrachtet. Wie bereits früher erwähnt worden ist, kann ein Satz von der Gestalt (**II**) in dem Sinn trivial richtig sein, daß man *jedes* partielle potentielle Modell zu einem Modell erweitern könnte; (**III**$_b$) braucht dann trotzdem *nicht* richtig zu sein. Dasselbe Spiel wiederholt sich (mit geringfügigen Modifikationen) nochmals beim Übergang von (**III**$_b$) zu (**V**) bzw. zu (**VI**). Auch (**III**$_b$) *könnte* in dem Sinn trivial wahr sein, daß sich beliebige Teilmengen von $a$ (und evtl. noch mehr) zu Modellmengen erweitern lassen, ohne die Nebenbedingungen für die theoretischen Funktionen zu verletzen, während gleichzeitig (**V**) *nicht* trivial richtig ist; denn es könnten empirische $n$-Werte angebbar sein, die es unmöglich machen, theoretische Werte zu finden, so daß (**V**) erfüllt wird.

Um voreilige Schlüsse beim Leser zu verhindern, möge ausdrücklich darauf hingewiesen werden, daß hier *nicht* die These aufgestellt werden soll, *die Theorie $T$ bestehe ‚im Grunde aus nichts anderem‘* als aus einem *Satz von der Gestalt* (**VI**). So etwas ist keineswegs intendiert! Im Gegenteil: Wie die im übernächsten Abschnitt dargestellten Überlegungen nahelegen, *soll eine Theorie überhaupt nicht als linguistisches Gebilde aufgefaßt werden, also insbesondere weder als Klasse von Sätzen noch als ein unzerlegbarer Satz von der obigen Gestalt.* Alles, was behauptet wird, ist, daß durch (**VI**) sämtliche empirischen Behauptungen (die 'empirical claims') einer Theorie zu einer bestimmten Zeit nicht nur in bündiger und systematischer Weise *korrekt* dargestellt werden, sondern daß diese Art der Darstellung auch *notwendig* ist, um der erwähnten Schwierigkeit Herr zu werden und um außerdem den Zusammenhang zwischen den verschiedenen ‚intendierten Anwendungen‘ der Theorie und um die Geltung spezieller Gesetze adäquat wiederzugeben.

Der letzte Punkt wird in IX,8 die begriffliche Grundlage für die ‚Entmythologisierung des Holismus‘ bilden. Daher sei für einen Augenblick noch dabei verweilt: Im Gegensatz zum *'statement view of theories'*, also der Auffassung, daß der empirische Gehalt von Theorien oder sogar diese Theorien selbst als *Klassen von hypothetisch angenommenen Sätzen* oder durch eine *Konjunktion von Sätzen* wiederzugeben seien, ist die philosophische Position, welche dem Ramsey-Sneed-Satz einer Theorie zugrundeliegt, die, daß eine Theorie *nicht* als eine derartige Klasse oder Konjunktion von Hypothesen aufgefaßt werden darf, weil dadurch weder der Interdependenz der Hypothesen noch dem Zusammenhang zwischen diesen zeitlich variierenden Hypothesen einerseits und dem zeitlich stabilen Kern der Theorie andererseits Rechnung getragen wird. Was die Interdependenz betrifft, so werden durch die den theoretischen Funktionen auferlegten *Nebenbedingungen* zwischen den einzelnen intendierten Anwendungen *Querverbindungen* hergestellt, die es nicht zulassen, den empirischen Gehalt der Theorie in spezielle Hypothesen ‚auseinanderfallen zu lassen‘. Diese Nebenbedingungen sind es auch, welche unsere intuitive Vorstellung rechtfertigen, daß eine theoretische Funktion in allen Anwendungen der Theorie *ein und dieselbe Größe* darstellt. Und die Wiedergabe von speziellen Gesetzen durch *Verschärfungen* desjenigen Prädikates, welches die mathematische Struktur der Theorie festlegt, macht es möglich, *spezielle Hypothesen entweder preiszugeben oder neu hinzuzunehmen und dabei trotzdem immer die mathematische Grundstruktur der Theorie beizubehalten.*

In Abschnitt 7 werden die verschiedenen mit Theorien zusammenhängenden Begriffe *rein modelltheoretisch* charakterisiert werden. Die dabei gewonnenen Ergebnisse werden auch insoweit eine über den gegenwärtigen Zusammenhang hinausreichende Bedeutung erlangen, als dadurch erstmals ein brauchbarer begrifflicher Rahmen für eine präzise Diskussion der *Probleme der Theoriendynamik* gewonnen werden dürfte. Eines der wichtigsten Ergebnisse wird die dadurch ermöglichte ‚Versöhnung‘ zwischen den ‚Kuhnianern‘ und deren ‚rationalistischen Gegnern‘ sein.

Wer die bisherigen Ausführungen verstanden hat, wird es nicht verwunderlich finden, daß sich im Lichte dieser Betrachtungen verschiedene herkömmliche Vorstellungen von der empirischen Prüfung, der empirischen Widerlegung und der empirischen Bewährung (Bestätigung) von Theorien als revisionsbedürftig erweisen werden. Dabei ist es wichtig, klar zu sehen, *wo* diese Revisionsbedürftigkeit besteht. Sie liegt *nicht* in der *Art der Explikation* dieser Begriffe (ein Problem, zu welchem wir im gegenwärtigen Zusammenhang *überhaupt nichts* zu sagen haben, da dies kein Thema der gegenwärtigen Betrachtungen ist). Vielmehr betrifft sie die *Verwendung* derartiger Begriffe — wie immer ihre genaue Explikation aussehen möge —, *um zu metatheoretischen Feststellungen über die mutmaßliche Richtigkeit oder die mutmaßliche Falschheit von empirischen Behauptungen der Gestalt* (**VI**) *zu gelangen.*

Einige Aspekte dieses Sachverhaltes lassen sich prinzipiell bereits anhand der wesentlich durchsichtigeren Situation beim Satz (III$_b$) erörtern. Die Ergebnisse können von da mutatis mutandis auf den komplexeren Fall (VI) übertragen werden:

(1) Ein Punkt betrifft die Frage der Zugehörigkeit zur Menge a. Ist diese Menge explizit extensional gegeben, d. h. beschreibt a die Liste der Elemente dieser Menge, so besteht kein weiteres Problem. Meist wird es jedoch der Fall sein, daß die Menge der intendierten Anwendungen der Theorie durch eine *Eigenschaft* beschrieben wird. In diesem Fall ist es denkbar, daß die Zugehörigkeit einer Entität $x$ zu a durch ein *experimentum crucis* geprüft wird. Ob und wie wir zu einem solchen kritischen Test gelangen, kann a priori nicht gesagt werden. Doch das in 5.f gegebene Beispiel für die Miniaturtheorie $m$ zeigt die allgemeine Struktur einer derartigen Prüfung: Man muß versuchen, ‚in möglichst geschickter Weise' die bereits bekannten Elemente von a, die Überschneidungen von deren Bereichen sowie die Nebenbedingungen für die theoretischen Funktionen zu benützen, um eine empirische Voraussage für das partielle potentielle Modell $x$ zu gewinnen, das wir als möglichen Kandidaten der Zugehörigkeit zu a ins Auge gefaßt haben. Die Richtigkeit dieser Aussage ist dann zu überprüfen.

Man beachte, daß der *negative Ausgang* der Prüfung *keine Falsifikation der Theorie* darstellt, sondern nur zu dem Schluß berechtigt, *daß $x$ aus derjenigen Menge der intendierten Anwendungen der Theorie, für welche* (III$_b$) *gilt, auszuschließen ist.* (Dieser Punkt soll in IX weiter erörtert werden.)

(2) Ist darüberhinaus die empirische Behauptung (III$_b$) als solche *empirisch widerlegbar*? Die Antwort lautet: „Ja, *sofern* über die Zugehörigkeit bestimmter Entitäten zu a bereits positiv entschieden worden ist"[40]. Da Behauptungen der Gestalt (II) aus dieser Behauptung ableitbar sind, ist der einfachste Weg dafür folgender: Man deduziere aus der vorgegebenen verallgemeinerten Ramsey-Darstellung eine geeignete Aussage der Art (II), von der sich zeigen läßt, daß sie falsch ist. Dazu müßte gezeigt werden, daß das in dieser Behauptung genannte partielle potentielle Modell $a \in$ a nachweislich *nicht* zu einem Modell des Prädikates „ist ein $S$" erweitert werden kann.

(3) Eine dritte Möglichkeit besteht darin, das in (1) beschriebene Verfahren anzuwenden, mit dem einzigen Unterschied, daß die Prüfung diesmal auf ein physikalisches System $a$ angewendet wird, von dem man bereits weiß, daß es zur Menge a gehört. Nach diesem Verfahren könnte man etwa (III$_b^m$) *falsifizieren*: Man wählt zwei geeignete Elemente von $\mathfrak{D}$, deren Bereiche sich überschneiden, berechnet sodann *unter der hypothetischen Annahme der Wahrheit von* (III$_b^m$), *insbesondere der Gültigkeit der Nebenbedingung*

---

[40] Diese Entscheidung ist natürlich wieder trivial, wenn a durch eine Liste gegeben ist. Dies ist jedoch nicht der Normalfall; vgl. IX,5.a.

$\langle \approx, = \rangle$, eine Relation zwischen $t$-Werten *für einen neuen, dritten Bereich a* und benützt diese Erkenntnis wiederum dafür, um eine Voraussage über bestimmte Relationen empirischer Größen ($n$-Werte) zu gewinnen. Trifft die Voraussage nicht ein, so ist (III$p$) ‚empirisch widerlegt‘.

Es darf jedoch nicht übersehen werden, daß die Widerlegung nur relativ zu der Voraussetzung gilt, $a$ sei als zu den intendierten Anwendungen der Theorie gehörig zu betrachten. Der Anhänger der Theorie kann stattdessen beschließen, so zu reagieren wie im Fall (1), also $a$ aus dem empirischen Anwendungsbereich der Theorie entfernen. Ein radikaler Verfechter des ‚Falsifikationismus‘ wird zwar sofort den Verdacht hegen, hinter einem derartigen Verhalten stecke so etwas wie eine ‚Immunisierungsstrategie des Theoretikers‘. Doch dieser Verdacht wäre unbegründet. Wenn er die Theorie selbst betrifft, ist ein solcher Verdacht sogar *immer* unbegründet; *denn eine Theorie ist bei Zugrundelegung des Sneedschen Konzeptes überhaupt nicht eine solche Art von Entität, von der man sinnvollerweise sagen kann, sie sei falsifiziert worden.*

(4) So etwas wie eine *‚definitive Verifikation‘* scheint ebenfalls im Bereich des Möglichen zu liegen: Man hat ja nur alle Elemente von $a$ daraufhin zu überprüfen, ob sie die Bedingung (II) erfüllen. Sind diese Elemente endlich viele und sind sie überdies explizit vorgegeben, so *könnte* am Schluß der endlich vielen Prüfungen die Behauptung stehen, der Satz (III$_b$) sei verifiziert. Für eine so elementare Theorie wie $m$ mag so etwas zutreffen. *Es wäre dagegen unrealistisch, eine analoge Situation für irgendeine ernst zu nehmende physikalische Theorie als gegeben vorauszusetzen.* (Außerdem ist nicht zu übersehen, daß in die sog. ‚Beobachtungen‘ nicht-theoretischer Größen immer jene *hypothetischen* Elemente Eingang finden, auf die in Kap. I hingewiesen worden ist.)

Viel realistischer dagegen ist es, das Poppersche Bild von den *wiederholt gescheiterten Widerlegungsversuchen* zu gebrauchen: Wenn immer Prüfungen der geschilderten Art stattfanden und *keine Widerlegung* zustandekam, so kann man sagen, die *empirische Behauptung* (III$_b$) *habe sich bewährt.* Man ist allerdings *außerdem* geneigt zu sagen: Je öfter ein derartiger Widerlegungsversuch scheiterte, desto *besser bestätigt* ist diese Aussage. Ob dieses intuitive Gefühl einer zunehmenden Glaubwürdigkeit der Annahme, (III$_b$) werde auch künftig allen Prüfungen standhalten, in einer präzisen und adäquaten Explikation seinen Niederschlag finden kann oder ob es sich als eine Illusion erweist, dies zu untersuchen, wäre Aufgabe einer Theorie der Bestätigung.

## 6. Das Beispiel der klassischen Partikelmechanik

### 6.a Partikelkinematik, Partikelmechanik und klassische Partikelmechanik.
Die bisherigen Überlegungen bewegten sich im allgemeinen auf einer sehr abstrakten Ebene. Nur gelegentlich wurde für Illustrationszwecke die Theorie $m$ herangezogen. Aber diese Miniaturtheorie ist

von äußerst primitiver Struktur. Die klassische Partikelmechanik ist eine erste ‚wirkliche' physikalische Theorie, auf welche die bislang abstrakt geschilderten Gedanken anwendbar sein müßten, sofern sie adäquat sind. Dabei soll gegenwärtig davon abstrahiert werden, daß es von dieser Theorie mehrere äquivalente Fassungen gibt. Die Frage, was unter ‚äquivalenten' *Formulierungen einer und derselben Theorie* zu verstehen sei, bildet selbst ein schwieriges Problem, das erst im Rahmen der späteren modelltheoretischen Betrachtungen angegangen werden kann. Für den Augenblick möge die Feststellung genügen, daß den folgenden Betrachtungen die Partikelmechanik in der Newtonschen Formulierung zugrundegelegt werden soll und zwar in Anknüpfung an die Darstellung von McKINSEY et al. in [Particle Mechanics].

In dieser Arbeit werden erstmals physikalische Theorien durch mengentheoretische Prädikate charakterisiert. Diese Art der Formulierung allein wird bereits eine starke Abweichung von den Darstellungen in Kap. II erzwingen.

Hinzu kommt, daß die begrifflichen Gliederungen, welche bei den verschiedenen Verallgemeinerungen der Ramsey-Darstellung benützt worden sind, bei der axiomatischen Behandlung der Partikelmechanik nachgezeichnet werden müssen. Dazu gehören: die drei Arten von Modellbegriffen (Modelle, potentielle Modelle und partielle potentielle Modelle); die Verschärfungen des Grundprädikates zum Zwecke der Einführung spezieller Gesetze; und schließlich die Berücksichtigung verschiedener Arten von Nebenbedingungen.

Den drei Prädikaten $S$, $S_p$ und $S_{pp}$ (bzw. im Miniaturbeispiel: $V$, $V_p$ und $V_{pp}$) werden jetzt in dieser Reihenfolge entsprechen: $KPM(x)$ („$x$ ist eine klassische Partikelmechanik"), $PM(x)$ („$x$ ist eine Partikelmechanik") und $PK(x)$ („$x$ ist eine Partikelkinematik"). Die leitenden Gedanken sind dabei die folgenden: Durch das Grundprädikat, also durch das erste Prädikat in dieser Liste, soll die mathematische Struktur derjenigen Systeme von Partikeln mengentheoretisch charakterisiert werden, die sich im Einklang mit dem zweiten Gesetz von NEWTON bewegen. Dieses zweite Gesetz wird also das einzige ‚eigentliche' Axiom sein[41]. Da alle spezielleren Gesetze durch Verschärfungen des Grundprädikates eingeführt werden, soll die Extension des Grundprädikates selbst das *Fundamentalgesetz der Theorie* heißen.

Alle Systeme von Objekten, welche das obige Grundprädikat erfüllen, sind *Modelle* der Theorie. Das zweite Prädikat beschreibt nur die formale Struktur derjenigen Entitäten, von denen es sinnvoll ist zu fragen, ob sie das Prädikat „$x$ ist eine klassische Partikelmechanik" erfüllen oder nicht.

---

[41] Das dritte Newtonsche Gesetz wird bereits zu einer *Verschärfung* des Grundprädikates und damit zu dem speziellen Gesetzesbegriff der *Newtonschen* klassischen Partikelmechanik führen.

Eine Partikelmechanik ist also ein *potentielles Modell* der Theorie. Das letzte Prädikat enthält das, was nach ‚Streichung' der beiden theoretischen Funktionen aus Partikelmechaniken übrig bleibt, nämlich die nicht-theoretische Ortsfunktion. Eine Partikelkinematik ist somit ein *partielles potentielles Modell* derjenigen Theorie, dessen mengentheoretisches Grundprädikat $KPM(x)$ ist. Aus derartigen Systemen von in Bewegung befindlichen Körpern, deren räumliche Ausdehnung vernachlässigt werden kann, besteht insbesondere die intendierte Anwendung der Theorie.

Die Begriffe sollen in der umgekehrten als in der soeben angeführten Reihenfolge definiert werden, so daß wir mit dem einfachsten Begriff beginnen und zum jeweils komplexeren fortschreiten.

**D1** $PK(x) \leftrightarrow$ es gibt eine $P$, ein $T$ und ein $s$, so daß gilt:

(1) $x = \langle P, T, s \rangle$;

(2) $P$ ist eine endliche, nicht leere Menge;

(3) $T$ ist ein Intervall von reellen Zahlen;

(4) $s$ ist eine Funktion mit $D_I(s) = P \times T$ und $D_{II}(s) \subseteq \mathbb{R}^3$.
Ferner ist $s$ im offenen (Teil-)Intervall von $T$ zweimal nach der Zeit differenzierbar[42].

Wenn man von einer bestimmten intendierten Anwendung der klassischen Partikelmechanik ausgeht, so sei $P$ die Menge der Partikel dieser Anwendung, also die Menge derjenigen Objekte, deren Bewegungen man mittels dieser Theorie zu erklären versucht. Die Benützung der Menge $T$ beruht auf der folgenden Idealisierung: Es wird davon ausgegangen, daß man ein beliebiges Zeitintervall auf ein geeignetes Intervall der reellen Zahlengeraden isomorph abbilden kann und zwar auf solche Weise, daß der früher-als-Relation auf dem Zeitintervall die kleiner-Relation auf dem zugeordneten Zahlenintervall entspricht. Unter dieser Voraussetzung kann man für die fragliche Anwendung $T$ mit irgendeiner Menge von reellen Zahlen identifizieren, die mit demjenigen Zeitintervall isomorph ist, während dessen man die Bewegungszustände der Objekte aus $P$ in dieser Anwendung untersucht und zu erklären vorgibt. Schließlich ist $s(u, t)$ der Ortsvektor der Partikel $u$ zur Zeit $t$ in bezug auf ein räumliches Koordinatensystem. Die Zahlen von $T$ sollen also Zeitpunkten und jeder Wert $s(u, t)$ dem Abstand zwischen der Partikel $u$ und dem Koordinatenursprung zur Zeit $t$ entsprechen. Um dies für jedes Element von $T$ und für jeden $s$-Wert zu gewährleisten, müßten die Theorien der Zeitmetrik und der Geometrie logisch rekonstruiert werden, welche der klassischen Partikelmechanik zugrunde liegen. Eine solche Rekonstruktion wird hier nicht

---

[42] Unter $\mathbb{R}^3$ verstehen wir das dreifache Cartesische Produkt der Menge der reellen Zahlen mit sich selbst. Unter dem offenen Zeitintervall ist dasjenige zu verstehen, das aus $T$ durch Streichung der Endpunkte hervorgeht, falls solche angegeben waren.

gegeben, sondern vorausgesetzt. (Für einige Detailhinweise vgl. SNEED, [Mathematical Physics], S. 86ff. und S. 116. Es möge vor allem beachtet werden, daß sich der Begriff der Länge *als theoretisch bezüglich der zugrunde liegenden Theorie der Längenmetrisierung* erweisen kann. Dies ist *kein* Hindernis dafür, im gegenwärtigen Kontext die Ortsfunktion als nicht-theoretisch zu betrachten; denn die Theorie, auf welche das „nicht-theoretisch" hier relativiert werden muß, ist nicht diese der Partikelmechanik *zugrunde liegende* Theorie, *sondern die Partikelmechanik selbst*, relativ zu der räumliche Entfernungen sicherlich keine theoretischen Größen im Sneedschen Sinn sind, da es von der Mechanik unabhängige Methoden zur Entfernungsmessung gibt, so z.B. optische Methoden.)

**D2** $PM(x) \leftrightarrow$ es gibt $P, T, s, m, f,$ so daß gilt:

(1) $x = \langle P, T, s, m, f \rangle$;

(2) $P$ ist eine endliche, nicht leere Menge;

(3) $T$ ist ein Intervall von reellen Zahlen;

(4) $s$ ist eine Funktion mit $D_I(s) = P \times T$ und $D_{II}(s) \subseteq \mathbb{R}^3$. Ferner sei $s$ im offenen Teilintervall von $T$ zweimal nach der Zeit differenzierbar;

(5) $m$ ist eine Funktion mit $D_I(m) = P$ und $D_{II}(m) \subseteq \mathbb{R}$, wobei $m(u) > 0$ für alle $u \in P$;

(6) $f$ ist eine Funktion mit $D_I(f) = P \times T \times \mathbb{N}$ und $D_{II}(f) \subseteq \mathbb{R}^3$ und für alle $u \in P$ und alle $t \in T$ ist $\sum_{i \in \mathbb{N}} f(u, t, i)$ absolut konvergent.

In diesem Prädikat „*x* ist eine Partikelmechanik" werden zusätzlich zu den bereits in der vorigen Definition vorkommenden Begriffen die beiden Funktionen $m$ und $f$ eingeführt; dabei sei in einer intendierten Anwendung der klassischen Partikelmechanik $m(u)$ die Masse der Partikel $u$ und $f(u, t, i)$ die $i$-te Kraft, die auf die Partikel zur Zeit $t$ einwirkt. Die Werte beziehen sich auf vorgegebene Skalen zur Messung der Masse bzw. der Kraft. Eine Partikelmechanik ist diejenige Art von Entität, von der man aussagen kann, sie erfülle das zweite Gesetz von NEWTON. Die Hinzunahme dieses Gesetzes findet in der formalen Darstellung seinen Niederschlag in der Verschärfung des Prädikates der Partikelmechanik zu dem der klassischen Partikelmechanik.

In der nächsten Definition soll von folgender Konvention Gebrauch gemacht werden, welche die symbolische Darstellung von Ableitungen betrifft: Wenn $f$ eine Funktion einer reellen Veränderlichen ist, deren Werte reelle Zahlen oder Vektoren von reellen Zahlen sind, so werde die Ableitung von $f$ an der Stelle $x$ durch $Df(x)$ bezeichnet („$D$" für „Deriverte"). Diejenige Funktion, deren Wert für jede reelle Zahl $x$, für die $Df(x)$ existiert, gleich diesem Wert $Df(x)$ ist, werde $Df$ genannt. Werte von der

Gestalt $DDf(x)$ und Funktionen von der Gestalt $DDf$ werden durch $D^2f(x)$ bzw. durch $D^2f$ abgekürzt. Für gegebenes $u \in P$ sei nun $s_u$ die einstellige Funktion, deren Wert zur Zeit $t \in T$ gleich $s(u, t)$ ist, also: $s_u(t)$ $= s(u, t)$. Dann werde statt $Ds_u(t)$, also für die Ableitung dieser Funktion an der Stelle $t$, geschrieben: $Ds(u, t)$.

**D3** $KPM(x) \leftrightarrow$ (1) $PM(x)$;
  (2) für alle $u \in P$ und alle $t \in T$:
  $$m(u) \cdot D^2s(u, t) = \sum_{i \in N} f(u, t, i).$$

Wir nehmen jetzt mit SNEED an, daß es korrekt ist, $m$ und $f$ als *KPM-theoretisch* im früher definierten Sinn aufzufassen.

Bezüglich der Kraftfunktion dürfte dies unmittelbar klar sein. So z.B. sagt SNEED a.a.O., S. 117: "All means of measuring forces, known to me, appear to rest, in a quite straight-forward way, on the assumption, that NEWTON's second law is true in some physical system, and indeed also on the assumption that some particular force law holds."

Bezüglich der Massenfunktion liegt die analoge Behauptung nicht so auf der Hand. Hier muß man sich u. a. darüber klar werden, daß die Verwendung einer Waage zur Ermittlung des Massenverhältnisses zweier — als 'Partikel' aufgefaßter — Körper voraussetzt, *daß diese Waage mit den beiden Objekten auf den Waagschalen ein Modell der klassischen Partikelmechanik darstellt, in welchem die Kraftfunktion eine bestimmte Gestalt besitzt.*

Wir können daher die frühere Terminologie mit Recht anwenden und sagen, daß jede Partikelkinematik ein *partielles potentielles* Modell für *KPM* und jede Partikelmechanik ein *potentielles Modell* für *KPM* ist. Modelle für *KPM* sind genau die klassischen Partikelmechaniken.

In Analogie zum Fall unserer Miniaturtheorie $m$ kann jetzt die für die Ramsey-Darstellung benützte Ergänzungsrelation definiert werden (vgl. 3.b). Die Formulierung wird wesentlich vereinfacht, wenn man für jedes $n$ Projektionsfunktionen $\Pi_i (1 \leq i \leq n)$ verwendet, die in Anwendung auf ein geordnetes $n$-Tupel $\langle v_1, \ldots, v_n \rangle$ das $i$-te Glied herausisolieren: $\Pi_i(\langle v_1, \ldots, v_n \rangle) = v_i$.

**D4** $xEy$ („$x$ ist eine Ergänzung von $y$") $\leftrightarrow PK(y) \wedge \bigvee m \bigvee f$
  $[x = \langle \Pi_1(y), \Pi_2(y), \Pi_3(y), m, f \rangle] \wedge PM(x)$.

Wenn $a$ ein partielles potentielles Modell von *KPM* ist, so lautet der Ramsey-Satz **(II)** für dieses Objekt $a$, wenn „*KPM*" für „$S$" eingesetzt wird:

**(KPM-II)** $\bigvee x(xEa \wedge KPM(x))$

Diese Aussage kann nicht zur Formulierung einer empirischen Behauptung benützt werden; denn sie ist trivial richtig. Es läßt sich leicht zeigen, daß jede Partikelkinematik zu einer klassischen Partikelmechanik ergänzt werden kann. Daher sind die theoretischen Terme in **(KPM-II)** in einem trivialen Sinn Ramsey-eliminierbar[43]. Nach der früheren Terminologie ist **PK** ein empirisches Äquivalent des Ramsey-Prädikates, welches man aus dem letzten Satz bilden kann (d. h. „$PK(y)$" ist extensionsgleich mit dem Prädikat, welches aus diesem Satz nach Ersetzung von „$a$" durch „$y$" entsteht).

Diese Art von Trivialität ist keine Selbstverständlichkeit. Sie hat nichts zu tun mit der früheren Feststellung, daß die Ramsey-Darstellung nicht für nichttriviale Vorausberechnungen benützt werden kann. Denn während diese Feststellung durchaus damit verträglich ist, daß die theoretischen Terme eine ‚wirkliche Leistung' in der Form des Ausschlusses von möglichen beobachtbaren Sachverhalten vollziehen können, die man mit ‚empirischen' Methoden nicht ausschließen kann (vgl. 4.c und 5.f), fällt diesmal wegen des Bestehens einer Ramsey-Elimination auch diese Leistung fort. Wenn dieser Fortfall als *trivial* bezeichnet wird (vgl. die letzte Fußnote), so wird hier der Ausdruck „trivial" in einer dritten Bedeutung verwendet.

**6.b Einführung von Nebenbedingungen.** Wieder liegt es nahe, denselben Übergang zu verallgemeinerten Ramsey-Darstellungen zu vollziehen, der in 5.c auf abstrakter Ebene vorgenommen worden ist. Denn in diesem Übergang schien die einzige Möglichkeit zu liegen, eine Theorie für nichttriviale empirische Anwendungen zu benützen und dabei gleichzeitig das Problem der theoretischen Terme zu bewältigen. Da ein Satz von der Gestalt (**III**$_a$) nichts weiter bildete als die symbolische Zusammenfassung einer Konjunktion von Ramsey-Darstellungen, muß dabei gleich zum Analogon von (**III**$_b$) gegriffen werden. Die einzelnen Zwischenschritte sollen dabei nur inhaltlich geschildert und nicht formal präzisiert werden.

Zunächst ist die Menge bzw. Folge $\mathfrak{D}$ der möglichen Anwendungen $D_i$ anzugeben. Zu diesen Anwendungen gehört z. B. auch das Sonnensystem und seine Subsysteme. (Die Frage, bis zu welchem Grade die Elemente $D_i$ von $\mathfrak{D}$ ‚vorgegeben' sein müssen und bis zu welchem Grade $\mathfrak{D}$ ‚offen' bleiben kann, wird erst im nächsten Kapitel, im Zusammenhang mit dem Begriff *Paradigma*, erörtert werden.) Um die intendierten Anwendungen durch die mit „Nebenbedingungen" bezeichneten ‚Querverbindungen' miteinander verknüpfen zu können, ist es dabei wesentlich, daß *dieselbe* Partikel erstens überhaupt *in mehreren Anwendungen der Theorie* auftreten kann und zweitens sogar *zu ein und derselben Zeit in mehreren Anwendungen* vorkommen darf. Die beiden wichtigsten Nebenbedingungen für die Massenfunktion $m$ sei die *Systemunabhängigkeit* von $m$, d. h. die Tatsache, daß eine Partikel $u$ in jeder Anwendung, in der sie vorkommt, denselben Wert $m(u)$ erhält. Dies ist gerade die Bedingung $\langle \approx, = \rangle$. Dadurch wird die Masse zu einer konstanten Eigenschaft von Körpern deklariert. Eine zweite Nebenbedingung verlangt, daß $m$ eine *extensive Größe* sei.

---

[43] Wie die folgende Bemerkung zeigt, heißt „in einem trivialen Sinn" hier: man braucht sich nicht zu bemühen, um ein empirisches Äquivalent zu finden; **PK** ist bereits eines.

Zu diesem zweiten Merkmal stellt SNEED einige sehr interessante Betrachtungen an, die geeignet sein dürften, die herkömmlichen Vorstellungen von der Unterscheidung zwischen fundamentaler und abgeleiteter Metrisierung zu erschüttern[44]. Wenn es nämlich korrekt ist, die Masse als eine theoretische Größe *im hier verstandenen Sinn* zu betrachten, so liegt es keineswegs auf der Hand, daß es eine relationale Eigenschaft von Objekten gibt, die dieser Größe zugrundeliegt (in dem Sinn, in welchem sonst stets bei fundamentaler Metrisierung eine derartige Relation verwendet wird). Man kann zwar *im Nachhinein* eine Relation $S$ definieren, so daß gilt: $S(x, y)$ dann und nur dann wenn $[m(x)/m(y)] \leqq 1$. Aber es ist fraglich, ob damit erkenntnismäßig *irgend etwas* gewonnen wird. Überlegungen von dieser — hier nur angedeuteten — Art zeigen, daß die verbreitete intuitive Vorstellung, es sei ein *empirisches Faktum*, daß die Massenfunktion *extensiv* ist, auf einer Fehlintuition beruht. Es ist viel adäquater, die Annahme der Extensivität der Massenfunktion *als eine theoretische Arbeitshypothese* aufzufassen, die sich im Verlauf verschiedenartiger Anwendungen der klassischen Partikelmechanik *bewähren* muß.

In Anknüpfung an die frühere Schreibweise sollen diese beiden Nebenbedingungen durch „$C_m(\mathfrak{x}, R_1, \varrho_1)$" zusammengefaßt werden, wobei $\mathfrak{x}$ die für die folgende empirische Behauptung benötigte Menge potentieller Modelle darstellt.

Auch für die Kraftfunktion soll die Nebenbedingung $\langle \approx, = \rangle$ gelten und durch „$C_f(\mathfrak{x}, R_2, \varrho_2)$" symbolisiert werden. Dabei soll diese Nebenbedingung nur dann anwendbar sein, wenn die auf Partikel einwirkenden Kräfte zu gleichen Zeiten betrachtet werden, d.h. die Kraftfunktion soll nur systemunabhängig *bezüglich gleicher Zeiten* sein[45]. Wegen dieser Einschränkung ist die Nebenbedingung für Kraftfunktionen viel weniger effektiv als die analoge Nebenbedingung für die Massenfunktionen. Denn während wir ein und derselben Partikel dieselbe Masse zuschreiben, in welcher Anwendung und *zu welcher Zeit auch immer* wir sie betrachten, kann man über die auf Partikel einwirkenden Kräfte absolut nichts sagen, wenn man zu anderen Zeitintervallen übergeht. Dagegen enthält selbst diese schwächere Nebenbedingung $\langle \approx, = \rangle$, wie SNEED hervorhebt, implizit eine *Stetigkeitsforderung*, da bei der Behandlung gleicher Partikelmengen für sich überschneidende Zeitintervalle *dieselben* Kräfte für den Zeitabschnitt benützt werden müssen.

Jetzt können wir dazu übergehen, einen Satz anzugeben, der eine bestimmte Spezialisierung von $(\text{III}_b)$ für unseren Fall darstellt, worin das „$x$ ist ein $S$" ersetzt wird durch „$x$ ist eine klassische Partikelmechanik":

**(KPM-III)** $\quad \bigvee \mathfrak{x}[\mathfrak{x} \in a \wedge C_m(\mathfrak{x}, R_1, \varrho_1) \wedge C_f(\mathfrak{x}, R_2, \varrho_2) \wedge \mathfrak{x} \subseteq K\hat{P}M]$

---

[44] Vgl. insbesondere S. 84 ff. seines Werkes.

[45] Den Unterschied in der Behandlung der Massen und der Kräfte für diese Nebenbedingung $\langle \approx, = \rangle$ könnte man in der formalen Behandlung dadurch zur Geltung bringen, daß man eine zusätzliche Indizierung einführt, welche die Zeitabhängigkeit markiert und nur bei den Bezeichnungen von Kräften, nicht jedoch bei den Bezeichnungen von Massen benützt wird.

Inhaltlich besagt dieser Satz: $a$ ist eine Menge von partiellen potentiellen Modellen für das Grundprädikat „$x$ ist eine klassische Partikelmechanik", also eine Menge von Modellen für „$x$ ist eine Partikelkinematik"; diese Menge kann durch Einfügung von je zwei Funktionsstellen zu einer Menge $\chi$ potentieller Modelle des Grundprädikates erweitert werden und zwar auf solche Weise, daß erstens jedes dieser potentiellen Modelle auch zu einem Modell des Grundprädikates wird (in welchem nach Definition das zweite Gesetz von NEWTON gilt) und zweitens die Nebenbedingungen für die Massen- und Kraftfunktionen erfüllt sind, nämlich absolute Systemunabhängigkeit und Extensivität für die Massenfunktionen und Systemunabhängigkeit bezüglich gleicher Zeiten für die Kraftfunktionen.

**6.c Ein theoretischer Erklärungsbegriff.** Der zuletzt formulierte verallgemeinerte Ramsey-Satz kann zum Unterschied von vorangehenden eine *nicht-triviale empirische Aussage* ausdrücken. Er liefert außerdem einen möglichen Explikationsvorschlag für die Wendung „etwas mit Hilfe einer Theorie erklären". Der hier zur Sprache kommende *Erklärungsbegriff* unterscheidet sich von dem in Bd. I diskutierten Erklärungsbegriff dadurch, daß das zu Erklärende *nicht eine ganz bestimmte Einzeltatsache* ist, sondern aus *Systemen sich bewegender Partikel* besteht. Diese Systeme sind unter der Annahme der Richtigkeit von (**KPM-III**) genau die Elemente von $a$, formal beschrieben durch die Definitionsmerkmale des Prädikates „ist eine Partikelkinematik". (Es möge nicht vergessen werden, daß diese Systeme nicht Mengen von Partikeln, also nicht bloße Individuenbereiche sind, sondern von ‚Partikeln-mit-zeitabhängigen-Ortsfunktionen'.) Man könnte definieren: Die Bewegungsvorgänge in allen diesen Systemen werden dadurch *erklärt*, daß diese Systeme in geeigneter Weise *zu Modellen der klassischen Partikelmechanik gemacht* werden. „In geeigneter Weise" heißt dabei: „So, daß die angeführten Nebenbedingungen erfüllt sind".

Dies ist ein *modelltheoretischer Erklärungsbegriff*, da darin die Erklärung einer Art von Phänomenen (Bewegungen) an bestimmten Systemen (Partikelkinematiken) zurückgeführt wird auf eine komplexe empirische Aussage, nach welcher diese Systeme *zu Modellen* des einer Theorie korrespondierenden Grundprädikates ergänzungsfähig sind. Dieser Erklärungsbegriff ist mutatis mutandis natürlich auch dann anwendbar, wenn ein klassisch-mechanisches Analogon nicht zur Aussage (**III$_b$**), sondern zur nochmals verschärften Ramsey-Darstellung (**V**) bzw. (**VI**) benützt wird.

**6.d Spezielle Kraftgesetze und Prädikatverschärfungen: das dritte Gesetz von Newton; das Gesetz von Hooke; das Gravitationsgesetz.** Für mögliche Verschärfungen des Grundprädikates beschränken wir uns auf einige intuitive Hinweise[46].

---

[46] Eine viel detailliertere Diskussion findet sich bei SNEED, [Mathematical Physics], S. 129—144.

Es handelt sich darum, zu verlangen, daß die Kraftfunktionen in bestimmten Anwendungen ausgezeichnete Formen annehmen. Die Forderung, daß dies so sein müsse, wird mittels spezieller Gesetze formuliert. *Alle diese Gesetze werden in mengentheoretischer Darstellung mit Hilfe von Verschärfungen des Prädikates KPM(x) ausgedrückt.* Diese Verschärfungen erhält man aus diesem Grundprädikat durch Hinzufügung geeigneter Zusatzbestimmungen.

Angenommen, wir wollen verlangen, daß die Kräfte *das dritte Gesetz von* Newton nebst einer Zusatzbestimmung erfüllen. Genauer soll folgendes gelten: Die Kräfte treten nur als Paare gleich großer, jedoch entgegengesetzt gerichteter Kräfte auf, und zwar wirken sie genau entlang der Verbindungsgeraden von je zwei Partikeln.

Dazu muß zunächst die paarweise Zusammenfassung formal ausgedrückt werden. Dies kann mittels einer zweistelligen, umkehrbar eindeutigen symmetrischen Funktion $\varphi$ geschehen, die auf einem Teilbereich von $P \times N$ definiert ist und die Bedingung erfüllt: wenn $\langle v, j \rangle = \varphi(\langle u, i \rangle)$, dann $v \neq u$. Diese Bestimmung garantiert, daß keine Partikel eine Kraft *auf sich selbst* ausübt. Der Wert der Kraftfunktion $f(u, t, i)$ ist bei Vorliegen von $\langle v, j \rangle = \varphi(\langle u, i \rangle)$ als eine der Kräfte zu verstehen, welche die Partikel $v$ zur Zeit $t$ an der Partikel $u$ ausübt. Die gewünschte Zusatzbestimmung besagt dann:

(a) Für alle $u, v, i, j$: wenn $\langle v, j \rangle = \varphi(\langle u, i \rangle)$, dann gilt für alle $t \in T$:
    ($\alpha$) $f(u, t, i) = -f(v, t, j)$;
    ($\beta$) $s(u, t) \cdot f(u, t, i) = -s(v, t) \cdot f(v, t, j)$.

Durch ($\alpha$) wird ausgedrückt, daß ‚actio‘ und ‚reactio‘ bis auf das Vorzeichen gleich sind; durch ($\beta$) wird gewährleistet, daß beide Kräfte parallel zur Verbindungsgeraden $s(u, t) - s(v, t)$ der beiden Partikel wirken.

Das Prädikat $NKPM(x)$ („$x$ ist eine Newtonsche klassische Partikelmechanik") kann jetzt als Abkürzung dafür dienen, daß $x$ eine klassische Partikelmechanik ist und daß außerdem die Bedingung (a) erfüllt ist. Zwei Verschärfungen dieses Prädikates seien noch erwähnt. Durch die eine wird garantiert, daß außerdem das Hookesche Gesetz erfüllt ist, durch die andere, daß das Gravitationsgesetz gilt.

Das erste kann in der folgenden Weise geschehen: Zunächst wird eine Zusatzbestimmung aufgenommen, welche besagt, daß jede Partikel auf eine andere höchstens eine von 0 verschiedene Kraft ausübt und daß diese Kraft zu jeder Zeit eine Funktion des Abstandes zwischen den beiden Partikeln ist. Diese Bestimmung nimmt die Form einer Bedingung an, die einer Funktion $h(u, v, z)$ auferlegt wird[462]. Das Hookesche Gesetz läßt sich

---

[462] Für die genaue Formulierung dieser Bedingung vgl. Sneed, a.a.O. S. 140f., (D 20).

dann so formulieren:

(b) Es gibt Funktionen $K$ von $P \times P$ in $\mathbb{R}$ und $d$ von $P \times P$ in $\mathbb{R}^3$, so daß für alle $u, v \in P$ und alle $\chi \in \mathbb{R}^3$ gilt:

$$h(u, v, \chi) = K(u, v)\,(\chi - d(u, v)).$$

Die ‚Hookeschen Kräfte‘ $h$, die zwischen zwei Partikeln $u$ und $v$ wirken, werden hier dadurch charakterisiert, daß sie proportional sind der Abweichung des Abstandsvektors zwischen den beiden Partikeln von einem Gleichgewichtswert $d(u, v)$. Die Hinzufügung dieser Bestimmung (b) zum Prädikat $NKPM(x)$ liefert das Prädikat $HNKPM(x)$ („$x$ ist eine *das Hookesche Gesetz erfüllende* Newtonsche klassische Partikelmechanik“).

Unter Benützung von Funktionen $h$, die genauso zu charakterisieren sind, wie dies im Absatz oberhalb von (b) geschehen ist, kann *das Gesetz des inversen Abstandsquadrates* durch die Bestimmung ausgedrückt werden:

(c) Es gibt eine Funktion $K$ von $P \times P$ in $\mathbb{R}$, so daß für alle $u, v \in P$ und alle $\chi \in \mathbb{R}^3$ gilt:

$$h(u, v, \chi) = K(u, v) \cdot \frac{\chi}{|\chi|^3}.$$

Und das *Gravitationsgesetz* kann unter Benützung der weiter oben geschilderten Umkehrabbildung $\varphi$ dadurch ausgedrückt werden, daß für die in (c) eingeführte Kraft $K$ gefordert wird:

(d) Wenn $\langle v, j \rangle = \varphi(\langle u, i \rangle)$, dann gibt es eine reelle Zahl $G$, so daß: $K(u, v) = G \cdot m(u) \cdot m(v)$.

Die Hinzufügung der letzten beiden Teilbestimmungen zum Prädikat $NKPM(x)$ liefert das Prädikat $GNKPM(x)$, welches besagt: „$x$ ist eine das Gravitationsgesetz erfüllende Newtonsche klassische Partikelmechanik“.

Der Übergang von $KPM$ zu $NKPM$ entspricht im abstrakten Fall von Abschnitt 5 dem Übergang vom Grundprädikat $S$ zu einer Verschärfung $S^t$. Die letzten beiden geschilderten Übergänge entsprechen im abstrakten Fall zwei verschiedenen Verschärfungen dieses Prädikates $S^t$.

Man erkennt jetzt unmittelbar, wie unter Benützung derartiger Prädikate eine Aussage von der Gestalt (V) von 5.g für die klassische Partikelmechanik zu formulieren ist. Wie die Prädikatverschärfungen zu benützen sind, wurde soeben gesagt. Die Teilklassen von $a$ erstrecken sich jeweils auf diejenigen intendierten Anwendungen, in denen das dritte Gesetz von Newton bzw. das Gesetz von Hooke oder das Gravitationsgesetz gilt. Wenn wir außerdem noch annehmen, daß zusätzliche Nebenbedingungen vorkommen, die an Kraftfunktionen von spezieller Gestalt geknüpft sind und daher nur für diejenigen Anwendungsbereiche Gültigkeit besitzen, in denen die Kraftfunktionen diese spezielle Gestalt haben, so gelangen wir zur klassisch-mechanischen Spezialisierung der Aussage (VI).

Wieviele intendierte Anwendungen auch den Ausgangspunkt gebildet haben mögen, wieviele allgemeine und spezielle Nebenbedingungen auch verlangt werden und wieviele spezielle, nur in gewissen Anwendungsbereichen geltenden Gesetze auch eingeführt werden mögen — wir können in jedem Fall sagen, daß der gesamte empirische Gehalt einer Proposition, die all dies auszudrücken versucht, *mit Hilfe einer einzigen, unzerlegbaren empirischen Aussage formuliert wird: dem Ramsey-Sneed-Satz der Theorie.* Der empirische Gehalt *kann* nicht nur, sondern er *muß* in dieser Weise wiedergegeben werden, wenn dabei zugleich das Problem der theoretischen Terme bewältigt werden soll.

**6.e Einige zusätzliche Bemerkungen über spezielle Nebenbedingungen, Galilei-Transformationen sowie über das zweite Gesetz von Newton.** Um das in diesem Abschnitt gelieferte knappe Bild einer ,wirklichen physikalischen Theorie' abzurunden sowie um das Verständnis gewisser Aspekte einer physikalischen Theorie zu erleichtern, seien abschließend zusätzliche Anmerkungen zu drei wichtigen Punkten angefügt. Die erste betrifft den Begriff der *speziellen Nebenbedingung,* der an einem einfachen Beispiel erläutert wird. Die zweite bezieht sich auf die *Galilei-Transformationen.* Die dritte hat *die epistemologische Rolle des zweiten Gesetzes von* NEWTON zum Inhalt, welches wir zum Fundamentalgesetz der klassischen Partikelmechanik gemacht haben.

(*I*) *Ein Beispiel zur Erläuterung der Rolle spezieller Nebenbedingungen*[47]. In diesem Beispiel werden wir die oben eingeführten Prädikatverschärfungen benützen, welche spezielle Kraftgesetze zum Inhalt haben. Vollständigkeitshalber werde ein Teil der in 6.d vor der Einführung des Hookeschen Gesetzes inhaltlich beschriebenen Bedingung explizit formuliert. Das Prädikat $UNKPM(x)$ („$x$ ist eine unitäre Newtonsche klassische Partikelmechanik") soll den Sachverhalt ausdrücken, daß zwischen zwei Partikeln höchstens eine von 0 verschiedene Kraft wirkt. Unter Benützung der Umkehrabbildung $\varphi$ (vgl. den Absatz oberhalb (a) von 6.d) kann dieses Prädikat folgendermaßen definiert werden:

$UNKPM(x) \leftrightarrow$ es gibt $P, T, s, m, f$, so daß gilt:

(1) $x = \langle P, T, s, m, f \rangle$;
(2) $NKPM(x)$;
(3) $\wedge i \wedge j \wedge m \wedge n \wedge p \wedge q \, [(i, j, m, n \in \mathbb{N} \wedge p, q \in P \wedge \langle q, j \rangle = \varphi(\langle p, i \rangle) \wedge \langle q, n \rangle = \varphi(\langle p, m \rangle)) \rightarrow i = m \wedge j = n]$.

Wir betrachteten das System, bestehend aus der Erde, einer in der Nähe der Erdoberfläche befestigten Feder und einem Objekt, das an dieser Feder hängt. Eine natürliche Methode, den Formalismus der klassischen Partikelmechanik darauf anzuwenden, besteht darin, dieses System als aus drei

[47] Vgl. SNEED a.a.O., S. 147.

Partikeln bestehend aufzufassen. $p_1$ sei der Ständer, $p_2$ das an der Feder hängende Objekt und $p_3$ die Erde. Die Wege dieser drei Partikeln erfüllen aufgrund der Beobachtung die beiden Bedingungen, daß sie sich alle auf derselben Geraden bewegen und daß außerdem der Abstand zwischen $p_1$ und $p_3$ konstant bleibt. Von diesem System wird behauptet, daß es ein partielles potentielles Modell für *UNKPM* ist, d. h. daß es durch Hinzufügung von Massen- und Kraftfunktionen zu einem Modell dieses Prädikates ergänzt werden kann. Diese Wahl wird dadurch *eingeschränkt*, daß Teilsysteme des vorliegenden Systems zu Modellen für *andere* Spezialisierungen von *KPM* ergänzbar sein müssen. Die Massen- und Kraftfunktionen werden also dadurch allgemeinen einschränkenden Nebenbedingungen unterworfen, daß sie ,dazu herhalten müssen', Ergänzungen für diese *anderen* mengentheoretischen Prädikate zu liefern. Die Kraft $f_{12}$ zwischen der ersten und zweiten Partikel wird zusätzlich durch die Bedingung eingeschränkt, daß sie *eine das Hookesche Gesetz erfüllende Kraft* sein muß. Die Konstanten $K_{12} = K(p_1, p_2)$ und $d_{12} = d(p_1, p_2)$ im Gesetz von Hooke werden dabei durch die Wege der mit dieser Feder verknüpften Partikel in solchen Anwendungen bestimmt, die sich zu Modellen für *HNKPM* ergänzen lassen. Die *speziellen Nebenbedingungen* sind hier die Größen $K_{12}$ und $d_{12}$. Dabei ist folgendes zu beachten: $K$ und $d$ sind Funktionen, welche für die fragliche Feder charakteristisch sind, d. h. man geht davon aus, daß sie ,innere Eigenschaften' oder ,konstante Eigenschaften' *dieser Feder* ausmachen. Für ein gegebenes Paar von Partikeln nehmen sie daher bestimmte Werte an. Entscheidend ist dabei nicht diese letzte (triviale) Tatsache, sondern die erste. Die fragliche Feder, die im vorliegenden System gar nicht als eigene Entität auftritt, kann ja für zahlreiche andere Anwendungen des Prädikates „ist eine das Hookesche Gesetz erfüllende Newtonsche klassische Partikelmechanik" benützt werden: Für *jedes* physikalische System, welches mittels *dieser* Feder und mit ihr verbundenen Partikeln konstruiert werden kann, um ein Modell für *HNKPM* zu erzeugen, müssen *diese* die inneren Eigenschaften der Feder charakterisierenden Größen $K$ und $d$ gewählt werden. Man erkennt hieran, daß ebenso wie bei den allgemeinen Nebenbedingungen *auch die speziellen Nebenbedingungen ihre einschränkende Leistung durch die Gleichheit von Funktionswerten in verschiedenen Anwendungen erbringen.* Da die speziellen Nebenbedingungen stets im Kontext spezieller Gesetze auftreten, kann man sie auch als Gesetzes-Constraints bezeichnen.

Mit der Kraft $f_{23}$ zwischen der zweiten und dritten Partikel verhält es sich ähnlich. Ihre Wahl wird durch die Bedingung eingeschränkt, daß sie eine *Gravitationskraft*, d. h. gleich $m(p_2) \cdot g$ sein muß, wobei $g$ die Beschleunigung eines nahe an der Erdoberfläche frei fallenden Körpers ist. Durch $g$ wird eine ,innere Eigenschaft des Planeten Erde' zum Ausdruck gebracht. Die empirische Aussage (**UNKPM -II**) für das vorliegende System gestattet zusammen mit den speziellen bekannten Nebenbedingungen $K_{12}$ und $d_{12}$ eine

Berechnung von $m(p_2) \cdot g$, wodurch wegen der Kenntnis von $g$ die Masse $m(p_2)$ des an der Feder hängenden Objektes bestimmbar wird.

Es zeigt sich also, daß bereits die genaue Analyse eines so elementaren Beispiels wie des vorliegenden ausführlich davon Gebrauch machen muß, daß — außer der für dieses System geltenden Gesetzesspezialisierung des die Theorie charakterisierenden Grundprädikates (hier: die Spezialisierung von *KPM* zu *UNKPM*) — gewisse Individuen dieses Systems außerdem in Anwendungen *anderer* Gesetzesspezialisierungen vorkommen, wobei die ‚Querverbindungen‘ zwischen diesen verschiedenen Anwendungen durch allgemeine und spezielle Nebenbedingungen hergestellt werden, welche die Wahl der theoretischen Funktionen der Beliebigkeit und Willkür entziehen.

(*II*) *Die Invarianz in bezug auf Galilei-Transformationen.* Was ist unter der Forderung zu verstehen, daß die Gesetze der Mechanik invariant in bezug auf Galilei-Transformationen sein sollen? Wir müssen davon ausgehen, daß die physikalischen Systeme, welche partielle potentielle Modelle für *KPM* sind, Modelle für *PK* darstellen, die durch Hinzufügung von Kraft- und Massenfunktionen zu Modellen von *KPM* zu ergänzen sind. Um die Wege der Partikel in Modellen von *PK* zu beschreiben, benötigt man ein Inertialsystem. Die fragliche Invarianzforderung besagt nun nichts anderes als: Die korrekte Beantwortung der Frage, ob Kraft- und Massenfunktionen gefunden werden können, um eine vorgegebene Partikelmechanik zu einem Modell (einer geeigneten Verschärfung) des Prädikates „ist eine klassische Partikelmechanik“ zu ergänzen, darf nicht davon abhängen, welches Inertialsystem in der betreffenden Partikelmechanik benützt worden ist, um die Wege der Partikel zu beschreiben. In die Sprache des Ramsey-Sneed-Satzes übersetzt[48]: Wenn eine empirische Behauptung der Gestalt (**II**), die mit Hilfe einer geeigneten Verschärfung von *KPM* vorgenommen worden ist, für ein bestimmtes Modell *a* von *PK* zutrifft, und wenn *a'* aus *a* durch eine Galilei-Transformation hervorgeht, so gilt (**II**) auch von *a'*. Überdies sind die Massenfunktionen, die zur Erfüllung dieser beiden Behauptungen benötigt werden, miteinander identisch, und die Kraftfunktionen unterscheiden sich nur dadurch, daß beide Male die Kraftvektoren in verschiedenen Koordinatensystemen dargestellt werden. Eine präzise Definition des dabei benützten Begriffs der Galilei-Transformation findet sich in J.C.C. McKinsey et al. [Particle Mechanics].

(*III*) *Die epistemologische Rolle des zweiten Gesetzes von* Newton. Bereits in der Einleitung (vgl. Abschnitt 5, (3)) ist auf die Fehlerhaftigkeit der üblichen Alternative „ist das zweite Gesetz von Newton eine Definition oder eine empirische Hypothese?“ hingewiesen worden. In der obigen Axiomatisierung stellen „Kraft“ und „Masse“ undefinierte Grundsymbole

---

[48] Einfachheitshalber führen wir nur den Fall eines Satzes der Gestalt (**II**) an.

dar. Mittels Anwendung der Methode von PADOA kann man sogar *streng beweisen, daß in keinem dieser mengentheoretischen Prädikate das zweite Gesetz von* NEWTON *als Definition der Kraftfunktion verwendet werden kann*[49]. Die entsprechende gegenteilige Annahme, die u.a. von LORENZEN geteilt wird, ist widerlegbar[50].

Daß und warum man aus der Unmöglichkeit, das zweite Gesetz von NEWTON als Definition aufzufassen, *nicht* schließen darf, es handle sich um eine *‚empirische Wahrheit'*, wissen wir bereits aus der Definition des Begriffs der *T*-Theoretizität: Es verhält sich *nicht* so, daß wir unabhängig voneinander die Werte von Massen-, Kraft- und Ortsfunktionen messen, um uns im nachhinein von der empirischen Tatsache zu überzeugen (oder die empirische Tatsache zu entdecken), daß diese Größen zusammen gerade das zweite Gesetz von NEWTON erfüllen. Zwar kein Beweis (wie im ersten Fall), aber doch ein deutliches Symptom für die Fehlerhaftigkeit auch dieser Annahme ist darin zu erblicken, daß man sich keine empirische Tatsache vorstellen kann, die *als Widerlegung dieses Gesetzes* angesehen werden könnte.

In dieser Frage klar zu sehen, scheint deshalb so außerordentlich schwierig zu sein, weil sich die Aussagenkonzeption von Theorien immer wieder wie ein Nebel vor unsere Augen legt. Und doch könnte die Erkenntnis, daß dieses Newtonsche Gesetz nachweislich keine Definition darstellt und daß auch umgekehrt die Tatsache, daß keine empirische Feststellung dieses Gesetz falsifizieren kann, nicht für den ‚tautologischen Charakter' dieses Gesetzes spricht, ein wichtiger Schritt zur Befreiung von dieser Konzeption und zu einer neuen Deutung im Rahmen des non-statement view bilden. Der empirische Gehalt der klassischen Partikelmechanik zerfällt eben *nicht* in eine Klasse selbständiger und isolierter empirischer Behauptungen, sondern ist zur Gänze durch eine einzige unzerlegbare Aussage von der Gestalt **(VI)** wiederzugeben. Und in dieser *einen*, sich gleichzeitig auf sämtliche Anwendungen dieser Theorie beziehenden Aussage wird behauptet, daß für alle diese intendierten Anwendungen Massen- und Kraftfunktionen gefunden werden können, die ausnahmslos das zweite Gesetz erfüllen, die aber in bestimmten dieser Anwendungen spezielle Formen annehmen und die ‚quer über diese Anwendungen' durch Nebenbedingungen miteinander verknüpft sind.

---

[49] Für Details vgl. J.C.C. MCKINSEY et al., [Particle Mechanics], S. 268ff. Für eine übersichtliche Darstellung der Padoa-Methode vgl. ESSLER, *Wissenschaftstheorie* I, S. 102ff.

[50] Vgl. LORENZEN, *Methodisches Denken*, insbesondere S. 147, wo das zweite Gesetz von NEWTON als Kraftdefinition aufgefaßt wird. Innerhalb der Lorenzenschen Theorie ist diese Annahme sowie eine analoge, die sich auf die Masse als angeblich definierbare Größe bezieht, deshalb von großer Bedeutung, weil die These von der Existenz einer ‚apriorischen Protophysik' auf dieser irrtümlichen Annahme beruht.

Die Rede von *der* empirischen Behauptung dieser Gestalt ist allerdings,
wenn man den pragmatischen Zeitablauf mit in Rechnung stellt, irreführend. Denn wenn auch das zweite Gesetz in der geschilderten Weise in *allen*
empirischen Behauptungen dieser Art vorkommen muß — ansonsten läge
eine *mit einer anderen Theorie* gemachte empirische Behauptung vor —, so
ist doch die Form dieser Aussage hinlänglich variabel — man könnte auch
sagen: hinlänglich gummiartig —, um die verschiedensten Modifikationen
in bezug auf spezielle Kraftgesetze, in bezug auf die Nebenbedingungen für
Kraftfunktionen, ja sogar in bezug auf den Bereich der intendierten Anwendungen zuzulassen, so daß im Verlauf der Zeit die verschiedensten, miteinander unverträglichen empirischen Behauptungen *dieser Theorie* formuliert werden können. Darin spiegelt sich nichts anderes wider als das Leben
der Theorie, das von empirischen Rückschlägen und Fortschritten begleitet
ist. Diese Rückschläge und Fortschritte könnte man im Bild als das Atmen
der Theorie bezeichnen.

In IX werden wir eine bessere begriffliche Einsicht in diesen Sachverhalt
gewinnen. Ein unerläßliches Hilfsmittel dafür ist die modelltheoretische
Apparatur, der wir uns im nächsten Abschnitt zuwenden.

## 7. Was ist eine physikalische Theorie? Skizze einer Alternative zur Aussagenkonzeption (statement view) von Theorien

**7.a Theorie als mathematische Struktur, als Proposition und als
empirischer Satz.** Immer wieder war bislang von einer Theorie $T$ die
Rede, ohne daß die Entität, welche damit gemeint ist, näher charakterisiert
worden wäre. Die Rede von ,der' Theorie blieb mit einer intuitiven Vagheit
behaftet. Unter der Voraussetzung, daß sich dieser Begriff befriedigend explizieren läßt, und zwar auf solche Weise, daß die Verwendung des bestimmten Artikels gerechtfertigt ist, können wir sagen, daß die Relation
zwischen der sprachlichen Wiedergabe des empirischen Gehaltes einer
Theorie und der Theorie selbst *mehr-eindeutig* ist.

Selbst wenn man davon ausgeht, daß nur *ein einziger ,unzerlegbarer' zentraler empirischer Satz* von der Gestalt (V) oder (VI) (und nicht eine Satz-
*klasse*) diesen Gehalt korrekt wiedergibt, so existieren doch ebenso viele
Möglichkeiten, diesen selben Gehalt durch einen Satz auszudrücken, als es
verschiedene Axiomatisierungen von $T$ gibt, das Wort „Axiom" im herkömmlichen Sinn verstanden. Dazu hat man nur zu bedenken, daß verschiedene Axiomatisierungen *derselben* Theorie zu verschiedenen extensions-
gleichen Prädikaten „ist ein $S$" führen.

Wir werden aber einen noch viel zwingenderen Grund kennenlernen,
die genannte Relation als *mehr-eindeutige* Relation zu konstruieren. Diese
Charakterisierung wird sogar dann Gültigkeit behalten, wenn man den

zentralen empirischen Satz durch die ihm entsprechende Äquivalenzklasse ersetzt.

Der erste naheliegende Vorschlag, den Ausdruck „Theorie" unter vollkommener Abstraktion von der sprachlichen Fassung des empirischen Gehaltes der Theorie zu gebrauchen, besteht in der Identifizierung der Theorie mit dem, was wir gelegentlich die mathematische Struktur der Theorie nannten. Die Preisgabe des 'statement view' von Theorien wäre mit dieser Identifizierung deutlich genug ausgedrückt worden: die Theorie wäre danach kein *satzartiges*, sondern ein *begriffliches* Gebilde.

Doch ergibt sich hier sofort eine erste Komplikation: *Wie ist diese mathematische Struktur zu charakterisieren?* Nur solange die herkömmliche Ansicht zur Diskussion stand, nämlich die Auffassung, den empirischen Gehalt einer Theorie mittels Sätzen von der Gestalt (I) auszudrücken, könnte man versucht sein, die mathematische Struktur der Theorie mit derjenigen Entität zu identifizieren, die durch das Prädikat „ist ein *S*" designiert wird. Mit dem Übergang zur Ramsey-Darstellung (II) und später zu deren drei Verallgemeinerungen (III$_b$), (V) und (VI) wurde diese Struktur mehrfach modifiziert. Wir stehen also vor der Aufgabe, die mathematische Struktur einer Theorie auf solche Weise zu beschreiben, daß dabei erstens der *Unterscheidung zwischen theoretischen und nicht-theoretischen Funktionen* Rechnung getragen wird, daß ferner die *Nebenbedingungen* richtig zur Geltung gelangen und daß schließlich *alle speziellen Gesetze* berücksichtigt werden, die nur in gewissen Anwendungen der Theorie gelten und die in den Sätzen (V) und (VI) mit Hilfe von Verschärfungen des Grundprädikates bezeichnet worden sind.

Eine zweite Komplikation tritt hinzu. Oben war nur von dem Verhältnis zwischen Theorie und sprachlichem Ausdruck die Rede. Nicht weniger wichtig ist die *Proposition*, welche durch einen Satz der Gestalt (III$_b$), (V) oder (VI) ausgedrückt wird. Da die Theorie selbst als eine begriffliche Struktur rekonstruiert werden soll, muß die Proposition als eine *dritte Art von Entität* unterschieden werden und zwar auf solche Weise, daß sie *dieselbe* bleibt, wenn von einer sprachlichen Fassung zu einer damit logisch äquivalenten Fassung übergegangen wird.

Damit ergibt sich das folgende vorläufige Bild: *Ein und dieselbe* mathematische Struktur, genannt *Theorie*, kann auf verschiedenste Weise verwendet werden, um eine *Proposition* auszudrücken, eine *Theorienproposition*, wie wir dies nennen werden. Jeder dieser Theorienpropositionen entsprechen in ein-mehrdeutiger Weise Sätze von der Gestalt (V) bzw. (VI). (Diese letzte Entsprechung kann man dadurch zu einer umkehrbar eindeutigen machen, daß man die Sätze durch logische Äquivalenzklassen ersetzt.) Es wird nun darauf ankommen, diese drei Begriffe sowie ihre Beziehungen zueinander genauer zu explizieren.

*Anmerkung.* Dadurch, daß wir drei Kategorien von Entitäten unterscheiden, entgehen wir einem möglichen Einwand, der sich einem Leser bei der Lektüre von Kap. VII des Werkes von SNEED leicht aufdrängt. Da SNEED sich ganz auf die Explikation dessen konzentriert, was wir die mathematische Struktur nannten, also auf die Explikation *eines rein begrifflichen Gebildes*, während er von propositionalen Gebilden nur gelegentlich in Zwischentexten und nur in intuitiver Weise spricht, könnte ein Leser den irrigen Eindruck gewinnen, als vertrete SNEED eine These von der Art, theoretischen Physikern gehe es nur um die Errichtung solcher begrifflicher Gebilde, während Behauptungen für sie demgegenüber etwas Äußerliches und Nebensächliches seien. Der Eindruck einer solchen absurden Annahme wird vermieden, wenn man zwischen den beiden gleich wichtigen Begriffen der *Theorie im Sinn einer logisch-mathematischen Struktur* und der *Theorienproposition* unterscheidet.

**7.b Strukturrahmen, Strukturkern und erweiterter Strukturkern einer physikalischen Theorie.** Bei der Formulierung der empirischen Behauptung von Theorien **(I)** bis **(VI)** spielte das Grundprädikat „ist ein $S$" (im Fall der Partikelmechanik: „ist eine *KPM*") eine fundamentale Rolle. Die Extension dieses Prädikates kann man auch mit Hilfe anderer Prädikate festlegen. Wenn wir vom ‚zufälligen' sprachlichen Gewand und ebenso von der zufälligen Art der Formulierung absehen, so erscheint es als zweckmäßig, als die grundlegende mathematische Struktur die *Menge der Modelle* dieses Prädikates anzusehen. Diejenigen Objekte, für die man sinnvollerweise die Frage stellen kann, ob sie Modelle sind, die aber die ‚eigentlichen Axiome' im Definiens von „ist ein $S$" nicht zu erfüllen brauchen, nannten wir *potentielle Modelle*. Das entsprechende Prädikat war „ist ein $S_p$". Schließlich waren die *partiellen potentiellen Modelle* jene Objekte, die aus potentiellen Modellen durch ‚Streichung der theoretischen Funktionen' hervorgingen. Sie bildeten die Extension des Prädikates „ist ein $S_{pp}$". Die Verwendung von Indizes „$p$" und „$pp$" hatte rein mnemotechnische Gründe. Wir wollen analog verfahren, wenn wir jetzt die Strukturen ‚an sich', ohne Bezugnahme auf bestimmte Arten der sprachlichen Formulierung, betrachten. Die Menge der Modelle heiße $M$, die der potentiellen Modelle $M_p$ und die der partiellen potentiellen Modelle $M_{pp}$[51]. (Die unteren Indizes wählen wir aus denselben praktischen Gründen wie früher. Wir könnten stattdessen drei beliebige, voneinander verschiedene Klassensymbole wählen.) Wir werden im folgenden in der Regel davon ausgehen, daß wir es mit einer Theorie zu tun haben, die erstens theoretische Funktionen enthält und deren Axiome zweitens nicht logisch wahr sind, also einen echt einschränkenden Effekt haben.

Wir erinnern uns daran, daß die Elemente der genannten Mengen Relationssysteme sind. Ohne Bezugnahme auf diese frühere Festsetzung können

---

[51] In der früheren Symbolik könnten wir zwar auch „$\hat{S}$", „$\hat{S}_p$", usw. schreiben. In der jetzigen Darstellung geht es aber gerade darum, jede Bezugnahme auf die Verwendung des Prädikates „ist ein $S$" zu vermeiden.

die Mengen der Entitäten, *welche möglicherweise die mathematische Grundstruktur besitzen*, allgemein beschrieben werden. In Anknüpfung an SNEED bezeichnen wir eine derartige Menge als *eine Matrix für eine Theorie der mathematischen Physik*[52].

**D1** *X ist eine n-Matrix für eine Theorie der mathematischen Physik* gdw

(1) *X* ist eine Klasse;

(2) Für alle $\beta$: $\beta \in X$ gdw es $D, f_1, \ldots, f_n$ gibt, so daß die folgenden Bedingungen erfüllt sind:

(*a*) $\beta = \langle D, f_1, \ldots, f_n \rangle$;

(*b*) $D$ ist eine nichtleere Menge;

(*c*) für alle $i (1 \leq i \leq n)$ ist $f_i$ eine Funktion mit $D_I(f_i) \subseteq D$ und $D_{II}(f_i) \subseteq \mathbb{R}$.

Abgesehen von der in der letzten Fußnote erwähnten Einschränkung dürfte diese Definition für eine ganz allgemeine Charakterisierung noch immer in drei Hinsichten zu speziell sein: Wie bereits das Beispiel der Partikelmechanik zeigt, wird man erstens nicht immer *einen* Individuenbereich zugrundelegen, der Definitionsbereich aller Funktionen ist, sondern *mehrere* derartige Bereiche. Zweitens wird es nicht immer zweckmäßig, manchmal nicht einmal möglich sein, alle Funktionen $f_i$ *auf ein und demselben* Bereich zu definieren (vgl. etwa die Kraftfunktion in *PM*, welche auf einem Cartesischen Produkt von drei Mengen definiert ist.) Drittens wird es sich oft als ratsam erweisen, zusätzliche Forderungen über die Natur der Funktionen nicht erst in den Modellbegriff, sondern bereits in den Begriff des *möglichen* Modells mit aufzunehmen. Auch dafür bildet das Prädikat „ist ein *PM*" eine Illustration.

Derartige potentielle Verallgemeinerungen mögen für die folgende Diskussion im Auge behalten werden. Es ist nicht erforderlich, einen allgemeinsten, für *alle* Fälle brauchbaren Rahmenbegriff einzuführen. Es genügt, sich darüber Klarheit verschafft zu haben, durch welche Modifikationen man aus einem etwas spezielleren Begriff wie dem vorliegenden einen anderen derartigen Rahmenbegriff gewinnen kann.

Die Unterscheidung zwischen theoretischen und nicht-theoretischen Funktionen soll durch eine Funktion $r$ dargestellt werden, die $M_p$ in $M_{pp}$ abbildet. Zu diesem Zweck treffen wir eine von nun an stets geltende Festsetzung: Wenn in einem vorgegebenen $s$-Tupel von Funktionen $k$ nicht-theoretische Funktionen vorkommen, so sollen die Glieder dieses $s$-Tupels stets so geordnet werden, daß die ersten $k$ nicht-theoretisch sind, während die theoretischen Funktionen stets die letzten $s - k$ Plätze einnehmen.

Die für eine Theorie grundlegendsten und wichtigsten mathematischen Entitäten sollen mit dem Begriff des Strukturrahmens einer Theorie der

---

[52] SNEED führt allerdings einen Begriff ein, der in dem Sinn allgemeiner ist als der hier definierte, daß die Natur der Wertbereiche der $n$ Funktionen offen bleibt: Diese Bereiche können aus komplexen Zahlen, Vektoren und anderen mathematischen Gebilden bestehen. Um eine möglichst einfache Ausgangsbasis zu haben, beschränken wir uns auf den Fall reeller Funktionen.

mathematischen Physik eingeführt werden. (Der Zusatz „der mathematischen Physik" wird in den folgenden Definitionen stets weggelassen.)

**D2** $S(X)$ (lies: „*X ist ein Strukturrahmen einer Theorie*") gdw ein $M_p$, ein $M_{pp}$, ein $r$, ein $M$ sowie zwei Zahlen $k, s$ mit $k \leq s$ existieren, so daß gilt:

(1) $X = \langle M_p, M_{pp}, r, M \rangle$;

(2) $M_p$ ist eine $s$-Matrix für eine Theorie;

(3) $M_{pp} = \{ y \mid \bigvee z \bigvee D \bigvee f_1 \cdots \bigvee f_k \cdots \bigvee f_s (z \in M_p \wedge z$
$= \langle D, f_1, ..., f_s \rangle \wedge y = \langle D, f_1, ..., f_k \rangle) \}$;

(4) $r$ ist eine Funktion mit $D_I(r) = M_p$ und $D_{II}(r) \subseteq M_{pp}$, so daß gilt: $\langle D, f_1, ..., f_s \rangle \in M_p \rightarrow r(\langle D, f_1, ..., f_s \rangle) = \langle D, f_1, ..., f_k \rangle$.

(5) $M \subseteq M_r$.

Drei Komponenten dieser Begriffe sind von besonderer Wichtigkeit: der Begriff der *Matrix* $M_p$, die *grundlegende mathematische Struktur* $M$ sowie die durch die Funktion $r$ zur Geltung kommende *Unterscheidung zwischen theoretischen und nicht-theoretischen Funktionen*. Wenn wir später den Begriff der Theorie selbst eingeführt haben werden, soll $M$ auch das *Fundamentalgesetz der Theorie* genannt werden. In $M_{pp}$ kommen, inhaltlich gedeutet, die nicht-theoretischen oder ‚empirischen‘ Funktionen vor, welche für die Beschreibungen *der intendierten Anwendungen der Theorie* benützt werden. $M_{pp}$ selbst umfaßt ‚die Menge aller denkmöglichen Anwendungen der Theorie‘ (also *mehr* als die intendierten Anwendungen der Theorie.) Nach der früher eingeführten Sprechweise handelt es sich um die Menge der *partiellen potentiellen Modelle*. (Abstrakter Fall: die Modelle von „ist ein $S_{pp}$"; Fall der Mechanik: die Modelle von „ist ein $PK$".) $M_p$ ist die Menge der potentiellen Modelle, die mit der Matrix der Theorie identifiziert wird. (Abstrakter Fall: die Modelle von „ist ein $S_p$"; Fall der Mechanik: die Modelle von „ist ein $PM$".) Die ‚eigentliche mathematische Grundstruktur‘ ist durch die Menge der Modelle $M$ festgelegt, die prinzipiell immer der Forderung genügen muß, eine (echte oder unechte) Teilmenge der Menge der potentiellen Modelle zu sein. Von der *mathematischen Grundstruktur* kann man deshalb sprechen, weil diese Struktur *allen* physikalischen Systemen eigentümlich ist, auf welche sich die Theorie anwenden läßt. Aus diesem Grund sowie wegen der Tatsache, daß spezielle Gesetze durch Spezialisierungen dieser mathematischen Grundstruktur gewonnen werden, ist auch die Bezeichnung „Fundamentalgesetz" angemessen. Die Funktion $r$ heiße *Restriktionsfunktion*. Sie ordnet jedem Element der Matrix, d. h. jedem potentiellen Modell, genau dasjenige Element der denkmöglichen Anwendungen, d. h. der partiellen potentiellen Modelle, zu, welches durch Weglassung der theoretischen Funktionen aus dem ersteren entsteht.

SNEED erwähnt a.a.O. auf S. 166 einen Alternativvorschlag zur Definition von „Strukturrahmen". Er ist abstrakter als der vorliegende und hat den Vorteil, daß der Punkt (2) mit dem Rückgriff auf einen vorher eingeführten Begriff der Matrix entfällt. Man braucht sich dann diesbezüglich nicht festzulegen und entgeht damit den angedeuteten Bedenken. Für die Menge $M_p$ wird hier außer (5) nur verlangt, daß gilt:

$$M_{pp} \cap M_p \neq \emptyset \text{ gdw } M_{pp} = M_p.$$

Dies gestattet den Einschluß solcher Theorien, die überhaupt keine theoretischen Funktionen enthalten. (Für solche Theorien ist $M_p$ mit $M_{pp}$ identisch.) Ferner wird hier die explizite Erwähnung von Funktionen dadurch vermieden, daß die obige Bestimmung (3) durch die folgende ersetzt wird: $r$ ist eine Funktion von $M_p$ in $M_{pp}$, so daß im Fall von $M_p = M_{pp}$ gilt: $y = r(x)$ gdw $y = x$. Bei Fehlen theoretischer Funktionen ist somit $r$ als identische Abbildung zu deuten.

Die bisherigen modelltheoretischen Begriffe genügen, um den intuitiven Gehalt des einfachsten verallgemeinerten Ramsey-Satzes ($\text{III}_a$) wiederzugeben. Dabei benützen wir zugleich das dieser Aussage entsprechende Prädikat, das aus der Ersetzung der Konstanten $a$ durch die Variable $y$ hervorgeht. $y$ läuft über beliebige Teilmengen von $M_{pp}$; aber natürlich wird im allgemeinen nicht für jede dieser Teilmengen eine richtige Behauptung erzeugt. Diejenigen Teilmengen, welche einen Wahrheitsfall erzeugen, bilden somit eine ausgezeichnete *Teilklasse A* aus der Potenzklasse der Menge aller partiellen potentiellen Modelle, d.h. aus der Potenzklasse von $M_{pp}$. Man könnte $A$ als die *Klasse der möglichen intendierten Anwendungsmengen* bezeichnen. Diese Teilklasse $A$ ist dadurch ausgezeichnet, daß ihre Elemente solche Teilmengen von $M_{pp}$ sind, deren Elemente durch Hinzufügung theoretischer Funktionen ‚echte' Modelle, also Elemente von $M$, werden. Von der durch $a$ bezeichneten Menge partieller potentieller Modelle, d.h. *von der Menge der intendierten Anwendungen der Theorie*, wird behauptet, daß sie ein Element der eben beschriebenen ausgezeichneten Teilklasse ist[53]:

$$a \in A \subseteq Pot(M_{pp}).$$

Wenn wir beschließen, den Begriff der *Ergänzung* nicht nur auf partielle potentielle Modelle, sondern auch auf *Mengen von* solchen anzuwenden und darunter sinngemäß zu verstehen, daß die einzelnen Elemente dieser Menge zu potentiellen Modellen ergänzt werden, so können wir den Inhalt von ($\text{III}_a$) auch so ausdrücken: Es wird eine bestimmte Teilmenge der Menge aller denkmöglichen Anwendungen $M_{pp}$, nämlich $a$, herausgegriffen und behauptet, daß *diese Menge intendierter Anwendungen* der Theorie *ein Element derjenigen ausgezeichneten Teilklasse von* $Pot(M_{pp})$ *ist, deren Elemente zu Mengen von Modellen ergänzt werden können.*
(Weiter oben hatten wir für diese ausgezeichnete Teilklasse die Bezeichnung „Klasse der möglichen intendierten Anwendungsmengen" vorgeschlagen.)

---

[53] Die inhaltlichen Umschreibungen bei SNEED, a.a.O., S. 155 oben und S. 167 unten, sind nicht ganz korrekt. An der ersten Textstelle muß verschiedentlich „subset" durch „element" ersetzt werden. An der zweiten Stelle müßte der Text zur Gänze ersetzt werden, um eine korrekte Aussage zu ergeben.

Für die folgenden Erörterungen empfiehlt sich die Einführung von Funktionen, die der Restriktionsfunktion $r$ auf ‚höherer Stufe' analog sind, sowie der entsprechenden Umkehrfunktionen. Zur Vereinfachung der Symbolik verwenden wir die iterierte Potenzfunktion: $Pot^n(X) = Pot(Pot^{n-1}(X))$ und $Pot^0(X) = X$ für eine beliebige Menge $X$. $\langle M_p, M_{pp}, r, M \rangle$ sei ein Strukturrahmen. Für die Bestimmungen (3)ff. beachte man, daß $r$ nicht umkehrbar zu sein braucht, d.h. daß es $y_1 \neq y_2$ geben kann, so daß $r(y_1) = r(y_2)$. Das inhaltliche Verständnis dürfte gelegentlich dadurch erleichtert werden, daß man die Äquivalenz benützt: $Y \in Pot^n(X)$ gdw $Y \subseteq Pot^{n-1}(X)$.

**D3** (1)  $R$ ist eine Funktion mit $D_I(R) = Pot(M_p)$ und
$D_{II}(R) = Pot(M_{pp})$, so daß für alle $X \in Pot(M_p)$:
$R(X) = \{ z \mid z \in M_{pp} \wedge \vee x(x \in X \wedge r(x) = z) \}$;

(2)  $\overline{R}$ ist eine Funktion mit $D_I(\overline{R}) = Pot^2(M_p)$ und
$D_{II}(\overline{R}) = Pot^2(M_{pp})$, so daß für alle $\overline{X} \in Pot^2(M_p)$:
$\overline{R}(\overline{X}) = \{ Z \mid Z \in Pot(M_{pp}) \wedge \vee X(X \in \overline{X} \wedge R(X) = Z) \}$;

(3)  $e$ ist eine Funktion mit $D_I(e) = M_{pp}$ und $D_{II}(e) \subseteq Pot(M_p)$,
so daß für alle $y \in M_{pp}$:
$e(y) = \{ x \mid x \in M_p \wedge r(x) = y \}$;

(4)  $\mathscr{E}$ ist eine Funktion mit $D_I(\mathscr{E}) = Pot(M_{pp})$ und
$D_{II}(\mathscr{E}) \subseteq Pot^2(M_p)$, so daß für alle $Y \in Pot(M_{pp})$:
$\mathscr{E}(Y) = \{ X \mid X \in Pot(M_p) \wedge R(X) = Y \}$;

(5)  $\overline{\mathscr{E}}$ ist eine Funktion mit $D_I(\overline{\mathscr{E}}) = Pot^2(M_{pp})$ und
$D_{II}(\overline{\mathscr{E}}) \subseteq Pot^3(M_p)$, so daß für alle $\overline{Y} \in Pot^2(M_{pp})$:
$\overline{\mathscr{E}}(\overline{Y}) = \{ \overline{X} \mid \overline{X} \in Pot^2(M_p) \wedge \overline{R}(\overline{X}) = \overline{Y} \}$;

(6)  $E$ ist eine Funktion mit $D_I(E) = Pot(M_{pp})$ und
$D_{II}(E) \subseteq Pot(M_p)$, so daß für alle $Y \in Pot(M_{pp})$:
$E(Y) = \{ x \mid x \in M_p \wedge r(x) \in Y \}$;

(7)  $\overline{E}$ ist eine Funktion mit $D_I(\overline{E}) = Pot^2(M_{pp})$ und
$D_{II}(\overline{E}) \subseteq Pot^2(M_p)$, so daß für alle $\overline{Y} \in Pot^2(M_{pp})$:
$\overline{E}(\overline{Y}) = \{ X \mid X \in Pot(M_p) \wedge R(X) \in \overline{Y} \}$.

*Erläuterung.* Wenn $x$ ein Element von $M_p$ ist, so ist $r(x)$ das entsprechende Element von $M_{pp}$, welches aus $x$ dadurch hervorgeht, daß man den darin vorkommenden ‚Strang von theoretischen Funktionen wegschneidet'. Die Funktionen $R$ und $\overline{R}$ vollziehen das Analoge jeweils auf einer um eine Stufe höheren Ebene. Wenn $y$ ein Element von $M_{pp}$ ist, so ist $e(y)$ die Menge der Elemente aus $M_p$, welche dieselbe Konfiguration von nicht-theoretischen Funktionen haben wie $y$. $\mathscr{E}$ und $\overline{\mathscr{E}}$ wiederholen, in Analogie zu $R$ und $\overline{R}$, diese Erweiterungsprozedur auf den jeweils nächsthöheren Stufen. Wenn dagegen $Y$ eine Teilmenge von $M_{pp}$ ist, so ist $E(Y)$ die Menge derjenigen Elemente von $M_p$, die man dadurch gewinnt, daß man zu den Elementen von $Y$ *alle möglichen Konfigurationen theoretischer Funktionen hinzufügt.* $\overline{E}$ vollzieht das Analoge auf einer um eins höheren Stufe für vorgegebene *Klassen* von Teilmengen von $M_{pp}$.

Die in (3) und (5) dieser Definition eingeführten Funktionen legen drei Präzisierungen des Ergänzungsbegriffs nahe. Die Voraussetzung sei wieder dieselbe wie bei der vorigen Definition.

**D4** (1) Für jedes $y \in M_{pp}$ ist *x eine Ergänzung von y* gdw
$x \in e(y)$;

(2) für jedes $Y \subseteq M_{pp}$ ist *X eine Ergänzung von Y* gdw
$X \in \mathscr{E}(Y)$;

(3) für jedes $\overline{Y} \subseteq Pot(M_{pp})$ ist *$\overline{X}$ eine Ergänzung von $\overline{Y}$* gdw
$\overline{X} \in \overline{\mathscr{E}}(\overline{Y})$.

Bislang haben wir uns am modelltheoretischen Korrelat des Satzes $(III_a)$ orientiert. Wenn wir nun zur ersten wirklich interessanten Verallgemeinerung $(III_b)$ des Ramsey-Satzes übergehen, so muß *eine modelltheoretische Entsprechung zum Begriff der Nebenbedingung* gefunden werden. Zu diesem Zweck zeichnen wir mit Hilfe des jetzigen Begriffsapparates in ganz abstrakter Weise die Funktion, welche Nebenbedingungen zu erfüllen haben, nach: Durch sie wird verhindert, daß jede Menge möglicher intendierter Anwendungen (d.h. daß *jedes* Element der ausgezeichneten Klasse *A* möglicher intendierter Anwendungsmengen) zu einer Menge von Modellen des Prädikates erweitert werden kann, welches die mathematische Grundstruktur der Theorie kennzeichnet. Gewisse dieser intendierten Anwendungen werden durch die Nebenbedingungen ausgeschlossen. Diesen Ausschluß kann man sich in der Weise vollzogen denken, daß die Nebenbedingungen nicht erst bei den Modellen, sondern bereits bei den *potentiellen* Modellen mit ihrer 'Ausschlußfunktion' einsetzen[54]. Formal gesprochen bedeutet dies, daß aus der Menge $Pot(M_p)$, d.h. der Potenzklasse der Menge aller potentiellen Modelle, eine Teilklasse ausgesondert wird, und zwar auf solche Weise, daß der Ausschluß keine einzige Einermenge möglicher Modelle betrifft. Durch diese letzte Bestimmung ist die Gewähr dafür geschaffen, daß durch die Nebenbedingungen nur Mengen von mindestens zwei möglichen Modellen 'herausgeworfen' werden: Die 'eliminative' Funktion der Nebenbedingungen vollzieht sich in der Weise, daß versucht wird, 'Querverbindungen' zwischen potentiellen Modellen herzustellen und daß dabei solche Mengen potentieller Modelle ausgeschieden werden, für deren Elemente sich diese Querverbindungen nicht verwirklichen lassen. Die Ergänzungsfähigkeit eines für sich allein betrachteten potentiellen Modells kann dadurch nicht beschränkt werden.

Für den Begriff der Nebenbedingung soll, wie bereits im Satz $(III_b)$, das Symbol „$C$" benützt werden, diesmal aber in einer rein mengentheoretischen Bedeutung. Bei der früheren linguistischen Sprechweise handelt es sich in der Regel um eine Zusammenfassung *mehrerer* verschiedener Neben-

---

[54] Die 'eigentlichen Axiome', welche die Menge $M_p$ auf deren Teilmenge $M$ zusammenschrumpfen lassen, sind für die Nebenbedingungen ohne Bedeutung.

bedingungen. Da aber jene Menge sprachlich formulierter Nebenbedingungen jetzt *durch eine einzige Menge* wiedergegeben wird, benützen wir den
Singular und sprechen von *der* Nebenbedingung.

**D5** Wenn $X$ eine Menge ist, so ist $C$ eine *Nebenbedingung für $X$* gdw

(1) $C \subseteq Pot(X)$;

(2) $\wedge x(x \in X \to \{x\} \in C)$.

Noch *nicht alle* Aspekte des Begriffs der Nebenbedingung werden mit
dieser Definition erfaßt. Weiter unten soll noch dem Umstand Rechnung
getragen werden, daß die Nebenbedingungen an *Mengen von Funktionen*
(genauer: an Mengen von Funktionsstellen[55]) einsetzen, indem sie fordern,
daß gewisse Vereinigungen von Funktionen wieder Funktionen ergeben.
Bereits jetzt aber läßt sich der zweite wichtige modelltheoretische Begriff,
der Begriff des *Strukturkernes einer Theorie*, einführen.

**D6** $SK(X)$ (lies: „*X ist ein Strukturkern einer Theorie*") gdw es
$M_p$, $M_{pp}$, $r$, $M$ und $C$ gibt, so daß gilt:

(1) $X = \langle M_p, M_{pp}, r, M, C \rangle$;

(2) $\langle M_p, M_{pp}, r, M \rangle$ ist ein Strukturrahmen für eine Theorie;

(3) $C$ ist eine Nebenbedingung für $M_p$.

Ein Strukturkern ist — bis auf den eben erwähnten, noch nicht berücksichtigen Aspekt von Nebenbedingungen — *diejenige mathematische Struktur,
welche in einem verallgemeinerten Ramsey-Satz der Gestalt* **(III$_b$)** *benützt wird,
um eine empirische Behauptung aufzustellen.*

Statt den Begriff der Nebenbedingung nochmals zu modifizieren, sollen
gleich die in **D3** eingeführten Funktionen herangezogen werden, um zwischen den Fällen zu differenzieren, in denen die Nebenbedingungen entweder *nur* die theoretischen Funktionen oder *nur* die nicht-theoretischen
Funktionen oder *sowohl* die theoretischen *als auch* die nicht-theoretischen
Funktionen betreffen:

**D7** $X = \langle M_p, M_{pp}, r, M, C \rangle$ sei ein Strukturkern einer Theorie.
Dann sagen wir:

(1) $X$ ist *rein theoretischen Nebenbedingungen unterworfen* gdw
$\bar{R}(C) = Pot(M_{pp})$;

(2) $X$ ist *rein nicht-theoretischen Nebenbedingungen unterworfen* gdw
$\bar{E}(\bar{R}(C)) = C$;

(3) $X$ ist *leeren Nebenbedingungen unterworfen* gdw
$C = Pot(M_p)$;

(4) $X$ ist *heterogenen Nebenbedingungen unterworfen* gdw
weder (1) noch (2) noch (3) zutrifft.

---

[55] Vgl. die obige Festsetzung über die in einem Element von $M$ vorkommende
Reihenfolge der nicht-theoretischen und theoretischen Funktionen.

Man könnte dem in **D6** vernachlässigten Aspekt der Nebenbedingungen dadurch Rechnung tragen, daß man in diese Definition als vierte Bestimmung die Adjunktion von (1) bis (4) von **D7** einfügt. Wenn die Nebenbedingungen eine ,effektive' Leistung vollbringen, wäre als erste Zusatzbestimmung die Adjunktion von (1), (2) und (4) von **D7** und als weitere Bestimmung die Negation der Aussage (3) von **D7** hinzuzufügen.

Wir haben an früherer Stelle die ausgezeichnete Klasse $A$ der möglichen intendierten Anwendungsmengen der Theorie erwähnt, von der die in ($\mathbf{III}_a$) durch den Term $\mathfrak{a}$ designierte Menge ein Element ist. Gehen wir nun davon aus, daß die in $A$ vorkommenden, zu Modellen der Theorie ergänzungsfähigen Mengen von partiellen potentiellen Modellen auch noch einer Klasse $C$ von Nebenbedingungen unterworfen sind. Anders ausgedrückt: Die Klasse $A$ werde jetzt nicht unter Zugrundelegung von ($\mathbf{III}_a$), sondern von ($\mathbf{III}_b$) gebildet. Unter Heranziehung von Funktionen, die in **D3** eingeführt wurden, kann diese Klasse in bündiger Weise folgendermaßen charakterisiert werden, wobei $\mathrm{A}$ eine Funktion ist, deren Argumente beliebige Strukturkerne sind:

$$\mathrm{A}(K) = \bar{R}(Pot(M) \cap C).$$

Für die Ableitung von Theoremen, welche für den Beweis einiger Lehrsätze des nächsten Abschnittes benötigt werden, vgl. SNEED a.a.O., S. 169ff. Die drei komplizierten Relationen, welche dort auf S. 175 angeführt werden, hat SNEED auf S. 176—178 durch graphische Zeichnungen veranschaulicht.

Wir wenden uns jetzt der schwierigsten Aufgabe dieses Abschnittes zu, *auch die in den Sätzen* (**V**) *und* (**VI**) *benützte mathematische Struktur rein modelltheoretisch zu charakterisieren.* Dazu benötigt man vor allem den Begriff des *Gesetzes.* In Analogie zur Einführung des Begriffs der Nebenbedingung kann auch dieser Begriff durch ein abstraktes Merkmal gekennzeichnet werden. Nun wurden zwar auf linguistischer Ebene spezielle Gesetze auf dem Wege über Verschärfungen des der Theorie zugeordneten Grundprädikates eingeführt, so daß es jetzt am naheliegendsten wäre, sie als Teilklassen von $M$ einzuführen. Doch empfiehlt es sich, ähnlich wie im Fall der Nebenbedingungen, auch die Gesetze so zu charakterisieren, daß sie bereits bei der Menge der *potentiellen* Modelle eingreifen. Tatsächlich werden zur Formulierung spezieller Gesetze nur die allgemeinen Merkmale jener Entitäten benötigt, die man bereits kennen muß, bevor die ,eigentlichen Axiome' formuliert werden. *Gesetze* für einen Strukturrahmen sollen also *als Teilmengen des Erstgliedes dieses Rahmens* (also, als Teilmengen von $M_p$) eingeführt werden. Ein Gesetz ist nicht-theoretisch, wenn es keine Verbote darüber enthält, wie die Stellen für theoretische Funktionen auszufüllen sind, m. a. W. wenn es *sämtliche Ergänzungen* von Konfigurationen solcher theoretischer Funktionen, die in ihm überhaupt vorkommen, enthält. Theoretische Gesetze können dann durch Negation definiert werden. (Da nur die formalen Eigentümlichkeiten derjenigen Gebilde angegeben werden, welche *als Gesetze wählbar* sind, sollte man eigentlich besser von Gesetzes*kandidaten* sprechen.)

**D8** Es sei $S = \langle M_p, M_{pp}, r, M \rangle$ ein Strukturrahmen für eine Theorie. Dann soll gelten:

(1) $X$ *ist ein Gesetz für S* gdw $X \subseteq M_p$;

(2) $X$ *ist ein nicht-theoretisches Gesetz für S* gdw $X$ ein Gesetz für $S$ ist und wenn gilt: $E(R(X)) = X$;

(3) $X$ *ist ein theoretisches Gesetz für S* gdw $X$ ein Gesetz für $S$ ist und kein nicht-theoretisches Gesetz ist.

Eine in einem Satz der Gestalt (**V**) oder (**VI**) benützte mathematische Struktur erhalte den Namen *erweiterter Strukturkern*. Ein solcher enthält alle Glieder, die auch im Strukturkern vorkommen, und darüber hinaus drei weitere, nämlich:

(*a*) *Eine Menge G von Gesetzen* für den zugrundeliegenden Strukturrahmen. Es soll dabei die Möglichkeit offen gelassen werden, daß in gewissen Anwendungen keine speziellen Gesetze gefordert werden. Daher wird verlangt, daß $M$ ein Element von $G$ ist.

(*b*) *Eine Menge $C_G$ von speziellen Nebenbedingungen* von der Art, wie sie in der inhaltlichen Erläuterung zu (**VI**) geschildert worden sind. Diese Menge ist ebenso wie $C$ eine Menge von Nebenbedingungen *für $M_p$*. Sie ist außerdem aber mit den in $G$ vorkommenden Gesetzen verknüpft: sofern diese Gesetze theoretische Gesetze sind, darf $C_G$ nur die theoretischen Funktionen einer Einschränkung unterwerfen.

(*c*) *Eine zweistellige Relation* $\alpha$, genannt *Anwendungsrelation*. Diese Relation soll die speziellen Gesetze, also die Elemente von $G$, denjenigen intendierten Anwendungen zuordnen, in denen diese Gesetze gelten. Die wichtigsten Eigenschaften dieser Forderung werden durch die Bestimmung (5) zum Ausdruck gebracht (vgl. die Erläuterung im Anschluß an die Definition).

**D9** $EK(X)$ (lies: „*X ist ein erweiterter Strukturkern für eine Theorie*") gdw es ein $M_p, M_{pp}, r, M, C, G, C_G$ und $\alpha$ gibt, so daß

(1) $X = \langle M_p, M_{pp}, r, M, C, G, C_G, \alpha \rangle$;

(2) $\langle M_p, M_{pp}, r, M, C \rangle$ ist ein Strukturkern für eine Theorie;

(3) $G$ ist eine Menge, welche die beiden Bedingungen erfüllt:

    (*a*) $M \in G$;

    (*b*) für jedes $x \in G$: $x$ ist ein Gesetz für $\langle M_p, M_{pp}, r, M \rangle$;

(4) $C_G$ ist eine Nebenbedingung für $M_p$, so daß für alle von $M$ verschiedenen Elemente $x$ aus $G$ gilt:

wenn $x$ ein theoretisches Gesetz für $\langle M_p, M_{pp}, r, M \rangle$ ist, dann ist $\bar{R}(C_G) = Pot(M_{pp})$.

(5) $\alpha$ erfüllt die folgenden Bedingungen:

    (*a*)  $\alpha \in Rel \wedge D_I(\alpha) \in \overline{R}(Pot(M) \cap C) \wedge D_{II}(\alpha) = G;$

    (*b*)  $\wedge x \wedge g \wedge h[(x \in D_I(\alpha) \wedge g, h \in G \wedge \langle x, g\rangle \in \alpha \wedge g \subseteq h)$
          $\rightarrow \langle x, h\rangle \in \alpha];$

    (*c*)  $\wedge z \wedge x[\langle z, x\rangle \in \alpha \rightarrow \vee y(z = r(y) \wedge y \in x)].$

Um die inhaltliche Adäquatheit der Anwendungsrelation $\alpha$ rascher einsehen zu können, wurde die Konjunktion von (5) in drei Teile zerlegt. Das Konjunktionsglied (*a*) beschreibt nur die formale Struktur von $\alpha$: der Definitionsbereich muß eine Teilmenge von $M_{pp}$ und zwar genauer *eine mögliche Anwendungsmenge* sein, also ein Element der Klasse $A = \overline{R}(Pot(M) \cap C)$, während der Wertbereich aus einer *Menge von Gesetzen* besteht. $\alpha$ kann nur als mehr-mehrdeutige Relation und nicht als Funktion konstruiert werden, da einerseits ein und dasselbe Gesetz in *mehreren* Bereichen gelten kann, andererseits in der Regel in ein und demselben Anwendungsbereich *mehrere* Gesetze gelten. Die beiden anderen Bestimmungen sollen die Zuordnung der Gesetze zu denjenigen intendierten Anwendungen bewerkstelligen, in denen sie gelten. (*b*) besagt, daß die Liberalisierung $h$ eines in $x$ geltenden Gesetzes $g$ auch in $x$ gilt. Die Bestimmung (*c*) besagt, daß $\langle z, x\rangle \in \alpha$ nur dann gilt, wenn $z$ die Restriktion eines potentiellen Modells $y$ ist, das in dem Gesetz $x$ vorkommt. Durch diese Zusatzbestimmung wird gewährleistet, daß tatsächlich ein Gesetz $g \in G$ in gerade jenen Anwendungen ‚gilt‘, die auf Grund der Relation $\alpha$ dem Gesetz $g$ zugeordnet werden. Dadurch wird verhindert, daß eine ‚absurde‘ Anwendungsrelation konstruiert wird, welche Gesetze *anderen* Bereichen zuordnet als jenen, in denen sie tatsächlich gelten[56].

Wir sprechen von einem *theoretisch erweiterten Strukturkern* genau dann, wenn außerdem alle Elemente von $G$ theoretische Gesetze für $\langle M_p, M_{pp}, r, M\rangle$ sind. Wenn ein Quintupel $X$ mit $SK(X)$ gegeben ist, d.h. wenn $X$ ein Strukturkern ist, und wenn es ein $Y$ mit $EK(Y)$ gibt, also $Y$ ein erweiterter Strukturkern ist, so daß $X$ gliedweise identisch ist mit dem ersten Quintupel von $Y$, so sagen wir, daß $Y$ *eine Erweiterung von $X$* darstellt, was eine Abkürzung ist für: der erweiterte Strukturkern $Y$ stellt eine Erweiterung des Strukturkernes $X$ dar.

Wir wenden uns jetzt einer genaueren Analyse der Anwendungen einer Theorie zu. Die Menge der *intendierten Anwendungen* wurde in (**III$_b$**), (**V**) und (**VI**) durch die Konstante $\mathfrak{a}$ bezeichnet. Ersetzt man diese Konstante durch eine Variable $\mathfrak{y}$, so erhält man aus jedem dieser Sätze die zugehörige Ramsey-Formel bzw. das zugehörige Ramsey-Prädikat, *dessen Extension aus der Klasse der möglichen intendierten Anwendungsmengen der Theorie besteht.* In dem Fall, wo der empirische Gehalt der Theorie durch die einfachere Aussage (**III$_b$**) wiedergegeben wird, heiße diese Klasse wieder $A$. Im zweiten Fall,

---

[56] Die Bestimmung bei SNEED, a.a.O., S. 180, schließt dagegen solche absurden Zuordnungen *nicht* aus.

wo eine komplexere Aussage von der Gestalt (**V**) oder (**VI**) benützt wird, möge sie $A^*$ heißen. $A$ bzw. $A^*$ ist dadurch ausgezeichnet, genau die *Wahrheitsfälle* der verallgemeinerten Ramsey-Formel dieser Aussagen zu enthalten, also diejenige Menge von partiellen potentiellen Modellen, die zu Modellen ergänzungsfähig sind und dabei zugleich die übrigen in den betreffenden Aussagen formulierten Bedingungen erfüllen. Benützt man zur Charakterisierung dieser Klassen den jetzigen modelltheoretischen Begriffsapparat, so können wir die Extension des Ramsey-Prädikates der Aussage (**III$_b$**) wiedergeben durch:

(i) $$A = \bar{R}(Pot(M) \cap C),$$

während der propositionale Gehalt von (**III$_b$**) durch

$$a \in A$$

wiedergegeben werden kann.

Wir fragen nun: Erhält man in Analogie dazu für die verallgemeinerte Ramsey-Formel (**VI**) die Gleichung:

(ii) $$A^* = \bar{R}(Pot(M) \cap C \cap C_G),$$

so daß der propositionale Gehalt von (**VI**) durch

$$a \in A^*$$

ausgedrückt werden kann?

Die Antwort ist leider verneinend. Um einzusehen, daß $A^*$ nicht auf eine so einfache Weise charakterisiert werden kann, greifen wir ein beliebiges Element aus der Klasse der möglichen intendierten Anwendungsmengen heraus, also z.B. gerade die in (**VI**) mit $a$ bezeichnete Menge. Dies muß eine Menge möglicher Anwendungen sein, deren Elemente durch Hinzufügung von theoretischen Funktionen, welche die allgemeinen Nebenbedingungen $C$ und die speziellen Nebenbedingungen $C_G$ erfüllen, auf solche Weise ergänzt werden können, daß diese Ergänzungen Modelle (Elemente von $M$) bilden, *wobei diese Modelle überdies die hinzugefügten speziellen Gesetze erfüllen müssen.*

Würde nicht dieser letzte, kursiv gedruckte Zusatz für die Elemente von $A^*$ gelten, so wäre die Bestimmung (ii) korrekt; denn allen vorangehenden Forderungen wird in (ii) Rechnung getragen, dieser letzten jedoch nicht. Positiv formuliert: Es muß noch eine Bestimmung hinzutreten, durch welche die Geltung der Gesetze aus $G$ in den speziellen intendierten Anwendungen gewährleistet wird. Diese Zusatzbestimmung kann man mittels $\alpha$ in der Weise ausdrücken, daß man fordert: „Jede Ergänzung eines Elementes $x$ der Menge $a$ ist ein Element aller derjenigen Elemente aus $G$, die dem $x$ durch $\alpha$ zugeordnet sind."[57] Auf diese Weise gelangt man zur Definition

---

[57] Diese Formulierung ist deshalb so umständlich, weil ein Gesetz eine Menge von potentiellen Modellen ist, während $G$ die Klasse *aller* Gesetze darstellt, also eine Klasse von Mengen von potentiellen Modellen ist. Die Ergänzung des oben erwähnten Elementes $x$ aber ist ein bestimmtes Modell.

**D10b**: die Bestimmung (*c*) dieser Definition drückt genau das aus, was mit dem letzten, unter Anführungszeichen stehenden Satz beschrieben worden ist. Die Definition **D10a** fügen wir nur deshalb hinzu, weil dadurch eine Ungenauigkeit in den obigen inhaltlichen Betrachtungen nachträglich wieder behoben wird: Bei der Beschreibung der Klasse $A$ hatten wir auf die Aussage ($\mathrm{III}_b$) zurückgegriffen. Dabei wurde stillschweigend vorausgesetzt, daß den linguistischen Entitäten dieses Satzes die entsprechenden modelltheoretischen Entitäten eines Strukturkernes entsprechen. Streng genommen müssen wir aber vom Strukturkern selbst ausgehen; außerdem dürfen wir den noch nicht explizierten Begriff der Theorie nicht benützen[58].

**D10a** Es sei $K = \langle M_p, M_{pp}, r, M, C \rangle$ ein Strukturkern einer Theorie. Dann ist *die Klasse* $\mathbb{A}(K)$ *der möglichen intendierten Anwendungsmengen* gegeben durch

$$\mathbb{A}(K) = A = \bar{R}(Pot(M) \cap C).$$

**D10b** Es sei $E = \langle M_p, M_{pp}, r, M, C, G, C_G, \alpha \rangle$ ein erweiterter Strukturkern einer Theorie. Dann ist die Klasse $\mathbb{A}_e(E)$ *der möglichen intendierten Anwendungsmengen* gegeben durch:

$$\mathbb{A}_e(E) = \left\{ X \left| \begin{array}{l} X \subseteq M_{pp} \text{ und es gibt ein } Y \text{ so daß gilt:} \\ (a)\ Y \in (Pot(M) \cap C \cap C_G); \\ (b)\ X = R(Y); \\ (c)\ \wedge y \wedge x [(y \in Y \wedge x \in X \wedge x = r(y)) \to \wedge u (\langle x, u \rangle \in \alpha \to y \in u)] \end{array} \right. \right\}$$

Man beachte, daß sowohl $\mathbb{A}$ wie auch $\mathbb{A}_e$ *Funktionen* sind, wobei die erste Strukturkerne und die zweite erweiterte Strukturkerne als Argumente hat, während der Funktionswert die dem jeweiligen Argument entsprechenden Klassen möglicher intendierter Anwendungsmengen sind. Unter Benützung der Projektionsfunktionen $\Pi_i$ könnte z.B. die Funktion $\mathbb{A}$ definiert werden durch:

$$\lambda_x\, \mathbb{A}(x) = \{ z \mid \vee u \vee v (z = \langle u, v \rangle \wedge SK(u) \wedge v = \bar{R}(Pot(\Pi_4(u)) \cap \Pi_5(u))) \}$$

Ganz analog könnte man die Funktion $\mathbb{A}_e$ definieren.

Die Teilbestimmung (*c*) gewährleistet, daß die Ergänzung jedes Elements $x$ von $X$ Element *aller* Gesetze ist (d.h. daß ‚$x$ unter alle Gesetze subsumierbar ist‘), die dem $x$ durch $\alpha$ zugeordnet sind.

Es sei noch darauf hingewiesen, daß die Einschiebung des Wortes „möglich" in die Bezeichnungen von $\mathbb{A}(K)$ und $\mathbb{A}_e(E)$ daran erinnern soll, daß jede derartige Menge als intendierte Anwendung der Theorie gewählt werden *könnte*. Die *effektive* Wahl einer solchen Menge wird mit der

---

[58] Nicht expliziert wurde dieser Begriff der Theorie als *isolierter* Begriff. In allen bisherigen Begriffsbestimmungen war von einer Theorie nur *in einem bestimmten Kontext* die Rede, z.B. „Strukturrahmen einer Theorie", „Strukturkern einer Theorie" usw.

Behauptung eines Satzes von der Gestalt (III$_b$), (V) oder (VI) durch die Wahl der Individuenkonstante a vollzogen, vorausgesetzt natürlich, daß der Satz richtig ist.

### 7.c Theorien und Theorienpropositionen. Der propositionale Gehalt des Ramsey-Sneed-Satzes.

In 7.b wurde der Versuch unternommen, den Begriff der mathematischen Struktur einer Theorie zu präzisieren. Dieser Begriff wurde dabei in drei Teile untergegliedert. Wenn man will, kann man die mathematische Stuktur einer Theorie als ein geordnetes Tripel $\langle \mathfrak{R}, \mathfrak{K}, \mathfrak{E} \rangle$ auffassen, deren drei Glieder in dieser Reihenfolge aus dem *Strukturrahmen*, dem *Strukturkern* und dem *erweiterten Strukturkern* bestehen.

Ein Physiker beschränkt sich aber nun nicht darauf, ein begriffliches Gebilde zu konstruieren. Vielmehr benützt er dieses *als Werkzeug zur Formulierung von empirischen Behauptungen*. Wenn wir davon ausgehen, daß je nach Situation die Sätze (III$_b$), (V) und (VI) adäquate sprachliche Formulierungen des *gesamten* empirischen Gehaltes einer solchen Theorie darstellen, so lautet die Frage: Wie kann die durch eine solche Aussage ausgedrückte Proposition *unter Abstraktion von dem zufälligen sprachlichen Gewand*, also wieder rein modelltheoretisch, charakterisiert werden? Der propositionale Gehalt eines zentralen empirischen Satzes soll als *Theorienproposition* bezeichnet werden.

Eine weitere Frage, die wir bislang noch nicht beantwortet haben, lautet: Was für eine Entität ist eine Theorie, d. h. wie ist der Begriff der Theorie als solcher zu rekonstruieren?

Auf beide Fragen könnte man jeweils prinzipiell zwei Antworten geben, da sich nämlich beide Male zwischen einem starken und einem schwachen Begriff unterscheiden läßt. Es wird sich aber als zweckmäßig erweisen, keine symmetrische Wahl zu treffen, sondern im Fall der Theorienproposition den starken Begriff, im Fall der Theorie hingegen den schwachen Begriff zu wählen. Zunächst aber sollen alle Möglichkeiten angeführt werden.

Wir beginnen zunächst mit dem Begriff der Theorie. Man kann sagen, daß zwei Komponenten für eine Theorie wesentlich sind: erstens ihre *mathematische Struktur* und zweitens *eine Menge von intendierten Anwendungen I*; also könnte man eine Theorie identifizieren mit einem geordneten Paar, bestehend aus einer mathematischen Struktur und dieser Menge *I*. Was die Menge *I* betrifft, so haben wir darüber noch keine genaueren Betrachtungen angestellt. Zweckmäßigerweise werden solche auf die Behandlung der Theoriendynamik in IX verschoben. Deshalb versuchen wir an dieser Stelle auch gar nicht, eine korrekte Definition von „Theorie" zu geben, sondern begnügen uns in der folgenden Definition mit der Angabe *notwendiger Bedingungen* für das Vorliegen einer Theorie.

Je nachdem, wie man die erste Komponente, also die mathematische Struktur, näher spezialisiert, gelangt man dabei zu verschiedenen Begriffen.

Ein Strukturrahmen ist sicherlich ein zu dürres Gebilde, um als Grundlage eines brauchbaren Theorienbegriffs zu dienen. Also bleiben als mögliche Kandidaten für die mathematische Struktur noch übrig: Strukturkerne und erweiterte Strukturkerne. Dementsprechend können wir ein geordnetes Paar $\langle K, I \rangle$, bestehend aus einem Strukturkern $K$ und einer Menge $I$ von intendierten Anwendungen, eine *Theorie im schwachen Sinn* nennen, während eine *Theorie im starken Sinn* als geordnetes Paar $\langle E, I \rangle$, bestehend aus einem erweiterten Strukturkern und einer solchen Menge $I$, zu konstruieren wäre. Die erste Definition schreiben wir ausdrücklich an:

**D11** $X$ ist eine *Theorie der mathematischen Physik (im schwachen Sinn)* nur dann, wenn es ein $M_p$, $M_{pp}$, $r$, $M$ und $C$ gibt, so daß

(1) $Y = \langle M_p, M_{pp}, r, M, C \rangle$ mit $SK(Y)$;
(2) $X = \langle Y, I \rangle$;
(3) $I \subseteq M_{pp}$ und $I \in \bar{R}(Pot(M) \cap C)$.

Die Bedingung (3) enthält eine Minimalvoraussetzung für Vernünftigkeit: Von einer Theorie würde offenbar ein gänzlich unvernünftiger Gebrauch gemacht, wenn intendierte Anwendungen teilweise nicht einmal partielle potentielle Modelle wären; denn nur solche kommen ja als ‚denkmögliche‘ Anwendungen in Frage.

Wir haben die Wendung „im schwachen Sinn" in Klammern gesetzt. Von dem entsprechenden Begriff der *Theorie im starken Sinn*, der aus dem vorliegenden dadurch hervorgeht, daß man statt des Strukturkernes einen erweiterten Strukturkern wählt, werden wir nämlich an späterer Stelle keinen weiteren Gebrauch machen, sondern ihn nur in der nächsten Definition als Hilfsbegriff verwenden. Der Grund dafür wird in IX ersichtlich werden, wenn wir den Sneedschen Gedanken weiter verfolgen, den dynamischen Begriff der *normalen Wissenschaft im Sinn von* T. S. KUHN zu explizieren: Nach KUHN ist es für die normale Wissenschaft charakteristisch, daß die Theorie konstant bleibt, während sich die Überzeugungen der Theoretiker laufend ändern. Wir werden diesen Gedanken mit Hilfe des jetzigen Theorienbegriffs im schwachen Sinn auszudrücken versuchen; denn in einem derartigen Verlauf bleibt der Strukturkern konstant, während spezielle Gesetze ebenso wie die speziellen Nebenbedingungen und sogar die Menge der intendierten Anwendungen einem Wandel unterworfen sein können.

Hinsichtlich des Begriffs der *Theorienproposition* stehen wir vor genau der umgekehrten Situation. Leitend ist hierbei für uns der bereits geäußerte Wunsch, auch den Ramsey-Sneed-Sätzen der Gestalt (V) und (VI) Propositionen zuzuordnen. Dies ist offenbar nur möglich, wenn wir uns nicht auf den Strukturkern allein beschränken, sondern auch die speziellen Gesetze und speziellen Nebenbedingungen heranziehen, also von *Erweiterungen* solcher Kerne Gebrauch machen. Wenn wir uns daran erinnern, daß einerseits in jenen Sätzen die Individuenkonstante $a$ eine Menge partieller potentieller Modelle bezeichnet und $I$ eine solche Menge ist und daß andererseits alle in jenen Sätzen benützten mathematischen Strukturen in erweiterten Strukturkernen ihren präzisen Niederschlag finden, so muß die einer Theorie entsprechende Theorienproposition mit der Behauptung identifiziert werden, daß das Zweitglied einer Theorie im starken Sinn Element der Klasse der möglichen intendierten Anwendungen ist, die durch das Erstglied festgelegt wird. Da die eben erwähnte Klasse bei vorgegebenem erweiterten Strukturkern mit Hilfe der Funktion $\mathbb{A}_e$ präzise charakterisiert werden kann, gelangen wir zu der folgenden Definition:

**D12** Es sei $X = \langle E, I \rangle$ eine Theorie im starken Sinn mit dem erweiterten Strukturkern $E$ und der Menge der intendierten Anwendungen $I$. Dann soll unter der $X$ entsprechenden Theorienproposition die Behauptung

$$I \in \mathbb{A}_e(E)$$

verstanden werden.

Auch den beiden Wendungen: „zu einem erweiterten Strukturkern gehörende Theorie" bzw. „zu einem erweiterten Strukturkern gehörende Theorienproposition" kann jetzt ein klarer Sinn gegeben werden. Die genaue Definition bleibe dem Leser überlassen.

Der Rückgriff auf den Theorienbegriff, den wir einfachheitshalber vornahmen, läßt sich natürlich vermeiden. Wir könnten unmittelbar die folgende Überlegung anstellen: Das in einem zentralen empirischen Satz der Gestalt (VI) benützte begriffliche Instrumentarium ist ein erweiterter Strukturkern $E$. Dieser Strukturkern legt die Klasse $\mathbb{A}_e(E)$ der möglichen intendierten Anwendungen der Theorie fest. (VI) behauptet, daß die durch $a$ bezeichnete Menge Element dieser Klasse ist. Wenn wir diese Menge $I$ nennen, so gewinnen wir die Proposition: $I \in \mathbb{A}_e(E)$.

Zu einem Begriff der Theorienproposition im schwachen Sinn gelangen wir, wenn wir statt des erweiterten Strukturkerns $E$ einen gewöhnlichen Strukturkern $K$ nehmen und darauf die Operation $\mathbb{A}$ anwenden. Die Proposition lautet dann: $I \in \mathbb{A}(K)$.

Daß es diesmal der schwache Begriff ist, der für uns weniger bedeutet, hat seinen Grund darin, daß wir jetzt daran interessiert sind, den propositionalen Gehalt des zentralen empirischen Satzes einer Theorie adäquat wiederzugeben und *daß dieser Gehalt in der Regel*[59] *etwas wesentlich Stärkeres darstellt als eine schwache Theorienproposition.*

Theorienpropositionen werden an späterer Stelle eine wichtige Rolle spielen. Dem kann hier nicht vorgegriffen werden, da hierfür genauere Aussagen darüber gemacht werden müßten, in welcher Weise $I$ ‚einem Wissenschaftler gegeben' sein kann. Dieses Problem führt in die recht diffizile Paradigmendiskussion hinein, die ebenfalls auf IX verschoben werden muß,

---

[59] „In der Regel" heißt hier: „in allen Fällen, in denen der zentrale empirische Satz nicht die einfache Gestalt (III$_b$) hat".

da auch sie in den Rahmen der Auseinandersetzung mit der Kuhnschen Wissenschaftskonzeption hineingehört. Nur eines sei hier vorweggenommen: Sobald diese Frage des ‚Gegebenseins von $I$' geklärt ist, hat es auch Sinn zu sagen, daß eine Person *an* eine derartige Theorienproposition *glaube*, d.h. *von ihrer Richtigkeit überzeugt* sei. Dieser Glaube ist nichts anderes als der *Glaube, daß* $I \in \mathbb{A}_e(E)$.

Von der Wahrheit und Falschheit einer Theorienproposition zu sprechen, bildet jetzt kein prinzipielles Problem mehr, obwohl die präzise Definition dieser Unterscheidung im gegenwärtigen Fall nur unter großem technischen Aufwand möglich wäre. Man müßte dazu die Tarski-Semantik in die Metasprache derjenigen Objektsprache, welche die bisher verwendete mengentheoretische Apparatur zu formulieren gestattet, einbauen. Dazu müßte natürlich zunächst der bisher nur intuitiv verwendete mengentheoretische Begriffsapparat durch eine formalisierte Mengenlehre ersetzt werden. Die Wahrheitsdefinition hätte die bekannte Tarskische Wahrheitsbedingung zu erfüllen, intuitiv gesprochen: Eine Proposition von der Gestalt $I \in \mathbb{A}_e(E)$ ist wahr gdw ‚wirklich' $I$ Element der Menge ist, welche durch die Operation $\mathbb{A}_e$ aus dem erweiterten Strukturkern $E$ erzeugt wird; ansonsten ist sie falsch.

Wir nennen eine Theorienproposition nur dann *vernünftig*, wenn $I \subseteq M_{pp}$; ansonsten heiße sie *unvernünftig*. Die Unvernünftigkeit einer solchen Proposition bedeutet also, daß die Menge der ‚gegebenen' intendierten Anwendungen nicht einmal nur aus partiellen potentiellen Modellen besteht. Diese Festsetzung steht mit der obigen Definition von „Theorie" in Einklang. Man könnte schließlich eine Theorienproposition als *adäquat* bezeichnen, wenn $I$ eine *maximale* Menge darstellt, für die $I \in \mathbb{A}_e(E)$ gilt, wenn $I$ also eine Menge ist, die nicht vergrößert werden kann, ohne daß die Theorienproposition falsch würde.

Überlegen wir uns zum Abschluß noch im Detail *die Entsprechung zwischen einem zentralen empirischen Satz und einer Theorienproposition.* Wenn wir davon ausgehen, daß der empirische Gehalt einer Theorie durch einen Satz der Gestalt (VI) adäquat ausgedrückt wird, so haben wir nichts weiter zu tun als eine solche Beziehung zwischen den einzelnen Teilen dieses Satzes und dem, was wir soeben Theorienproposition nannten, herzustellen, daß ein Satz von dieser Gestalt genau eine Theorienproposition ausdrückt. Wir begnügen uns hier mit einigen inhaltlichen Hinweisen für den Wahrheitsfall. Dabei übernehmen wir auch Symbole von 5.b und 7.b.

Das mengentheoretische Grundprädikat „ist ein $S$" muß offenbar die mathematische Grundstruktur beschreiben, d.h. die Extension dieses Prädikates muß mit der Menge der Modelle identisch sein. Es muß also gelten: $M = \hat{S}$. Ferner muß die Ergänzungsrelation $\mathfrak{E}$ von (VI) so definiert sein, daß dadurch je ein Element von $M_{pp}$ zu einem Element von $M_p$ erweitert wird. Es ist $M_p = \hat{S}_p$ und $M_{pp} = \hat{S}_{pp}$. Sobald diese Mengen gegeben sind, kann $r$ im Einklang mit **D2** eingeführt werden. Durch $\mathfrak{a}$ von (VI) muß eine Menge möglicher intendierter Anwendungen bezeichnet werden, d.h.

es muß gelten: durch α wird eine Menge $I$ mit $I \subseteq M_{pp}$ designiert. Darüber hinaus muß, da wir uns auf den Fall der Formulierung einer *richtigen* Proposition beschränken, gelten: $I \in \mathbf{A}_e(E)$, wobei $E$ der in **(VI)** benützte erweiterte Strukturkern ist. Um dieser letzten Wendung einen präzisen Sinn zu geben, müssen die einzelnen Glieder von $E = \langle M_p, M_{pp}, r, M, C, G, C_G, \alpha \rangle$ bestimmt werden. Bezüglich der ersten vier Glieder ist dies soeben bereits geschehen. Die Menge $G$ muß genau diejenigen Gesetze enthalten, die innerhalb von **(VI)** durch die Verschärfungen des Grundprädikates „ist ein $S$" symbolisiert werden; sie muß also genau die Extensionen dieser Prädikatverschärfungen als Elemente enthalten. Und die Mengen $C$ und $C_G$ müssen genau die allgemeinen sowie die speziellen Nebenbedingungen beschreiben. Bezüglich der modelltheoretischen Charakterisierung der Nebenbedingungen muß von den ergänzenden Bestimmungen Gebrauch gemacht werden, die im Anschluß an **D7** erwähnt worden sind. Die Eigenschaften von α werden zu einem Teil in **D9**, (5), zum anderen Teil aber durch die Zusatzbestimmung in der Definition der Operation $\mathbf{A}_e$ charakterisiert.

Sind alle diese Bedingungen für einen vorgegebenen Satz der Gestalt **(VI)** erfüllt, haben wir also alle acht Elemente des Strukturkernes $E$ unter Zugrundelegung der in diesem Satz enthaltenen Komponenten in der geschilderten Weise identifiziert, so sagen wir:

*Dieser Satz hat die (Theorien-)Proposition $I \in \mathbf{A}_e(E)$ zum Inhalt*[60].

Man könnte auch sagen: Diese Proposition sei *die Bedeutung* des Satzes von der Gestalt **(VI)**, ohne daß einem der Vorwurf gemacht werden könnte, eine Anleihe beim Intensionalismus zu machen.

Damit haben wir alle vier Arten von Entitäten: *Theorie, mathematische Struktur, zentralen empirischen Satz, Theorienproposition* beschrieben und das Verhältnis zwischen den drei letzten unter ihnen, unter vorläufiger Ausklammerung des Theorienbegriffs, geklärt.

Begriffe wie den der Theorienproposition könnte man als *makrologische Begriffe* bezeichnen. Wie wir wissen, wird der gesamte empirische Gehalt einer Theorie der mathematischen Physik samt den zu einem Zeitpunkt für gültig gehaltenen speziellen Gesetzmäßigkeiten durch einen einzigen Satz von der erwähnten Gestalt ausgedrückt. Sofern dieser Satz adäquat formuliert ist, beinhaltet er alles, was üblicherweise in einem umfangreichen Lehrbuch zu finden wäre. Daß wir den Gehalt dieses Satzes auf eine Kurzformel bringen konnten, *die alles beinhaltet, was zu sagen ist*, beruhte darauf, daß wir außer „$\in$" ziemlich komplizierte modelltheoretische Begriffe als ,Buchstaben' unseres makrologischen Alphabetes benützten, nämlich „$I$" als Namen

---

[60] Häufig versteht man unter einer *Aussage* einen Satz zusammen mit seiner Bedeutung. Eine solche Aussage wäre im vorliegenden Fall als geordnetes Paar, bestehend aus einem Ramsey-Sneed-Satz und derjenigen Proposition, die dieser Satz zum Inhalt hat, zu konstruieren.

für die Klasse der intendierten Anwendungen, die Bezeichnung „$E$" für
einen erweiterten Strukturkern und das Symbol „$A_e$" für die Anwendungsoperation, und diese Makrobegriffe als Buchstaben zu der Proposition
$I \in A_e(E)$ korrekt zusammenfügten.

## 8. Identität und Äquivalenz von Theorien

**8.a Formale Identität von Theorien im schwachen und im star-
ken Sinn.** Der Begriff der Theorienproposition war eigens zu dem Zweck
eingeführt worden, den Gedanken zu präzisieren, daß ein Ramsey-Sneed-
Satz einer Theorie dazu dient, eine gewisse Erweiterung des Strukturkernes
dieser Theorie dafür zu benützen, den empirischen Gehalt der Theorie zu
einer bestimmten Zeit adäquat wiederzugeben. Die für die Theorie charakteristische mathematische Struktur wurde dabei mit dem erweiterten Strukturkern identifiziert und die Theorienproposition wurde so definiert, daß
sie mit dem Gehalt eines geeigneten Ramsey-Sneed-Satzes gleichgesetzt
werden kann. Dabei blieb das Definiens jedoch von jeder Bezugnahme auf
linguistische Entitäten frei. Der Begriff der sich auf eine Theorie stützenden
Theorienproposition sollte in einer von sprachlichen Zufälligkeiten sowie
von Zufälligkeiten in der Art der Axiomatisierung unabhängigen Weise
eingeführt werden. Dies war das Motiv für die rein modelltheoretische
Festlegung des Begriffs der Theorienproposition.

Hätten wir in Analogie zu diesem Begriff nur den Begriff der Theorie
*im starken Sinn* eingeführt, so könnte man sofort verschiedene Gründe dafür
angeben, daß diese Bestimmung des Theorienbegriffs *zu eng* ist. Angenommen etwa, die Klasse der Anwendungsbereiche werde geringfügig geändert.
Diese Änderung kann in einer *Vergrößerung* bestehen, nämlich dann, wenn
neue mögliche Anwendungen gefunden werden, oder in einer *Verkleine-
rung*, wenn ursprünglich erhoffte Anwendungen infolge ‚Unerklärbarkeit‘
gewisser Phänomene — infolge ‚widerstreitender Daten‘, wie man auch
sagt — preisgegeben werden müssen. In derartigen Fällen wäre es *inadäquat*
zu sagen, *man habe die Theorie preisgegeben.* Dasselbe gilt, wenn in bestimmten
intendierten Anwendungen, spezielle Gesetze hinzugefügt oder fallenge-
lassen werden.

Man könnte die Desiderata, die sich bei einer Betrachtung der möglichen
Änderungen ergeben, zusammenfassend so ausdrücken: Wir benötigen
einen Theorienbegriff, der es gestattet, von einer *gleichbleibenden* Theorie zu
sprechen, obwohl in bezug auf die speziellen Gesetze, die speziellen Nebenbedingungen wie in bezug auf die intendierten Anwendungen kleinere oder
größere Änderungen stattgefunden haben. Der Theorienbegriff im starken
Sinn leistet dies offenbar nicht; denn alle Änderungen von der eben angeführten Art finden sofort ihren Niederschlag in der Änderung mindestens
eines Gliedes des erweiterten Strukturkernes und damit per definitionem
auch in einer Änderung des Begriffs der Theorie im starken Sinn.

Einwendungen von solcher Art haben wir aber bereits von vornherein dadurch Rechnung getragen, daß wir den Begriff der Theorie im schwachen Sinn für den eigentlich wichtigen Begriff erklärten. Dies wird sich noch deutlicher im nächsten Kapitel zeigen, wo es um den Nachweis dafür geht, daß es *kein* irrationales Verhalten ist, *eine Theorie trotz Falsifikation spezieller Gesetze dieser Theorie beizubehalten*; ja daß es nicht unbedingt irrational ist, *eine Theorie beizubehalten, wenn sie für den ganzen intendierten Anwendungsbereich 'falsifiziert' worden ist*, oder besser: wenn sie sich in diesem Bereich als anscheinend nicht anwendbar erwiesen hat.

SNEED legt in [Mathematical Physics], S. 183, den Begriff der *Theorie der mathematischen Physik* so fest, daß er unserem Begriff der *vernünftigen Theorie im schwachen Sinn* entspricht. Ein Analogon zu unserem Begriff der Theorienproposition findet sich dagegen bei SNEED nicht.

Da wir unter einer Theorie, im Gegensatz zum statement view, keine Satzklasse verstehen, ist es nicht von vornherein klar, was unter Wendungen von der Art zu verstehen ist, daß zwei Theorien miteinander identisch oder äquivalent sind oder daß eine der beiden Theorien auf die andere reduzierbar ist.

Am einfachsten läßt sich der Identitätsbegriff einführen. Es seien zwei Theorien im schwachen Sinn gegeben, nämlich $T_1 = \langle X_1, I_1 \rangle$ und $T_2 = \langle X_2, I_2 \rangle$. $T_1$ und $T_2$ sollen genau dann als *formal identisch* bezeichnet werden, wenn gilt: $X_1 = X_2$. Von *formaler Identität* sprechen wir deshalb, weil nur die begriffliche Apparatur, die im Erstglied zur Geltung gelangt, berücksichtigt wird, nicht jedoch die Menge der intendierten Anwendungen der Theorie. Dafür, daß zwei Theorien im schwachen Sinn identisch sind, ist es also notwendig und hinreichend, daß diese beiden Theorien erstens *dieselbe mathematische Grundstruktur* besitzen, daß zweitens *die Unterscheidung zwischen theoretischen und nicht-theoretischen Funktionen* dieselbe ist, und daß drittens eine *vollkommene Übereinstimmung bezüglich der allgemeinen Nebenbedingungen* besteht[61].

In völliger Analogie dazu kann man einen Begriff der formalen Identität im starken Sinn einführen. Wenn wir es mit zwei Theorien im starken Sinn zu tun haben, so sollen sie als *formal identisch im starken Sinn* bezeichnet werden, wenn sie in ihren Erstgliedern übereinstimmen, die diesmal *erweiterte* Strukturkerne sind. Es kommt hier also zusätzlich noch die Gleichheit aller speziellen Gesetze sowie aller speziellen Nebenbedingungen hinzu.

---

[61] In E.W. ADAMS, [Rigid Body Mechanics], wird ein noch liberalerer Begriff der formalen Identität definiert, für den *Gleichheit der mathematischen Grundstruktur* genügt. Ein derartiger Identitätsbegriff dürfte sich aber höchstens solange als adäquat erweisen, als man den rein logischen Aspekt der Theorie studiert und von Fragen der Anwendung vollkommen abstrahiert. Sobald man es mit *angewandten* physikalischen Theorien zu tun hat, werden sowohl die Unterscheidung zwischen theoretischen und nicht-theoretischen Größen als auch die allgemeinen Nebenbedingungen nicht weniger wichtig als die mathematische Grundstruktur.

Aus den angegebenen Gründen ist der schwache formale Identitätsbegriff der wesentlich wichtigere.

Gegen die hier eingeführten formalen Identitätskriterien könnte man den Einwand vorbringen, daß dabei der *syntaktische Aspekt* der Sätze, die den empirischen Gehalt einer Theorie wiedergeben, ungebührlich vernachlässigt werde. Es könnte nämlich der Fall sein, daß ein Teil der relevanten mathematischen Struktur gar nicht *explizit* an den Entitäten in Erscheinung tritt, die das Prädikat erfüllen, sondern im Prädikat nur *implizit* zur Geltung kommt. (Für Beispiele von Fällen, wo ein Teil der mathematischen Struktur in einem syntaktischen Apparat ‚vergraben‘ sein kann, vgl. SNEED, a.a.O., S. 195.)

Was dieser Einwand zutage fördert, ist nichts anderes als die Tatsache, daß die Feststellung einer Identität im schwachen oder im starken Sinn eine nicht triviale Aufgabe sein kann: die mathematische Struktur braucht der sprachlichen Formulierung von Theorien nicht ‚auf die Stirn geschrieben‘ zu sein. Dies gilt *sowohl* für Theorien in ihrer präsystematischen Gestalt *als auch* für Theorien innerhalb logischer Rekonstruktionen.

## 8.b Einführung verschiedener Äquivalenzbegriffe für Theorien.

Wichtiger als die Einführung eines oder mehrerer Begriffe der Identität von Theorien ist die Explikation eines adäquaten Begriffs der Äquivalenz zweier Theorien. Die intuitive Grundlage dafür, d. h. das Explikandum, bilden häufig gebrauchte Wendungen von Physikern, die z. B. davon sprechen, daß die Lagrangesche oder die Hamiltonsche Formulierung der Mechanik äquivalent sei mit der Newtonschen Formulierung der Mechanik, oder daß die Schrödingersche Formulierung der Quantenmechanik äquivalent sei mit der Heisenbergschen.

Würden wir an der herkömmlichen Auffassung festhalten und unter Theorien *Klassen von Sätzen* verstehen, so wäre auch diese Aufgabe mehr oder weniger trivial. Theorienäquivalenz wäre zurückzuführen auf eine Äquivalenzrelation, die zwischen Satzklassen besteht. Erst die Preisgabe des 'statement view' von Theorien macht die Explikation von brauchbaren Begriffen der Theorienäquivalenz zu einer nicht trivialen Aufgabe.

Auf der anderen Seite ist diese Aufgabe auch erstmals *wirklich interessant*, da der hier angestrebte Äquivalenzbegriff dort funktionieren soll, wo das ‚Denken in äquivalenten Satzklassen‘ versagt: Es soll ermöglicht werden, von der Äquivalenz *verschiedener* Theorien zu sprechen, die auf ganz *verschiedenen* begrifflichen Apparaturen aufbauen.

Zunächst muß man Klarheit darüber gewinnen, daß und in welchem Sinn Äquivalenz von Theorien etwas ganz anderes ist als formale Identität. Während bei der letzteren eine Gleichheit des (grundlegenden oder erweiterten) *mathematischen Gerüstes* der Theorie vorliegt, unter vollkommener Abstraktion von allen Anwendungen, ist für die Äquivalenz die intuitive Vorstellung leitend, daß sich aus äquivalenten Theorien ‚*dieselben empirischen Folgerungen herleiten*‘ lassen. Wir begnügen uns mit einer Erläuterung der Begriffe, ohne die Definition in allen technischen Einzelheiten anzuschreiben.

Unter einem *Kern* einer Theorie soll entweder ein Strukturkern oder ein erweiterter Strukturkern verstanden werden. Zwei Kerne werden *anwendungsäquivalent* genannt, wenn sie dieselbe Menge denkmöglicher Anwendungen besitzen, wenn also die partiellen potentiellen Modelle in beiden Fällen dieselben sind. Falls zwei Strukturkerne $K_1$ und $K_2$ ‚genau dasselbe über mögliche intendierte Anwendungen besagen', bevor sie durch Hinzufügung spezieller Gesetze erweitert worden sind, so sollen sie *anfangsäquivalent* heißen. Wenn wir die Glieder des zweiten Kernes $K_2$ mit denselben Symbolen bezeichnen wie die des ersten $K_1$, mit dem einzigen Unterschied, daß wir oben einen Strich anfügen, so kann die Anfangsäquivalenz durch die beiden Bestimmungen präzisiert werden, daß gelten soll:

(a) $M_{pp} = M'_{pp}$;

(b) $\bar{R}(Pot(M) \cap C) = \bar{R}'(Pot(M') \cap C')$.

Nach einer früher eingeführten Sprechweise besagt die zweite Behauptung, daß die beiden Klassen der möglichen intendierten Anwendungsmengen der beiden Strukturkerne miteinander identisch sind.

Wenn es zu jeder Erweiterung $E_1$ von $K_1$ eine Erweiterung $E_2$ von $K_2$ gibt, so daß die Klassen der möglichen intendierten Anwendungsmengen von $E_1$ und $E_2$ miteinander identisch sind, so sollen die Kerne $K_1$ und $K_2$ *effektäquivalent* heißen. Hier bleibt die Bestimmung (a) dieselbe, während (b) zu ersetzen ist durch:

(b') Zu jeder Erweiterung $E_1$ von $K_1$ gibt es eine Erweiterung $E_2$ von $K_2$, so daß gilt: $\mathbb{A}_e(E_1) = \mathbb{A}_e(E_2)$ und umgekehrt.

Handelt es sich im letzten Fall um *theoretisch erweiterte Strukturkerne*[61a], so soll von *theoretischer Effektäquivalenz* gesprochen werden.

Ohne Beweis seien einige wichtige Theoreme angeführt (vgl. SNEED, a.a. S. 190ff.)[62]:

(1) *Anfangsäquivalenz und Effektäquivalenz von Kernen sind logisch gleichwertige Begriffe.*

(2) *Theoretische Effektäquivalenz impliziert logisch Anfangsäquivalenz. Die Umkehrung gilt nicht.*

(3) *Jeder beliebige Kern ist anfangsäquivalent mit einem Kern, der überhaupt keine theoretischen Funktionen enthält.*

(4) *Nicht-theoretische Nebenbedingungen können nicht eliminiert werden* (z.B. durch Einführung geeigneter Funktionen).

---

[61a] Darunter sind solche erweiterte Strukturkerne $E$ zu verstehen, deren sechstes Glied $G$ als Elemente außer $M$ nur theoretische Gesetze im Sinn von D8 enthält (wobei der Strukturrahmen, in bezug auf den der Gesetzesbegriff zu relativieren ist, natürlich aus den ersten vier Gliedern von $E$ besteht).

[62] Dem Leser, der die bisherigen Begriffe verstanden hat, wird es keine Schwierigkeiten bereiten, die etwas ungenaue aber doch unmißverständliche Sprechweise bei der Formulierung der Theoreme in eine auch sprachlich präzise Fassung zu bringen.

(5) *Jeder beliebige Kern ist anfangsäquivalent mit einem Kern, dessen Nebenbedingungen nur theoretischer Natur sind.*

Mit Ausnahme von (2) sind alle diese Resultate etwas überraschend.
Für die Untersuchung der Frage der Äquivalenz physikalischer Theorien
ist besonders das erste Theorem wichtig: Es genügt, die im formalen Umgang leichter zu beweisende Anfangsäquivalenz sicherzustellen. Alle dafür
gewonnenen Ergebnisse lassen sich auf die Effektäquivalenz übertragen.
(3) ist von besonderer Wichtigkeit für eine systematische Untersuchung des
Problems der Ramsey-Eliminierbarkeit.

Insgesamt legen es diese Resultate nahe, zwei Typen von formaler
Äquivalenz zwischen Theorien zu unterscheiden: die *formale Äquivalenz
im schwachen Sinn*, welche auf dem Begriff der Anfangsäquivalenz beruht,
und *die formale Äquivalenz im starken Sinn*, welche auf den Begriff der theoretischen Effektäquivalenz zurückführbar ist.

SNEED wendet a.a.O. S. 206 ff. diesen Begriffsapparat für einen Vergleich
der klassischen Partikelmechanik in der Newtonschen Formulierung, wie
sie in Abschnitt 6 gegeben worden ist, und der Lagrangeschen generalisierten Mechanik an. Es handelt sich dabei um *verschiedene* Theorien, d.h. es
liegt nicht einmal eine formale Identität im schwachen Sinn vor. Dies ergibt
sich unmittelbar daraus, daß die theoretischen Funktionen in beiden Theorien verschieden sind: In der Newtonschen Formulierung sind die beiden
theoretischen Begriffe *Masse* und *Kraft*, in der Formulierung von LAGRANGE
sind dies die Begriffe *Generalisierte Kräfte* und *Kinetische Gesamtenergie des
Systems*. Unter Benützung einer geeigneten Formalisierung der Lagrange-
Fassung der klassischen Partikelmechanik[63] läßt sich zeigen, daß die Strukturkerne der beiden Theorien anfangs- und damit effektäquivalent sind,
*daß also eine formale Äquivalenz im schwachen Sinn sicherlich vorliegt*. Hinsichtlich
der theoretischen Effektäquivalenz ist die Frage dagegen offen. (Die Schwierigkeit liegt hier darin, daß es keine natürlichen Verfahren gibt, um theoretische Erweiterungen des Strukturkernes der klassischen Partikelmechanik
in der Lagrangeschen generalisierten Mechanik zu ‚reproduzieren‘ und umgekehrt.)

Man könnte gegen den sehr allgemein gehaltenen Begriff des Strukturkernes
von **D6** einwenden, daß sich in allen bekannten physikalischen Theorien die
*Nebenbedingungen* nur auf *theoretische* Funktionen beziehen, so daß es nahe läge,
diesen Begriff durch die Aufnahme der Bestimmung von **D7** (1) entsprechend zu
verschärfen. Ferner könnte man die Auffassung vertreten, daß in allen physikalischen Theorien die Strukturkerne nur um *theoretische Gesetze* erweitert werden, so
daß man auch den Begriff des erweiterten Strukturkernes von vornherein auf den
des *theoretisch erweiterten* Strukturkernes beschränken sollte. Diese letztere Auffassung ließe sich zusätzlich durch das oben angeführte Resultat (2) untermauern.

---

[63] Diese Fassung beruht im wesentlichen auf der von B.N. JAMISON in
[LAGRANGE's Equations] gegebenen Darstellung.

Auf beide Einwendungen könnte man zunächst erwidern, daß sie auf empirischen Hypothesen (über faktisch vorliegende Theorien) beruhen, daß sie sich dagegen nicht auf logische, syntaktische oder semantische Gründe stützen. Vom logischen Standpunkt aus ist es nicht einzusehen, warum nicht irgendeinmal physikalische Theorien mit nicht-theoretischen Nebenbedingungen oder mit nicht-theoretischen Spezialgesetzen aufgestellt werden sollten. Gegen den ersten Einwand ließe sich außerdem vorbringen, daß wegen des zitierten Resultates (4) aus der Nichtzulassung von Nebenbedingungen für nicht-theoretische Funktionen die Unmöglichkeit der Elimination theoretischer Funktionen logisch folgen würde. Das Problem der Ramsey-Eliminierbarkeit wäre damit in trivialer Weise negativ entschieden.

*Pragmatische* Gründe sprechen allerdings für die Bevorzugung *theoretischer* Nebenbedingungen und *theoretischer* Gesetze. Für die erste Bevorzugung ließe sich folgendes anführen: Bei nicht-theoretischen Funktionen können die Werte prinzipiell in einer theorienunabhängigen Weise ermittelt werden. Es kann daher immer der Fall eintreten, daß der Vergleich von empirisch ermittelten Werten in verschiedenen Anwendungen zu dem Ergebnis führt, daß eine Nebenbedingung falsch sein muß: Empirische ‚Falsifikation‘ von Nebenbedingungen nicht-theoretischer Funktionen ist stets möglich. Bei theoretischen Funktionen kann dieser Fall prinzipiell nicht eintreten. *Sie brauchen gegen die Gefahr empirischer Falsifikation nicht eigens ‚immunisiert‘ zu werden; sie sind dagegen immun.* Wenn wir hier auf einen Widerspruch stoßen, können wir *wegen der Theorienabhängigkeit der Messungen* stets sagen, daß ein Irrtum bei der Ermittlung gewisser Meßwerte unterlaufen sei. Nur in bezug auf theoretische, nicht dagegen in bezug auf nicht-theoretische Funktionen kann man daher die Nebenbedingungen als einen dauerhaften Bestandteil der Theorie ansehen und sie somit im Rahmen einer rationalen Rekonstruktion in den Strukturkern einbeziehen. Dies ist vielleicht der Hauptgrund dafür, daß Nebenbedingungen praktisch nur den theoretischen Funktionen auferlegt werden[64].

Für die Bevorzugung theoretischer Gesetze spricht vor allem die Tatsache, daß die theoretischen Begriffe nur durch solche Gesetze bestimmt werden und daß daher mit jeder Vergrößerung der Klasse der theoretischen Gesetze die Anzahl der Möglichkeiten, Meßwerte für theoretische Funktionen zu gewinnen, vergrößert wird.

## 9. Die Reduktion von Theorien auf andere

Wir unterscheiden scharf zwischen *philosophischen* und *fachwissenschaftlichen* Reduktionsthesen. Unter philosophischen Reduktionsthesen verstehen wir Behauptungen von der Art, daß platonistische Kontexte auf nominalistische ‚reduzierbar‘ seien; daß man Sätze und Kontexte von Dingsprachen in phänomenalistische Sprachen ‚übersetzen‘ könne; daß der ‚wesentliche‘ Teil der klassischen Mathematik auf das konstruktiv Begründbare ‚zurückführbar‘ sei. Fachwissenschaftliche Reduktionsthesen sind erstmals in der Physik aufgestellt worden. Zum Unterschied von den philosophischen Reduktionsthesen, von denen die meisten entweder unklar oder höchst problematisch oder als widerlegt anzusehen sind, lassen sich diese Thesen genau formulieren *und* begründen. Es handelt sich dabei um Behauptungen der folgenden Art: Die Mechanik der starren Körper ist reduzierbar auf die Partikelmechanik; die Thermodynamik ist reduzierbar auf die statistische

---

[64] Vgl. dazu auch die interessanten Ausführungen von SNEED, a.a.O., S. 201 f.

Mechanik; die geometrische Optik ist reduzierbar auf die Theorie des Elektromagnetismus; aber auch: Die klassische Partikelmechanik ist für den Grenzfall von Geschwindigkeiten, die im Verhältnis zur Lichtgeschwindigkeit klein sind, reduzierbar auf die relativistische Mechanik.

Der erste brauchbare Ansatz für eine formale Präzisierung der Reduktionsrelation findet sich in der Arbeit [Rigid Body Mechanics] von ADAMS. An diese Arbeit knüpft auch SNEED an. Zusätzliche Komplikationen ergeben sich dadurch, daß bei ADAMS nur die mathematische Grundstruktur einer Theorie berücksichtigt wird, daß dort also alle diejenigen Elemente fehlen, welche für einen erweiterten Strukturkern charakteristisch sind, nämlich: die Unterscheidung zwischen theoretischen und nicht-theoretischen Funktionen, die allgemeinen und die speziellen Nebenbedingungen, die nur in gewissen intendierten Anwendungen geltenden speziellen Gesetzmäßigkeiten.

Wir beginnen mit einigen inhaltlichen Vorbetrachtungen. $T$ sei diejenige Theorie, welche auf eine ‚Basistheorie‘ $T'$ reduziert werden soll. $T'$ werde relativ zu $T$ die *reduzierende Theorie*, $T$ relativ zu $T'$ die *reduzierte* Theorie genannt. Die Zurückführung soll durch eine *Reduktionsrelation* erfolgen, welche erstens die Grundbegriffe von $T$ in die von $T'$ ‚überführt‘ und zwar auf solche Weise, daß zweitens die Grundgesetze von $T$ auf die von $T'$ ‚abgebildet‘ werden.

Von der Reduktionsrelation erwartet man, daß sie jede intendierte Anwendung von $T$ auf (mindestens) eine intendierte Anwendung von $T'$ auf solche Weise abbildet, daß jede Erklärung oder sonstige Systematisierungsleistung, die von $T$ erbracht worden ist, von $T'$ übernommen werden kann. Wenn dabei ein $x \in M_{pp}$ einem $x' \in M'_{pp}$ entspricht[65], so soll vom inhaltlichen Standpunkt aus gesagt werden, daß $x$ und $x'$ ‚dasselbe‘ Objekt ist, allerdings *in jeweils verschiedener Weise beschrieben*.

Daß die reduzierende Theorie als die grundlegendere bezeichnet wird, findet seine Rechtfertigung darin, daß die reduzierte Theorie in dem Sinn unvollständiger oder ungenauer ist als die reduzierende Theorie, daß sie weniger Unterscheidungen vorzunehmen gestattet als die letztere. In linguistischer Formulierung besagt dies: *Einer ganz bestimmten Beschreibung eines physikalischen Systems*, die mittels des Vokabulars der reduzierten Theorie erfolgt ist, werden in der Regel *verschiedene Beschreibungen desselben physikalischen Systems* in der Sprache der reduzierenden Theorie entsprechen. Es erscheint daher als naheliegend, die Reduktionsrelation als eine *ein-mehrdeutige Relation* mit dem Definitionsbereich $M_{pp}$ und dem Wertbereich $M'_{pp}$ anzusetzen; die Umkehrung dieser Relation muß also eine Funktion sein.

---

[65] Die Glieder des erweiterten Strukturkernes von $T$ werden wie früher bezeichnet, die des erweiterten Strukturkernes von $T'$ werden von diesem durch Anfügung oberer Striche unterschieden.

Damit die zweite Eigenschaft der Reduktionsrelation erfüllt ist, muß es möglich sein, die Grundgesetze von $T$ aus den Grundgesetzen von $T'$ sowie der Reduktionsrelation herzuleiten. Im Hinblick auf die Anwendung besagt dies: Wenn $S'$ ein Satz aus $T'$ ist, der ein physikalisches System beschreibt, und $S$ der *entsprechende* Satz von $T$ über dieses System ist, dann ist $S'$ *nur dann* wahr, wenn $S$ wahr ist. Zum Unterschied vom Vorgehen von ADAMS genügt es dafür nicht, von der Reduktionsrelation zu verlangen, *daß jedes x die mathematische Grundstruktur von T besitzt, sofern es ein x' gibt, das ihm entspricht und die mathematische Grundstruktur von T' hat.* Es müssen außer diesem ‚formalen‘ Aspekt der Reduktionsrelation auch die übrigen, für die Anwendungen charakteristischen Faktoren in erweiterten Strukturkernen adäquat widergespiegelt werden.

Es sollen nun verschiedene Reduktionsbegriffe stufenweise eingeführt und ihre wesentlichen Merkmale beschrieben werden. $E$ und $E'$ sind dabei stets erweiterte Strukturkerne, deren Glieder in der üblichen Weise bezeichnet werden.

In einem ersten Schritt wird eine schwache Reduktionsrelation $\varrho$ zwischen $E$ und $E'$ eingeführt. Dies ist eine Relation, welche Elemente von $M_{pp}$ mit Elementen von $M'_{pp}$ in Beziehung setzt und ein-mehrdeutig ist. Mittels einer sich auf $\varrho$ gründenden Relation $\bar{\varrho}$ zwischen $Pot(M_{pp})$ und $Pot(M'_{pp})$ wird ferner der Gedanke zu präzisieren versucht, daß die Reduktionsrelation dasjenige, was $T$ über ein physikalisches System aussagt, aus dem herzuleiten gestattet, was $T'$ über das ‚entsprechende‘ physikalische System aussagt.

Zur Vereinfachung der Definition führen wir als Hilfsbegriffe zwei *formale* Reduktionsrelationen ein. In ihnen werden immer wiederkehrende, allgemeine logische Merkmale von Reduktionsrelationen festgehalten. Die zweite Relation ‚wiederholt‘ das, was die erste leistet, auf einer um 1 höheren Stufe. (Der Querstrich, der für die Bezeichnung der zweiten Relation benützt wird, übernimmt dabei die Rolle eines logischen Operators, der auf die erste Relation angewendet wird.) Da in diesem Buch von den Reduktionsrelationen zur Behandlung logisch-mathematischer Probleme kein systematischer Gebrauch gemacht werden wird, verzichten wir auf eine ausdrückliche Numerierung der Definitionen.

$rd(\varrho, A, B)$ (lies: „$\varrho$ *reduziert A formal auf B*“) gdw $Mg(A) \wedge Mg(B)$

$\wedge\, A \neq \emptyset \wedge B \neq \emptyset \wedge Rel(\varrho) \wedge D_I(\varrho) = A \wedge D_{II}(\varrho) \subseteq B \wedge Un(\varrho^{-1})$.

Dabei ist „$Mg$“ das Prädikat für „ist eine Menge“. Das Definiens besagt also, daß der Vorbereich der Relation mit der nichtleeren Menge $A$ identisch ist, daß ferner der Nachbereich der Relation in der nichtleeren Menge $B$ eingeschlossen ist und daß die Umkehrung der Relation $\varrho$ sogar eine Funktion ist.

Es möge gelten: $rd(\varrho, A, B)$. Dann ist $\varrho$ eindeutig die um eine Stufe höhere Relation $\bar{\varrho}$ zugeordnet, welche die Bedingungen erfüllt:

$$Rel(\bar{\varrho}) \wedge D_I(\bar{\varrho}) = Pot(A) \wedge D_{II}(\bar{\varrho}) \subseteq Pot(B) \wedge$$

$$\wedge \wedge X \wedge X'[\langle X, X' \rangle \in \bar{\varrho} \leftrightarrow \wedge x (x \in X \rightarrow \vee x' (x' \in X' \wedge \langle x, x' \rangle \in \varrho))].$$

Wir kürzen diese Aussage ab durch $RD(\bar{\varrho}, Pot(A), Pot(B))$ (lies: „$\bar{\varrho}$ reduziert die Potenzmenge von $A$ *formal* auf die Potenzmenge von $B$“).

Die Definition der schwachen Reduktionsrelation nimmt damit die folgende Gestalt an:

$SRED(\varrho, E, E')$ (lies: „$\varrho$ *reduziert $E$ schwach auf $E'$* “) gdw

$$EK(E) \wedge EK(E') \wedge rd(\varrho, M_{pp}, M'_{pp}) \wedge$$

$$\wedge \wedge X \wedge X'[\langle X, X' \rangle \in \bar{\varrho} \wedge X' \in \mathbf{A}_e(E') \rightarrow X \in \mathbf{A}_e(E)].$$

Daß $E$ auf $E'$ schwach reduzierbar ist, kann jetzt durch $\vee \varrho \, SRED(\varrho, E, E')$ wiedergegeben werden.

Bezüglich $E$ und $E'$ wird beide Male vorausgesetzt, daß es sich um erweiterte Strukturkerne von Theorien handelt: $E = \langle M_p, M_{pp}, r, M, C, G, C_G, \alpha \rangle$ und $E' = \langle M'_p, M'_{pp}, r', M', C', G', C'_G, \alpha' \rangle$. Man beachte ferner, daß zwar von der Reduktion des einen erweiterten Strukturkernes auf den anderen *gesprochen* wird, daß die Relation $\varrho$ aber als eine Relation zwischen *physikalischen Systemen* (partiellen potentiellen Modellen) definiert ist.

Entscheidend ist der letzte Definitionsbestandteil in der schwachen Reduktionsrelation. *Er reproduziert genau den oben angeführten Grundgedanken des Reduktionsbegriffs von* ADAMS *in der komplizierteren Begriffssprache von* SNEED. Zum einen werden jetzt nämlich nicht *einzelne* physikalische Systeme zueinander in Beziehung gesetzt, sondern *Mengen von* solchen Systemen; daher der Übergang von partiellen potentiellen Modellen $x$ und $x'$ zu entsprechenden Mengen $X$ und $X'$ von solchen, zwischen denen dann die durch $\varrho$ ‚induzierte‘ höherstufige Relation $\bar{\varrho}$ besteht. Zum anderen haben wir es hier jeweils nicht mit einer einzigen, einfachen mathematischen Struktur zu tun, wie bei ADAMS, sondern mit der wesentlich komplizierteren Struktur bei SNEED, in welcher außerdem der Unterschied zwischen theoretischen und nicht-theoretischen Funktionen, die allgemeinen und speziellen Nebenbedingungen sowie die speziellen Gesetze von $G$ bzw. $G'$ zur Geltung kommen. Der fragliche Definitionsbestandteil muß daher mit Hilfe von starken Theorienpropositionen ausgedrückt werden. In umgangssprachlicher Fassung besagt er etwa folgendes: „Wenn für eine Teilmenge $X$ von $M_{pp}$ ein diesem $X$ entsprechendes $X' \subseteq M'_{pp}$ existiert, das Element der (durch den erweiterten Strukturkern $E'$ festgelegten) Klasse $\mathbf{A}_e(E')$ möglicher intendierter Anwendungsmengen ist, so ist $X$ Element der (durch den erweiterten Strukturkern $E$ festgelegten) Klasse $\mathbf{A}_e(E)$ möglicher intendierter Anwendungsmengen“. (Der Leser möge sich daran erinnern, daß die Elemente von $A_e(E)$, umgangssprachlich beschrieben, genau diejenigen Mengen von partiellen potentiellen Modellen (d. h. diejenigen Mengen von physikalischen Systemen) sind, deren Elemente durch Hinzufügung von theoretischen Funktionen, welche alle Nebenbedingungen $C$ und $C_G$ erfüllen, zu solchen potentiellen Modellen ergänzt werden können, welche erstens Modelle der mathematischen Grundstruktur darstellen und zweitens den mit $G$ postulierten speziellen Gesetzen genügen.)

In einer wesentlichen Hinsicht liefert die schwache Reduktionsrelation *viel zu wenig* (daher auch die Bezeichnung). Es wird darin nämlich *überhaupt nichts darüber ausgesagt, wie die theoretischen Funktionen der reduzierten Theorie auf die theoretischen Funktionen der reduzierenden bezogen sind.* Hier darf, wenn der Reduktionsbegriff *adäquat* sein soll, keine vollkommene Willkür herrschen. Der Schritt zur Beseitigung *dieses* Mangels besteht in der Einführung des Begriffs der *unvollständigen Reduktion*, der nicht physikalische Systeme, sondern *Ergänzungen* von solchen zu potentiellen Modellen miteinander in Beziehung setzt. (Der Grund für diese Bezeichnung wird weiter unten gegeben.)

Wieder wird die Definition durch Einführung eines Hilfsbegriffs erleichtert: Für alle Teilmengen $Y$ von $M_p$ (also für alle $Y \in Pot(M_p)$) sei $\mathbb{M}(E)$ die Klasse $\{Y \mid R(Y) \in A_e(E)\}$, so daß gilt: $Y \in \mathbb{M}(E) \leftrightarrow R(Y) \in A_e(E)$.

Die Klasse $\mathbb{M}(E)$ enthält also diejenigen Mengen potentieller Modelle, deren Restriktionen Elemente der Anwendung des Kernes $E$ sind. Diese Mengen erfüllen nach der Definition der Anwendungsoperation die Bedingungen: (1) $Y \in (Pot(M) \cap C \cap C_G)$ und (2) $\wedge y(y \in Y \rightarrow \langle r(y), y \rangle \in \alpha)$. Unter Benützung dieses Begriffs gelangen wir zu der gegenüber der Fassung von SNEED einfacheren Definition (vgl. dazu seine entsprechende Definition von "closely reduces to" auf S. 224 seines Werkes):

$URED(\varrho, E, E')$ (lies: „$\varrho$ *reduziert* $E$ *unvollständig auf* $E'$ ") gdw

$EK(E) \wedge EK(E') \wedge rd(\varrho, M_p, M'_p) \wedge$

$\wedge Y \wedge Y'[\langle Y, Y' \rangle \in \bar{\varrho} \wedge Y' \in \mathbb{M}(E') \rightarrow Y \in \mathbb{M}(E)].$

Hier ist $\varrho$ eine ein-mehrdeutige Abbildung von $M_p$ auf $M'_p$, so daß die durch $\varrho$ ‚induzierte‘ Relation $\bar{\varrho}$ Teilmengen von $M_p$ auf Teilmengen von $M'_p$ auf solche Weise abbildet, *daß die Teilmenge $Y$ von $M_p$ die Nebenbedingungen und speziellen Gesetze des erweiterten Strukturkernes $E$ erfüllt, sofern die Teilmenge $Y'$ von $M'_p$ die Nebenbedingungen und speziellen Gesetze von $E'$ erfüllt.*

Auch diese Abbildung leistet noch nicht das Gewünschte, diesmal aber aus einem völlig anderen Grund: Die Relation der unvollständigen Reduktion verknüpft überhaupt nicht Entitäten von der Art, ’worüber physikalische Theorien reden‘, nämlich physikalische Systeme (partielle potentielle

Modelle als intendierte Anwendungen der Theorien), sondern *Ergänzungen* von solchen. Die intendierten Anwendungen der Theorie bestehen nur aus Individuen plus nicht-theoretischen Funktionen, während hier potentielle Modelle — also etwas, das aus Individuen plus nicht-theoretischen Funktionen *plus theoretischen Funktionen* besteht — miteinander in Beziehung gesetzt werden.

Die unvollständige Reduktionsrelation induziert jedoch im folgenden Sinn eine nicht-theoretische oder empirische Reduktionsrelation $\varrho^*$: wenn $x \in M_{pp}$ und $x' \in M'_{pp}$ Ergänzungen $y \in M_p$ und $y' \in M'_p$ besitzen, so daß $\langle y, y' \rangle \in \varrho$ für die unvollständige Reduktionsrelation $\varrho$, dann soll $\langle x, x' \rangle \in \varrho^*$ gelten.

Es wäre zu wünschen, daß das so definierte $\varrho^*$ eine schwache Reduktionsrelation ist. Dann hätten wir zum obigen Ausgangspunkt zurückgefunden, zugleich aber auch eine adäquate Entsprechung zwischen den theoretischen Funktionen in der reduzierenden und in der reduzierten Theorie hergestellt. *Leider erfüllt sich dieser Wunsch jedoch nicht.* Der Grund dafür wird erkennbar, wenn man die letzten Definitionsglieder von *SRED* und *URED* miteinander vergleicht. Angenommen, $Y$ sei eine Menge von Ergänzungen der Elemente von $X$ und analog $Y'$ eine Menge von Ergänzungen der Elemente von $X'$, so daß $Y$ und $Y'$ in der Relation $\bar{\varrho}$ von *URED* zueinander stehen. Falls *diese* Menge $Y'$ gewährleistet, daß $X' \in \mathbb{A}_\varrho(E')$, dann gewährleistet die entsprechende Menge $Y$, daß $X \in \mathbb{A}_\varrho(E)$. (Dies folgt unmittelbar aus der Definition von *URED* sowie der von IM.) Angenommen jedoch, es gibt zwar eine *und nur eine* Menge $Y'$ von Ergänzungen von Elementen aus $X'$, die gewährleistet, daß $X' \in \mathbb{A}_\varrho(E')$, *diese eine Menge $Y'$* entspricht jedoch auf Grund der Relation $\bar{\varrho}$ von *URED keiner* Menge $Y$ von Ergänzungen der Elemente von $X$, obzwar eine *andere* derartige Menge $Y'_1$ einer solchen Menge von Ergänzungen entspricht. Dann gilt zwar $\langle X, X' \rangle \in \bar{\varrho}^*$ und außerdem: $X' \in \mathbb{A}_\varrho(E')$. Doch haben wir auf Grund der Definition von *URED* keine Garantie, daß auch $X \in \mathbb{A}_\varrho(E)$.

Diesem Mangel kann in der Weise abgeholfen werden, daß man die unvollständige Reduktionsrelation durch eine Zusatzbestimmung verschärft, die inhaltlich besagt: „wenn $x$ und $x'$ in der $\varrho^*$-Relation zueinander stehen und $x'$ eine in $M'$ liegende Ergänzung besitzt, so entspricht diese Ergänzung auf Grund von $\varrho$ mindestens einer Ergänzung von $x$, die in $M$ liegt." Die so ergänzte unvollständige Reduktionsrelation nennen wir *strenge Reduktion.* Die Definition lautet:

$RED(\varrho, E, E')$ (lies: „$\varrho$ reduziert $E$ streng auf $E'$") gdw

$URED(\varrho, E, E') \land \land x \land x' \land y \land y' \{[x \in M_{pp} \land x' \in M'_{pp} \land y \in M_p$

$\land y' \in M'_p \land x = r(y) \land x' = r'(y') \land \langle y, y' \rangle \in \varrho] \to \land z' [(z' \in M'_p$

$\land x' = r'(z')) \to \lor z (z \in M_p \land x = r(z) \land \langle z, z' \rangle \in \varrho)]\}.$

Aus dieser Relation können wir durch ‚Amputation der theoretischen Ergänzungen' eine Relation $\varrho^*$ zwischen partiellen potentiellen Modellen durch die folgende Bestimmung aussondern:

$$\varrho^* = \{\langle x, x' \rangle \mid \vee y \vee y' (\langle y, y' \rangle \in \varrho \wedge x = r(y) \wedge x' = r'(y'))\}.$$

Damit haben wir nach Einschlagung eines ‚Produktionsumweges', in dessen Verlauf Entsprechungen zwischen theoretischen Funktionen miteinbezogen worden sind (Definition von *URED* und *RED*), wieder zu einer Relation *zwischen physikalischen Systemen* zurückgefunden. Der Umweg sollte den oben geschilderten Mangel der zunächst definierten schwachen Reduktionsrelation beseitigen. Daß auf der anderen Seite der im Anschluß an die Definition von *URED* erwähnte Mangel — der *notwendig* eintreten würde, wenn man $\varrho^*$ in Anknüpfung an eine unvollständige Reduktionsrelation definierte — tatsächlich *nicht* mehr existiert, wird gewährleistet durch das folgende

**Theorem.** *E und E' seien erweiterte Strukturkerne für Theorien der mathematischen Physik von der eingangs angegebenen Art. Dann gilt: Wenn RED $(\varrho, E, E')$ (d.h. wenn $\varrho$ E streng auf E' reduziert), dann SRED $(\varrho^*, E, E')$ (d.h. dann reduziert $\varrho^*$ E schwach auf E').*

Mit der in diesem Theorem vorkommenden Relation $\varrho^*$ ist also eine Reduktionsrelation gefunden worden, welche nicht weniger leistet als der erste Definitionsversuch (und daher soweit adäquat ist als es jener war), welche aber darüber hinaus auch den Anforderungen genügt, die beim ersten Definitionsversuch unerfüllt geblieben waren.

Aus denselben Gründen, aus denen es sich als ratsam erwies, einen Begriff der Theorie einzuführen, bildet jetzt ein *Reduktionsbegriff für Theorien* ein Desiderat. Dafür müssen in einem vorbereitenden Schritt die bisherigen Reduktionsbegriffe für *erweiterte* Strukturkerne in Reduktionsbegriffe für *gewöhnliche* Strukturkerne transformiert werden. Dies geschieht am einfachsten mittels des Hilfsbegriffs der Erweiterung eines Strukturkernes $K$. Darunter verstehen wir einen beliebigen erweiterten Strukturkern $E$, der aus $K$ dadurch hervorgeht, daß man das 5-Tupel $K$ durch Hinzufügung einer Klasse von Gesetzen, einer Klasse von speziellen Nebenbedingungen sowie einer Anwendungsrelation $\alpha$ in ein 8-Tupel verwandelt, welches einen erweiterten Strukturkern darstellt. Die technische Definition, in der wir die Projektionsfunktion $\Pi_i$ verwenden, lautet:

$EK(E, K)$ (lies: „$E$ ist ein erweiterter Strukturkern für $K$") gdw

$$SK(K) \wedge EK(E) \wedge \bigwedge_{i=1}^{5} (\Pi_i(E) = \Pi_i(K)).$$

Wir können dann definieren: $\varrho$ reduziert den Strukturkern $K$ auf den Strukturkern $K'$ gdw für jeden erweiterten Strukturkern $E$ für $K$ ein er-

weiterter Strukturkern $E'$ für $K'$ existiert, so daß $\varrho$ den erweiterten Strukturkern $E$ auf den erweiterten Strukturkern $E'$ reduziert. Wenn wir hier
im Definiens für „reduziert" die drei obigen Reduktionsbegriffe $SRED$,
$NRED$ und $RED$ einsetzen, so erhalten wir in vollkommener Parallele
zum obigen Vorgehen drei Begriffe von *Kernreduktionen*.

Für das Bestehen einer Relation der *Reduktion einer Theorie auf eine andere*
wird nun verlangt, daß der Strukturkern, der das Erstglied der einen Theorie bildet, auf den Strukturkern der anderen schwach (unvollständig, streng)
reduziert wird und daß außerdem jede intendierte Anwendung der ersten
Theorie zu einer intendierten Anwendung der zweiten Theorie in der Reduktionsrelation steht (Fall der schwachen Reduktion) bzw. daß (im Fall
der unvollständigen bzw. der strengen Reduktion) jede intendierte Anwendung der ersten Theorie einer intendierten Anwendung der zweiten in dem
Sinn entspricht, daß die erste sowie die zweite dieser Anwendungen Ergänzungen besitzen, die in der Reduktionsrelation zueinander stehen. Mittels
der Abkürzungen „$EK_T(E)$" für „$E$ ist ein erweiterter Strukturkern der
Theorie $T$", „$SK_T(K)$" für „$K$ ist der Strukturkern der Theorie $T$" und
„$Anw_T(I)$" für „$I$ ist der intendierte Anwendungsbereich der Theorie $T$"
können diese Begriffe folgendermaßen definiert werden:

Wenn $T = \langle K, I \rangle$ und $T' = \langle K', I' \rangle$ Theorien sind, so soll gelten:

$SERD(\varrho, T, T')$ (lies: „$\varrho$ *reduziert $T$ schwach auf $T'$* ") gdw

$\quad SK_T(K) \wedge Anw_T(I) \wedge$

$SRED(\varrho, K, K') \wedge \wedge x(x \in I \to \vee x'(x' \in I' \wedge \langle x, x' \rangle \in \varrho)).$

$(U)\ RED(\varrho, T, T')$ (lies: „$\varrho$ *reduziert $T$ streng (unvollständig) auf $T'$*")

gdw $SK_T(K) \wedge (U)\ RED(\varrho, K, K') \wedge Anw_T(I) \wedge Anw_{T'}'(I') \to \langle I, I' \rangle \in \bar{\varrho}$

$\quad \wedge \wedge x[x \in I \to \vee x' \vee y \vee y'(x' \in I' \wedge y \in M_p \wedge y' \in M_p' \wedge$

$\quad x = r(y) \wedge x' = r'(y') \wedge \langle x, x' \rangle \in \varrho)].$

Die drei wichtigsten unter diesen Begriffen sind: die strenge Reduktionsrelation zwischen erweiterten Strukturkernen, die durch diese induzierte Reduktionsrelation $\varrho*$ sowie die strenge Reduktionsrelation zwischen Theorien. Daß dabei die letzte wiederum wichtiger ist als die anderen
beiden, erkennt man am besten bei Betrachtung der *dynamischen Situation*.
Dieser auf Theorien anwendbare Reduktionsbegriff gestattet es, von der
Zurückführung einer Theorie (Mechanik der starren Körper, Thermodynamik) auf eine andere (klassische Partikelmechanik, statistische Mechanik) zu sprechen, *obwohl sich diese Theorien im Laufe der Zeit entwickeln*,
etwa durch Entdeckung neuer Gesetze oder die Preisgabe alter oder durch
Hinzufügung neuer Nebenbedingungen. Das wurde dadurch ermöglicht,
daß die Reduktionsbegriffe für Theorien *nicht* auf den drei Reduktionsbe-

griffen für *erweiterte* Strukturkerne, sondern auf den entsprechenden Reduktionsbegriffen für *gewöhnliche* Strukturkerne basieren.

## Liste von Übersetzungen

Um dem Leser die Aufgabe zu erleichtern, sich im Text des Buches von SNEED zurechtzufinden, werden die hier benützten Übersetzungen der wichtigsten technischen Ausdrücke angegeben. Ein horizontaler Strich soll andeuten, daß keine Entsprechung vorliegt, da der betreffende Begriff bei SNEED oder in diesem Buch nicht benützt wird.

| Von SNEED verwendete Ausdrücke | Deutsche Entsprechungen |
| --- | --- |
| *model* | *Modell* |
| *possible model* | *potentielles Modell* |
| *possible partial model* | *partielles potentielles Modell* |
| *claim* (3), (5) | *zentraler empirischer Satz (Ramsey-Sneed-Satz) einer Theorie* (**III**$_b$), (**V**), (**VI**) |
| *restrictions* | *Verschärfungen* |
| *constraints* | *Nebenbedingungen* |
| *additional constraints* | *spezielle Nebenbedingungen* oder *Gesetzes-Constraints* |
| *extension* | *(theoretische) Ergänzung*[a] |
| *frame* | *Strukturrahmen* |
| *core* | *Strukturkern* |
| *expanded core* | *erweiterter Strukturkern* |
| *expansion* | *Kernerweiterung* |
| *applied core* | — |
| — | *Theorienproposition* |
| — | *Theorie im starken Sinn* |
| *theory* | *Theorie (im schwachen Sinn)* |
| *intended application* | *intendierte Anwendung* |
| — | *Fundamentalgesetz einer Theorie* |
| — | *Klasse der möglichen intendierten Anwendungsmengen* |

[a] Der Ausdruck „Extension", der auch im Englischen mißverständlich ist, wurde vermieden, da er gewöhnlich im Rahmen der Logik für die Gegenüberstellung *extensional — intensional* benützt wird.